生活中来

孙键◎编著

天津出版传媒集团

天津科学技术出版社

本书具有让你"时间耗费少，养生知识掌握好"的方法

免费获取专属于你的
《生活中来》阅读服务方案

循序渐进式阅读？省时高效式阅读？深入研究式阅读？由你选择！
建议配合二维码一起使用本书

微信扫描二维码
免费获取阅读方案

◆ **本书可免费获取三大个性化阅读服务方案**

1、**轻松阅读**：为你提供简单易懂的辅助阅读资源，每天读一点，简单了解本书知识；

2、**高效阅读**：为你提供高效阅读技巧，花少量时间掌握方法，专攻本书核心知识，快速掌握本书精华；

3、**深度阅读**：为你提供更全面、更深度的拓展阅读资源，辅助你对本书知识进行深入研究，透彻理解，牢固掌握本书知识。

◆ **个性化阅读服务方案三大亮点**

🕐 时间管理
科学时间计划

📁 阅读资料
精准资料匹配

💬 社群共读
阅读心得交流

★不论你只是想循序渐进、轻松阅读本书，还是想掌握方法，快速阅读本书，或者想获取丰富资料，对本书知识进行深入研究，都可以通过微信扫描【本页】的二维码，根据指引，选择你的阅读方式，免费获得专属于你的个性化方案，帮你时间花的少，阅读效果好。

图书在版编目（CIP）数据

生活中来 /孙键编著 . – –天津：天津科学技术
出版社，2018.1（2020.9 重印）
ISBN 978 – 7 – 5576 – 3425 – 4

Ⅰ.①生…　Ⅱ.①孙…　Ⅲ.①生活 – 知识　Ⅳ.
①TS97

中国版本图书馆 CIP 数据核字（2017）第 169193 号

生活中来
SHENGHUOZHONGLAI
责任编辑：孟祥刚

出　　版：天津出版传媒集团
　　　　　天津科学技术出版社
地　　址：天津市西康路 35 号
邮　　编：300051
电　　话：（022）23332390
网　　址：www. tjkjcbs. com. cn
发　　行：新华书店经销
印　　刷：唐山富达印务有限公司

开本 670×960　1/16　印张 16　字数 300 000
2020 年 9 月第 1 版第 2 次印刷

定价：58.00 元

前　言

古代中国非常重视养生之道，并且从生活中总结出很多有关养生与保健的妙方，它们蕴涵着深奥的养生哲理，是老祖宗留给我们的宝贵财富。通过解读这些妙方，我们可以把养生归纳为四个要点。

健康在"心"中。"心不老，人难老""忧愁身上缠，多病寿命短"，心是养生的根本，若无良好心态，如何滋补都枉然。

健康在"口"中。口是养生的基础。"病从口入""食物缺了钙，骨松牙齿坏"，告诫我们防病先防口；同时"病从口出"，吃米带点糠，常年保健康，让我们知道如何把吃出来的病吃回去。

健康在"手"中。温水刷牙，牙齿喜欢；日梳百遍，祛病延年；静以修身，动以养生，养生就在日常起居的点滴之中。

健康在"脚"下。仙丹妙药灵芝草，不如天天练长跑；常在树林转，润肺身体健；这一切都有赖于我们双脚的配合。我们的脚对应着五脏六腑的分区，这是养生不可忽视的地方。

探求生命本质，参悟养生要领。不吃药，却有可能让你身强体健的养生启示录。真正的医生就是我们体内的自调机能，真正的灵丹妙药就在我们体内，关键看能不能很好地发挥它们的作用。为什么有些人读了那么多健康书却仍然不知如何保养自己的身体？为什么有些人学了那么多治病方法却仍然身体病弱？一个主要原因就是：过度关注具体的方法技巧，而没有悟透生命的真谛及养生的理念，盲目养生，不得要领。

本书针对国人盲目养生、不得要领的实际，结合中医文化与生命科学知识，从健康理念和养生原则层面教给读者如何判断自己是否健康，以及如何更好地养护身体。本书高屋建瓴，娓娓道来，用明白晓畅的语言告诉读者有关健康的根本问题，以及保养健康的关键，让读者明白：真正的医生就是我们体内的自调机能，真正的灵丹妙药就在我们体内！从而有效地激活它，为健康保驾护航。

目　录

第一篇　生活中来的治病常识

一、治疗呼吸系统疾病

第1章　序

呼吸系统疾病是由病毒或细菌感染而致的一系列常见疾病，主要包括感冒、支气管炎、哮喘、肺病、咽炎等。初起以咽部不适、干燥、喷嚏、鼻塞为主，继则出现发热、咳嗽、全身酸病等症状。

近几年来，随着生活环境的变化和气候的变迁，呼吸道系统疾病发病有逐渐增多的趋势，且潜伏期短，传染力强，并发症多，已成为危害大众健康的主要疾病之一。预防呼吸系统疾病，已成为人类保健的重要课题。

第2章　治疗感冒的验方偏方

感冒俗称"伤风"，又称上呼吸道卡他症状。可出现鼻塞、流涕、喷嚏、咽干、轻微咳嗽等症状，也可有低热，偶尔有高热、头痛、畏寒等，咽部可见充血。

感冒一年四季均可发生，但以春冬两季为多。由于引起感冒的病毒类型多，又容易变异，所以国内外至今未有特效药物，一般采取对症治疗。

（1）大蒜按摩可治感冒

取紫皮大蒜切成片状，在百会、太阳、风池、迎香、合谷诸穴位按摩5分钟，然后在脚下涌泉穴按摩15分钟，可治感冒。感冒初期效果较佳，重感冒应配合吃药。按摩后穴位表面皮肤形成大蒜薄膜，应保持4小时再洗净。

（2）治疗感冒的特效药：洋葱

感冒开始时的应对措施是决定未来病情是否恶化的关键。因此，当您感到有些征兆时，可以准备四分之一个洋葱，然后将洋葱剁碎、再下锅煮，并撒上刚剁碎的洋葱屑，加入热开水即可。早晚，特别是睡觉前饮用，效果更佳。

（3）鲜姜煮可口可乐防治感冒

鲜姜 25 克，去皮，切碎，放在可口可乐中（容量为大瓶一瓶），用铝锅煮开，趁热喝下（温度掌握好），可防治感冒，还可治小孩恶心、呕吐、厌食、偏食等症。

（4）煎服白萝卜大葱发汗

在每年立春之前，将几个白萝卜拴在一起，挂在椿树枝干或房檐下边，让初春的风吹霜打和太阳晒，过几天取下来切片、晾干、保存。遇到头痛脑热或喉咙痒痛时，用几块春萝卜，再切上几段大葱梗，煎服后发汗，立即见效。

（5）蒜头冰糖对感冒的奇效

将去膜的蒜片浸在冷开水的密闭容器中六七个小时后，用纱布将蒜头滤清，加入打碎的冰糖，再用小罐子装好，分别密封，要用时打开即可。须注意的是，制作蒜头冰糖时动作要快，若让辣味散发掉效果就差了，蒜头冰糖最好当天用完且尽可能在它的气味最浓时用，效果才好。

此配方对容易感冒、扁桃腺发炎、有鼻病的人是最好的天然药品，若是有百日咳的孩子也可以每天用它漱口、饮用一次。事实上，蒜头冰糖适用任何体质的人，即使正在服用西药的人也可以。但是胃部、高血压、精神不安定、眼睛出血的人不要饮用它，只要用来漱口一样可达到喉咙杀菌的效果。

注意事项：利用蒜头冰糖漱口时，要将它在口腔中停留一会，然后再吞入。

（6）治疗流感 3 简方

方①：病初起时，患者取站立或坐姿，两手臂自然下垂，然后用力向背后背，尽量使两肩胛骨靠拢，并保持几秒钟。多做几次，就会冒出冷汗。隔一段时间重复几次，让汗出透，感冒不适的感觉就会逐渐消失。

方②：将贯众、板蓝根各 30 克、甘草 15 克，一起放入保温瓶内，向其内注入沸水冲泡，当茶饮用，每日一剂，数日即可痊愈。

方③：取板蓝根、大青叶各 50 克，野菊花、金银花各 30 克，一起用沸水冲泡饮用。以上药物对流感病毒有较强的杀灭作用，并且可预防流脑、肝炎等。

（7）烤橘子治感冒

取一只带皮的橘子，用火钳夹住距火炉火焰一寸高左右，不时翻动，待橘子冒气并有橘香味发出时即可。吃时去皮，加两匙醋用开水冲服，日服两次即可。感冒初期，效果更佳。

（8）葱、姜、蒜水沏红糖治疗感冒发烧

用葱、姜、蒜水沏红糖，仅一次即可治愈感冒。方法如下：大葱一棵，取葱白切成数段；生姜一块（拇指大小）切成薄片；大蒜 3～4 瓣，切成薄片。以上三种原料一起放进砂锅，加水 500 克煮。开锅后慢火煮 10 分钟，水剩 300～400 克。红糖 1～2 勺放入碗内，将刚煮好的水沏上，趁热喝下，盖被躺下，几分钟后即出汗，汗出透即可。

（9）红葡萄酒煮鸡蛋治疗感冒

将 1 小杯红葡萄酒放在文火上烘热，接着再往酒里打入 1 个鸡蛋，然后稍微搅拌成糊状，烧沸即可。待稍凉后饮用，效果很好，轻感冒 1 次见效，重感冒 2～3 次见效。

第 3 章　治疗咳嗽的验方偏方

咳嗽大多数是因为感染、各种理化因素刺激等致使分泌物积聚于气管腔内引起的反射性咳嗽。咽喉炎、急慢性支气管炎、肺炎等均可引起咳嗽。咳嗽分为外感咳嗽与内伤咳嗽两大类。

外感咳嗽有寒热之分，其特征是发病急、病程短，痰白稀为寒，痰黄为热，常常并发感冒。内伤咳嗽特征是病情缓、病程长，由五脏功能失常引起。

（1）白酒蒸蛋羹治咳嗽

用白酒 1 两调生鸡蛋一个，然后蒸成蛋羹，不加任何作料吃下。1 日 1 次，不拘早晚，空腹服用，连吃 7 日（严重者可配合服药）。此法对治疗伤风咳嗽有较好作用。

（2）大蒜治咳嗽

把大蒜磨碎，加入水及小麦粉混合搅拌的糊状物中，再将这种黏稠的泥状物涂抹在纱布上，并另外拿一块纱布覆盖其上，使其不与皮肤直接接触地敷在胸口上，即可立即产生止咳的功效。

（3）生姜治咳嗽的两验方

方①：生姜 250 克捣碎，用纱布将汁滤出，再按 1∶1 兑蜂蜜，上火煮开后再倒进碗里，早晚各一勺，可治咳嗽。

方②：取生姜一小块切碎，鸡蛋一个，香油少许，像炸荷包蛋一样（姜末撒入蛋中）将其炸熟，然后趁热吃下。每日两次，数日后咳嗽即好转。

（4）香油止咳3偏方

方①：慢性气管炎和咽炎患者，每到冬天会反复咳嗽，当吃药效果不佳时，可每天早晚各服一小匙香油，长期坚持服用，可以达到止咳效果。

方②：用一勺香油把7粒绿豆炸焦（不要炸糊），待油不太烫时和些蜂蜜，临睡前趁热喝油吃豆。连续服用三四次即可止咳。

方③：在油锅里打入鸡蛋与绿豆同炸，或者用少许薄荷、白菊花、苏叶（中药店有售）与鸡蛋一起炸，炸熟后加入适量蜂蜜，临睡前服用，数次即可有效止咳。

（5）食油、白糖和鸡蛋治干咳

干咳即咳嗽无痰且不发烧，这时可将半茶缸水煮沸，放入食油（花生油最佳）一两，再放几匙白糖，然后将一个鸡蛋打碎加入茶缸中，烧沸为止。每天起床之后和入睡之前趁热饮服，连服两日即可治愈干咳。

（6）丝瓜茎汁治咳嗽

春季，可找空地或在花盆内种上50~60株丝瓜。待丝瓜长大后，去掉花芽以促茎叶粗吐。七八月份，可将丝瓜根部距地面5厘米处切断，用水杯接丝瓜茎滴下的茎汁，待每株茎汁流净，用纱布过滤，每日早晚服一小酒杯，连续服10天，对咳嗽患者有止嗽、定喘、润肺之作用。注意必须饮用当日的新鲜丝瓜茎汁，一根丝瓜汁饮完再切另一根。

（7）香菜根汤治风寒咳嗽

香菜、饴糖各30克，大米100克。先将大米洗净，加水煮汤。取大米汤3汤匙，与香菜根、饴糖搅拌后蒸10分钟。趁热1次服下，注意避风寒。该方发汗透表，治伤风咳嗽。

（8）冰糖燕窝粥治肺虚久咳

燕窝10克，大米100克，冰糖50克。将燕窝放入温水中浸软，摘去绒毛、污物，再放入开水碗中继续涨发。取上等大米淘洗干净后放入锅内，加清水3大碗，旺火烧开，再改用文火熬煮。将发好的燕窝放入锅中与大米同熬约1小时，加入冰糖溶化后即成。该方滋阴润肺，止咳化痰，治肺虚久咳。

（9）巧治咳嗽的偏方

方①：茶叶2克，干橘皮2克，红糖30克，开水冲泡6分钟，每日午饭后服 1 次。

功效：该方具有镇咳化痰的作用。

方②：陈细茶 120 克（略焙为细末），白果肉（银杏肉）120 克（一半去白膜，一半去红膜，擂烂），核桃肉 120 克（擂烂），蜂蜜 250 克，生姜汁 150 毫升。共入锅内炼成膏，不拘时服。

该方具有：润肺止咳的功效。

方③：贝母粉 10 克，粳米 50 克，冰糖适量。将贝母去心，研末，把淘净的粳米以中火煮沸，再以文火熬至半熟，将贝母粉及冰糖加入粥内，继续煮至熟烂，每日早晚温服。

该方具有止咳化痰的功效。

方④：雪梨 500 克，白酒 1000 毫升。将雪梨洗净去皮、核，切成 5 毫米见方的小块，放入酒坛内，加入白酒，加盖，密封，每隔 2 日搅拌 1 次，浸泡 7 日即成。随量饮服。

该方具有生津润燥，清热化痰，止咳气喘的功效。

方⑤：萝卜 1 个，猪肺 1 个，杏仁 15 克，加水共煮 1 小时，可吃肺喝汤。

该方具有止咳平喘的功效。

（10）花生止咳平喘两验方

方①：将一把生花生捣碎，放入生牛奶中煮沸，然后趁热服用，每天 2～3 次，可有效治疗咳嗽。

方②：取花生、大枣、蜂蜜各 30 克，用水煎好后，食花生、大枣并饮其汤，每日两次，数次即可。

（11）萝卜润肺止咳 4 验方

方①：把萝卜切成约 5 厘米厚的条状或片状，放入炉灶内烧（煤气灶则用锅烤），烧至半生不熟时，从炉里取出趁热食之即可。

方②：把萝卜切成片，用清水煮，萝卜熟后用茶杯或小碗将水滤出，待稍冷后喝下，此方对治疗咳嗽有显著效果。

方③：将白萝卜洗净、切片，与冰糖按 5 : 1 的比例同煎后食用，会有明显的化痰、止咳功能。此法对治疗普通伤风、咳嗽及慢性支气管炎也有显著效果。

方④：取萝卜适量，白砂糖 100 克，将萝卜洗净切碎捣汁 1 小碗，加白糖蒸熟吃，用冰糖更好。临睡前服用，连服 3～4 天，即可有效治疗咳嗽。

（12）橘皮镇咳化痰两偏方

方①：取橘皮和香菜根熬水服用，每天 3 次，每次适量饮用，可有效治疗咳嗽。

方②：干橘皮 4 克，茶叶 4 克，红糖 40 克，混合后用适量开水冲泡 10 分钟，每日午饭后服用一次，即可产生镇咳化痰的功效。

第 4 章　治疗哮喘的验方偏方

哮喘是由某些因素刺激引起的一种气管－支气管反应性过度增高的疾病，表现为发作性气喘、胸闷、咳嗽、呼吸困难，可自行缓解或经治疗后缓解。该病的病因较复杂，大多认为是一种多基因遗传病，受遗传和环境因素的双重影响，吸入尘螨、花粉、动物毛屑、刺激性气体，或因感染、气候改变、精神改变以及食用鱼、虾、蟹等均可诱发。

（1）腌制鸭梨治疗老年性哮喘

将没有外伤的鸭梨洗净擦干，在干净容器中撒上一层大盐粒，然后码上一层梨，再重复撒盐放梨，直到码完为止，比例大约是 5000 克梨配 2500 克大盐粒。从农历冬至一九腌到九九即可食用。此法腌制的梨香甜爽口，对老年性哮喘疗效很好。

（2）冰糖炖紫皮蒜哮喘

紫皮蒜 500 克。去皮洗净；然后和 20 克冰糖同放入一无油、干净的砂锅中，加清水到略高于蒜表面，水煮沸后用微火将蒜炖成粥状。早晚各服 1 汤匙，坚持到病愈。

（3）杏仁粥止咳平喘

杏仁 10 克，去皮研碎，水煎后去渣留汁，然后放入粳米 50 克、冰糖适量，加水煮粥。每日 2 次温热食用，具有宣肺化痰、止咳平喘之功效。

（4）鸡蛋蒸苹果治哮喘

选底部平（能立住）的苹果，用小刀将苹果顶部连蒂旋一个"三角形"，留下待用；再将果核取出并用小勺挖出部分果肉，使其内部成杯状，但不能漏；新鲜鸡蛋一个，破壳将蛋清、蛋黄倒入苹果内，再将原来"三角形"顶部盖上，放笼屉内蒸 40 分钟。趁热吃，如果一次吃不完，下次加热继续服用，一日一个，连服三个效果更佳。

（5）糠萝卜治哮喘

取糠心（即开花结籽后）的萝卜一个，洗净去皮取瓤，放入砂锅内熬煎 15～20 分钟后将汤滗出，加红糖 30 克，搅拌溶解后趁热喝下，早晚各一次，连服三日，既可润肺止咳，又可缓解因气管痉挛所引起的哮喘疾患。

每次熬制，需用一个新萝卜瓢。

（6）白胡椒粉可治哮喘

取白胡椒粉约0.5克，放在伤湿止痛膏上，敷贴在大椎穴（第一胸椎的上陷中），3天换一次。此法对遇寒冷哮喘的病人有显著疗效。

对久患哮喘的病人，可加服白芥子、莱菔子、苏子各15克，用水煎服，每日一次，睡前服用，也有很好的效果。

（7）葡萄治哮喘两偏方

方①：将500克葡萄泡在500克蜂蜜里，装瓶泡2～4天后便可食用，每天3次，每次3～4匙，长期服用，即可有效治疗哮喘。

方②：将500克葡萄，100克冰糖浸泡在500克二锅头酒中，并把瓶口封好，放在阴凉处存放20天后饮用。饮用时间为每天早上（空腹）和晚上睡觉前，饮用量为20克。此法对治疗支气管哮喘有显著效果。

（8）巧用黄瓜籽等治哮喘

取蜂蜜、黄瓜籽、猪板油、冰糖各200克，将黄瓜籽用瓦盆焙干研成细末，与蜂蜜、猪板油、冰糖放在一起用锅蒸一小时，捞出板油肉筋，将余下的混合液装在瓶罐子中。从数九第一天开始，每天早晚各服一勺，温水冲服，疗效显著。

第5章　治疗肺结核的验方偏方

肺结核是由结核杆菌引起的慢性传染病，临床表现以干咳为主，约1/3的病人有不同程度的咯血，并有午后低热、消瘦、乏力、食欲不振等全身症状。该病通过呼吸道传染。治疗该病当以西药抗生素为主，中药扶正相结合，但食疗也有相当价值。

（1）五味子加鸡蛋偏方治疗肺结核

中药五味子375克，分三包（各二市两半一包），21个鲜鸡蛋，一包五味子7个鸡蛋，放入砂锅内，倒上凉水，盖好砂锅再用布包好泡着。泡上七天后，每天早上在砂锅内拿出一个鸡蛋，磕入吃饭碗内掺点白糖生喝，一天一个空腹吃，从吃头一个开始再泡第二次。同前次一样，用两个砂锅倒用三次为一个疗程，接着搞第二疗程。一般两个疗程可见效。此药方无副作用。

（2）核桃冰糖等治肺结核

内皮为紫蓝色的核桃仁100克，黑芝麻100克，冰糖150克，大枣250

克，生猪油 60 克，捣烂混合，放在碗里加盖，隔水蒸一小时。碗用普通大号饭碗即可，水加到八分满。每次服柳毫升，每日 3 次，最后连渣服用。七天为一个疗程。

该方治疗各种类型的肺结核。对咳嗽、咯血、盗汗、失眠、烦躁等症状有效，服用后能增加食欲，增强机体免疫力。早晨服药后需静卧 30 分钟，晚上服药应在睡前 30 分钟用。病轻者 7 天治愈，病重者一月后有好转。服药期间忌食生冷辛辣。

（3）慈姑可治肺结核咯血

慈姑 60 克，甘露子 30 克，木耳 10 克，加冰糖适量，水煎服。每日两次，一周为一疗期。对肺结核咯血有一定疗效。

（4）鱼鳞橘饼等治肺结核

新鲜鱼鳞片 500 克，橘饼 60 克，冰糖 120 克。将鲜鱼的鳞片用清水搓洗干净，与橘饼同装入大砂罐中，加水，文火慢煎，约经两小时后，过滤取汁。鳞渣如前再煎、再滤，先后共煎 3 次，去渣取汁 1000～1200 毫升，文火浓缩至呈胶水样后，加入冰糖使溶，搅匀退火，置入瓷罐中，待其冷凝成块状药膏，藏于阴凉处备用。此膏宜在冬、春季天冷时配制。成人每日早、晚饭前各服 1～2 匙，口中温化咽下，以温开水送服。1 料药膏可服 30～40 天。

（5）中草药偏方治肺结核

仙鹤草 60 克，百草霜 4 克，紫珠草 50 克，煅花蕊石 12 克，大黄 10 克。将上 5 味共研成细末，混匀密封备用。服用时配山皇后根 20 克煎汤，凉温后送服。对少量咯血者，每服 1 克，日服 2～3 次；中量咯血者每服 2 克，日服 3～4 次；大量咯血者每服 3～4 克，日服 4～6 次，6 天为 1 疗程。

（6）油浸白果治肺结核

油浸白果：在 7～8 月份白果将黄时，采来放置瓶中，用菜油浸泡 80～200 天以上，泡至 2～3 年更好。每天吃 2 枚，早晚各吃 1 枚。吃时将白果切碎，用温开水送下（勿用牙咬、手撕）。1 个月为 1 疗程。

（7）猪胆治疗肺结核

猪胆数只。取胆汁放砂锅内用文火熬煎，待胆汁熬成流浸膏状时，加入等量乳糖拌匀，做成 0.5～1 克之药丸。1 次顿服或分 2 次服，3 个月为 1 疗程。

（8）紫苏子，猪肺等治疗肺结核

紫苏子 60 克，鸡骨 1 具，猪肺 60 克，冰糖 30 克。先将紫苏子去外层粗皮及心，加酒与上药共炖，服食。

第6章 治疗咽炎的验方偏方

咽炎属于上呼吸道感染疾病，表现为咽部有炎症，时有咽喉发痒感、异物感，吞之不下，吐之不出。咽炎一般由病毒引起，少数为细菌所致。

（1）煎服蒲公英治咽喉肿痛

蒲公英30克（鲜品量加倍）。用清水450毫升煎蒲公英10~15分钟，去渣温服。再煎再服，每日1~2次，同时用淡盐汤漱咽喉，每日3~4次。主治咽肿如塞、恶寒发热较轻。

（2）生梨脯治咽喉肿胀

生鸭梨2个，食盐适量。将梨洗净去核，不去皮，切成如红枣大的块状，2个梨加食盐3~4克，搅拌后放置15分钟。每次含一块于口中，细嚼慢咽，每日4~6次。主治咽喉肿胀、干痛不适。

（3）西瓜皮治咽喉炎

吃西瓜时，瓜皮别丢弃。取瓜皮250克，加入两大碗水，熬至一大碗，加入少许冰糖，冷而饮之有治咽喉炎的效果。

（4）醋和酱油治咽喉痛

用食醋加同量的水，混合在一起后，用来漱口即可减轻疼痛。对食醋味道不适应者，可以采用酱油漱口。用酱油漱口，停留1分钟左右再吐出，连续3~4次，在漱口时仰起头，使漱液尽量接近咽部，这样非常有利于治疗咽喉肿痛。

（5）治慢性咽炎7偏方

方①：鸭蛋青葱汤：鸭蛋1~2只，青葱（连白）数根、加水适量同煮，饴糖适量调和，吃蛋饮汤，每日一次，连服数日。

方②：无花果冰糖水：无花果（干）30克，冰糖适量，煲糖水服用，每日一次，连服数日。

方③：麦冬白莲饮：麦冬、白莲各12克，冰糖适量，加水炖后代茶饮。

方④：百合香蕉汁：百合巧克，香蕉2个，冰糖适量，加水同炖，饮汁食香蕉。

方⑤：海带白糖饮：海带50克，白糖25克，海带洗净切细，加水适量，煮熟，入白糖，饮汤。

方⑥：玄麦甘桔汤：玄参12克，麦冬12克，甘草3克，桔梗6克，开水冲泡，代茶饮。

方⑦：藕汁蜜糖霜：鲜藕适量，洗净，榨汁100毫升，加蜂蜜20克，调匀服用，每日一次，连服数日。

（6）咽炎茶主治慢性咽喉炎

金银花、菊花各10克，胖大海3粒。将上3味药放入开水瓶中，冲入沸水大半瓶，塞严，15分钟后代茶频饮，1日内饮完。每日1次。主治慢性咽喉炎经年不愈。

（7）银菊芍药汤治疗咽喉肿痛

金银花12克，野菊花15克，赤芍药10克。在上3味中加入清水500毫升，以小火煎5～10分钟。煎煮2次，混合2次煎液后分2次服，每日1～2剂。主治咽喉肿痛、恶寒发热明显。

（8）蜂蜜茶治疗咽炎

茶叶、蜂蜜各适量。将茶叶用小纱布装好，置于杯中，用沸水泡茶，凉后加蜂蜜搅匀。每隔半小时，用此溶液漱口并咽下，见效后连用3日。

（9）麻油蛋汤治疗咽炎

鸡蛋1枚，麻油适量。将鸡蛋打入杯中，加麻油搅匀，冲入沸水约200毫升，趁热缓缓饮下，以清晨空腹为宜。

（10）蜂蜜藕汁治疗咽炎

鲜藕、蜂蜜各适量。将鲜藕绞汁100毫升，加蜂蜜调匀饮服。每日1次，连服数日。

（11）按摩治咽炎

张开五指，大拇指紧贴喉管顶端右侧，示指紧贴颌骨顶端左侧，形成五指抓状往下拉，一直抓到喉管下端为止，两手左右倒换抓拉多次。抓时用力要适中，不宜用力过大，以免抓伤皮肤。这样抓按使颌骨两侧的淋巴结也受到按摩。时间长了，由死结变成活结，脖子也变软了，恢复了弹性，嗓子不痒了，咽炎也消退了，还能减少患淋巴结结核的可能。

第7章 治疗流行性腮腺炎的验方偏方

流行性腮腺炎是腮腺炎病毒引起的急性呼吸道传染病，以腮腺肿大为特征，多发于冬春季节，多发于儿童和青少年，可侵犯其他器官，引起脑膜炎、睾丸炎、卵巢炎和胰腺炎等。该病属中医学"痄腮"范畴，认为多由热毒郁而不散，结聚腮部而成。

（1）苦瓜治痄腮

将 2 条生苦瓜洗净，捣烂如泥，加入少许盐调味，拌匀。半小时后去渣取汁，用火烧开，湿淀粉勾芡，调成半透明羹状，分次服食。

（2）饮品 4 验方

①肺筋草（又称千粒老鼠屎、粉条儿菜）鲜根 15 克，用水煎服，1 日 2 次。

②板蓝根 15 克、金银花 12 克、夏枯草 10 克、生甘草 5 克，用水煎服，1 日 2 次。

③野菊花 15 克，水煎代茶，连用 7 天。

④蒲公英 30 克，水煎取汁，服前加入白酒 5 毫升，每日 1 次，连用 3 天（儿童、孕妇不宜加酒）。

（3）食疗两偏方

①鸭蛋 2 个、冰糖 30 克，先将冰糖放在碗中加热水少许，搅拌至溶化，待冷后打入鸭蛋搅匀，隔水蒸熟食之，每日 1 次，连用 7 天。

②白菜心 3 个、绿豆 60 克，先将绿豆加水煮熟，再加入白菜心煮烂，吃豆喝汤，连用 7 天。

（4）外治 3 法

①如意金黄散适量，用醋或浓茶调成糊状，敷于患处，每日换药 2 次。

②六神丸适量，用醋少许浸泡成糊状后，调匀涂搽患部，1 日数次。

③青黛粉适量，用醋调成糊状，涂搽患部，1 日数次。

二、治疗心脑血管疾病

第8章　序

所谓"心血管病"，即泛指以心脏和主动脉为主要代表的循环系统疾病的简称，通常包括冠状动脉粥样硬化性心脏病（简称冠心病），高血压病，脑动脉硬化病等。

心脑血管疾病对中老年人是严重的威胁。目前，每死亡 3 个人，就有一个人是死于心脑血管病。因此，防止此病的发生，已成为人们十分关注的话题。

心脑血管疾病是能够预防的。树立良好的生活方式，改善饮食结构，早期发现，及时治疗等综合措施是预防心脑血管疾病的有效手段。

第9章　治疗冠心病的验方与偏方

冠心病是指冠状动脉硬化导致的心肌缺血、缺氧而引起的心脏病。冠心病在临床上常见，其发病率有逐年上升的趋势。与冠心病发病有关的常见因素主要有高脂血症、肥胖、糖尿病、高血压、吸烟等，另外，还与劳累、情绪激动、过饱、受寒等激发因素有关。冠心病可诱发心绞痛和心肌梗塞。

（1）百合玉竹粥治疗冠心病

百合、玉竹各20克，大米100克。把百合洗净，撕成瓣状，玉竹切成4厘米段，大米淘洗干净。把百合、玉竹、大米放入锅内，加水100毫升。把锅置武火上烧沸，用文火煮45分钟即成。每日1次，当早餐食用。

（2）陈皮参花煲猪心治疗冠心病

陈皮3克，党参、黄芪各15克，猪心1个，绍酒适量，盐5克，胡萝卜100克，生素油30克。把陈皮、党参、黄芪洗净。将陈皮切3厘米见方的块，党参、黄芪切片，胡萝卜切4厘米见方的块，猪心洗净，切成3厘米见方的块。把锅置中火上烧热，加入素油，六成熟时，加入猪心、胡萝卜、绍酒、盐、党参、陈皮、黄芪，再加鸡汤300毫升，烧沸，再用文火煲至浓稠即成。每日1次，每次食猪心30克，胡萝卜50克。

（3）拨粥宽胸止痛

薤白10~15克，葱白二茎，白面粉100~150克，或粳米50~100克。将薤白、葱白洗净切碎，与白面粉用冷水和匀后，调入沸水中煮熟即可，或改用粳米一同煮为稀粥。每日早晚餐温热服，可宽胸止痛。

（4）鲤鱼山楂鸡蛋汤理气宽胸

鲤鱼1条，山楂片25克，鸡蛋1个，料酒、葱段、姜片、精盐、白糖适量，面粉150克。将鲤鱼去鳞、鳃及内脏，洗净切块，加入料酒、精盐渍15分钟，面粉加入清水和白糖适量，打入鸡蛋搅成糊。将鱼块下入糊中浸透，取出后沾上干面粉，下入爆过姜片的温油锅中翻炸3分钟。山楂片加入少量水，上火溶化，加入调料及生粉糊制成芡水，倒入炸好的鱼块煮15分钟，撒上葱段，味精。佐餐可理气宽胸。

（5）蜂蜜治疗心脏病

蜂蜜中含量高的葡萄糖易被人体吸收，它可增强心肌，促使心血管舒张和改善冠状血管的血液循环。由于能保证血流正常，因而对心力衰竭和心脏病有一定疗效。

服用方法：第一周日服 50 ~ 75 克，第二周改为 25 ~ 40 克，第三周减为 20 ~ 25 克，病愈后即停止，否则易诱发高血糖。

（6）坚果能预防心脏病

花生、核桃、栗子、松子、瓜子、莲子等坚果，不仅营养丰富，常吃还能预防心脏病。

坚果中虽然脂肪含量高，但 50% ~ 80% 为不饱和脂肪酸，必需营养脂肪酸含量极为丰富。其中含磷脂尤其是卵磷脂丰富，它能帮助脂肪分解、脂化及血中胆固醇的运转和利用，并可溶解血中沉积的动脉硬化斑块，有清洗血管、增加血管弹性、预防心脏病的功效。

（7）甘菊治疗冠心病

菊花 10 克，甘草 3 克，白糖 30 克。把菊花洗净，去杂质，甘草洗净，切薄片。把菊花、甘草放入锅内，加水 30 毫升，置中火上烧沸，再用文火煮 15 分钟，过滤，除去药渣，留汁。在药汁内加入白糖拌匀即成。代茶饮用。

（8）指压穴位可防治冠心病

攒竹穴。一分钟内，用两手中指按顺时针方向按压 12 圈，再按逆时针方向按压 12 圈。

内关穴：一分钟内，以顺时针按压内关穴各 12 圈，两侧先后进行。

神门穴：一分钟内，用拇指按压神门穴，顺时针、逆时针各按 11 圈，两侧先后进行按压。

第 10 章　治疗高血压的验方与偏方

高血压病分原发性高血压（自发性）和继发性高血压（症状性），是一种常见病与多发病，已经成为人类健康的一大杀手。

高血压的发病机制尚不明确，与遗传、精神、吸烟、大量饮酒、膳食结构、肥胖等有关。临床表现为血压升高，可有头晕、头痛、眼花、耳鸣、失眠、心悸、乏力等，后期出现的症状则多由心脏、肾功能不全或严重的并发症引起。

（1）生牡蛎、珍珠母等煎水降压

生牡蛎、珍珠母、桑椹子各 30 克，白芍 24 克，菊花、水防己、黄芩各 12 克，刺蒺藜 15 克，地骨皮 20 克。将生牡蛎、珍珠母先煎 30 分钟，再与预先已浸泡 30 分钟的余药同煎 20 分钟，每剂煎 3 次。每日 1 剂，将 3

次煎出的药液混合，早、中、晚饭后 3 次分服。

（2）干老玉米胡子可治高血压

从自然成熟的老玉米穗上采"干胡子毛"（即雌花的细丝状干花柱）50 克，煮水喝，可以有效治疗高血压。如依方连吃两剂，有的人即使中断了常服的降压药，头晕、头痛等症状也可消失。

（3）刺儿菜能治高血压

将农田里（秋后时期最好）采来的刺儿菜 200～300 克洗净（干刺儿菜约 10 克），加水 500 克左右，用温火熬 30 分钟左右（干菜时间要长些），待熬好的水温晾至 40℃ 左右时，一次服下，把菜同时吃掉更好。每天煎服一两次，一周可显效，常服此菜，即可稳定血压。

（4）醋浸鸡蛋可降压

将一只新鲜蛋浸于 150 毫升、9°的醋中，48 小时后将蛋搅破，再浸一天即可服用。每天限 20 毫升，可加温开水冲淡，大约 7 天服完（怕酸者可加蜜）。

（5）降压 4 简方

①鲜萝卜汁一小杯，饮服，每日 2 次（烧心者忌）。

②苹果挤汁，每次 100 毫升，每日 3 次。

③芹菜 500 克捣汁，分 2 次服，当日服完。

④醋浸花生米（连皮）一周，每晚睡前嚼服 10 粒。

（6）莲子粳米粥可降压

莲子粉 15 克，粳米 30 克，红糖适量。将上 3 味同入砂锅内煎煮，煮沸后改用文火煮至黏稠为度。当半流质饮料，不计时稍温食用。

（7）葛根粳米粥可降压

葛根粉 30 克，粳米 50 克。粳米浸泡一宿，与葛根粉同入砂锅内，加水，用文火煮至米开粥稠即可。当半流质饮料，不计时稍温食用。

（8）明决子粳米粥可降压

决明子 10～15 克（炒），粳米 50 克，冰糖适量。先把决明子放入锅内炒至微有香气，取出，待冷后煎汁，去渣，放入粳米煮粥，粥将熟时，加入冰糖，再煮一二沸即可，适合春夏季食。每日 1 剂，5～7 天为 1 疗程。

（9）海蜇荸荠汤可降压

海蜇皮 50 克，荸荠 100 克。将海蜇皮洗净，荸荠去皮，切片，同海蜇皮共煮汤。吃海蜇皮、荸荠，饮汤，每日 2 次。

（10）葡萄汁送服降压药效果好

用葡萄汁代替白开水送服降压药，血压降得平稳，可不出现忽高忽低。用葡萄汁送服药物，血液中药物含量比用开水服药时明显增加。但用柑橘汁服用时，就没有这种效果。

（11）花生壳可治高血压

将平日吃花生时所剩下的花生壳洗净，放入茶杯一半，把烧开的水倒满茶杯饮用，既可降血压又可调整血中胆固醇含量，对患高血压及血脂不正常的冠心病者有疗效。

（12）鲜藕芝麻冰糖治高血压

鲜藕1250克，切条或片状，再将生芝麻500克压碎放入藕条（片）中，再加入冰糖500克，上锅蒸熟，分成5份，凉后食用，每天1份，一般服用1副（5份）即愈。

（13）芹菜粳米粥平肝降压

芹菜100克连根洗净，加水煮，取汁与粳米100克同煮成粥，早、晚食用。春季肝阳易动，常使人头疼、眩晕、目赤，常吃此粥可平肝降压。

（14）香蕉、小枣防治高血压

香蕉1根（带皮洗净），山西小枣7个，放小锅内，注半锅凉水（两杯），煮开后文火煮5~10分钟，稍凉后服用。饭前服用，每天两次，小枣分两次吃掉。服用时不能喝酒和吃油腻食品，一般要连服1~3个月。

（15）冰糖、醋降血压

半斤冰糖、半斤醋，微火溶化，可降血压。每日3次，一次喝两羹匙，饭前饭后均可。用此方前，先量血压。饮两天后再量一次，如已正常，即停服。此方酸甜可口，无副作用。

（16）海带汤降血压

水发海带30克，草决明10克，水两碗，煎至一碗，去渣，分两次喝汤。四季饮用，可清肝、明目、化痰、降血压。

（17）捏指可降压

在空闲、走路或乘车途中，可捏左手小指根部，力度逐渐加强。每天早、中、晚3次，每次3分钟，长期坚持可使血压逐渐趋于正常。

（18）明矾枕头可降血压

取明矾3~3.5克，捣碎成花生米大小的块粒，装进枕芯中，常用此当枕头，可降低血压。

（19）芥末煮水洗脚可降压

芥末面 250 克分成三等份，每次取一份放在洗脚盆里，加半盆水搅匀，用炉火煮开，稍放一会，免得烫伤脚，用此水洗脚。每天早晚 1 次，1 天后血压就可下降，再用药物巩固一段时间，效果更好。此方无副作用。

第 11 章　治疗低血压的验方偏方

成人收缩压低于 90 毫米汞柱者为低血压，常见于体质虚弱、长期卧床的病人等。一般病人除血压低外，还可有疲乏、无力、体位性眩晕等，严重者可出现腹痛、胸痛、神志昏迷等。

（1）大枣黄芪粥治疗低血压

大枣 10 个，黄芪 17 克，粳米 50 克。先煮黄芪，去渣取汁，汤汁与大枣、粳米同煮。每晚服 1 次，连服 2 个月。

（2）姜草银耳方治疗低血压

干姜 20 克，甘草 15 克，银耳 30 克。将前 3 味共研末。每次服 2 克，每日 2 次。

（3）复元汤治疗低血压

淮山药 50 克，肉苁蓉 20 克，菟丝子 10 克，核桃仁 2 枚，羊肉汤 500 克，羊脊骨 1 具，粳米 100 克，葱、姜适量。将羊脊骨剁或数节洗净，羊瘦肉洗净切块。将淮山药、肉苁蓉、菟丝子、核桃肉用纱布袋装好扎口，生姜、葱白拍烂。将以上原料和粳米同煮，再放入花椒、八角、料酒，移到文火上继续煮，炖至肉烂，加入调味品即成。饮汤食肉。

（4）莲子枸杞酿猪肠治疗高血压

莲子、枸杞各 30 克，猪小肠 2 小段，鸡蛋 2 个。先将猪小肠洗净，然后将浸过的莲子、枸杞和鸡蛋混合，放入猪肠内，两端用线扎紧，加清水 500 克煮，待猪小肠熟后，切片服用。

（5）红葡萄酒治血压低

用中国红葡萄酒一瓶（其他高级红葡萄酒也行），放一根党参泡好，一般泡 3 天。用法：每天晚上临睡前渴小酒杯半杯，约半两。一般患者一瓶即可见效。

（6）开水焐鸡蛋可治低血压

每天早晨将鸡蛋一个磕入茶杯内，用沸开水避开蛋黄缓缓倒入，盖上杯盖焐 15 分钟（冬季可将鸡蛋磕入保温杯内）。待蛋黄外硬内软时取出，用淡茶水冲服，每天一个，连服 30 天，重者可适当延长。

（7）治低血压三偏方

①人参 10 克，莲子 10 克，冰糖 30 克。水煎后吃莲子肉饮汤，每日 1 次，连吃 3 日。

②陈皮 15 克，核桃仁 20 克，甘草 6 克。水煎后服用，每天 2 次，连服 3 日。

③鸡肉 250 克，当归 30 克，川芎 15 克。一起放入蒸锅中蒸煮，熟后趁热吃，每日一次，连吃 3 天。

（8）鹿茸蛋治疗低血压

鹿茸粉 0.3 克，鸡蛋 1 个。

鸡蛋拣一头敲打一个小洞，将鹿茸粉放进去，入锅煮熟去壳。早餐食，补肾阳，益精血。

（9）乌鸡黄芪汤治疗低血压

乌骨鸡 1 只，当归 60 克，红糖 150 克，黄芪、米酒各 50 克。将鸡宰杀，去毛开腹，洗净，放入当归、黄芪、红糖、米酒，再将鸡腹缝紧，入锅蒸熟，吃肉喝汤。每半月吃 1 次，连吃 2 个月。

（10）鲫鱼糯米粥治疗低血压

鲫鱼 1 条，糯米 60 克。将鱼洗净（不要去鳞），与糯米共煮成粥。每周 2 次，连用 2 个月。

（11）长服韭菜汁可使血压正常

韭菜适量。将韭菜捣烂取汁。每日早晨服 1 杯，长期服用，可使血压恢复正常。

（12）恢复血压 3 简方

①党参 15 克，黄精 12 克，肉桂 10 克，大枣 10 枚，甘草 6 克。水煎服。每日 1 剂。

②生黄芪 30 克，党参 20 克，附子、炙甘草、白术、柴胡、陈皮各 12 克，当归 15 克，升麻 10 克。水煎服。每日 1 剂。

③党参、黄精各 30 克，炙甘草、枸杞子各 15 克。水煎服。每日 1 剂。

第 12 章　治疗高血脂的验方与偏方

人到中年，由于工作紧张、缺乏运动、生活饮食不规律、尤其是过量食用高脂肪食物容易造成高血脂。高血脂与遗传有关，如果家族中有患心血管疾病史的人，中年以后就更要注意预防血脂过高。血脂高首先会影响心血管，导致心脏病、冠心病、动脉粥样硬化等疾病，同时还可能导致脂肪肝。

（1）降压降脂减肥两偏方

①将生花生、生黄豆、核桃放入玻璃瓶内，用醋浸泡，封上口，一周左右就可食用，有减肥和降血脂、血压、血糖作用。

②将鲜蒜用清水浸泡两天（要常换水），将辣味去掉，然后放入玻璃瓶用醋浸泡，加少许盐，封严口即可。一个月后可食用，对糖尿病、高血压、高血脂、肥胖病患者有一定的辅助疗效。

（2）常吃洋葱能降低胆固醇

每天吃一定数量的洋葱可以大大降低人体内的胆固醇。重要的是要坚持吃，不管是生吃还是熟吃，对降低胆固醇都有良好的效果。

（3）吃高纤维能降低胆固醇

由于高纤维素食物进入肠道后，能缩短食物在小肠内停留的时间，减少胆固醇的吸收；另外，植物纤维能促进胆固醇在肝脏中的分解代谢。纤维素还可与胆酸盐结合排出体外，以减少胆酸盐在体内的淤积，有利于胆固醇转化为胆酸和胆汁。

所以，在日常膳食中注意多吃富含纤维素的食物诸如蔬菜、水果、海带、黑木耳、鲜豆类等，对于降低血液胆固醇是颇为有益的。

（4）玉米面煮粳米粥降血脂

玉米含有较多的不饱和脂肪酸，有利于体内脂肪与胆固醇正常代谢，从而达到降血脂的作用。每日可先将75克粳米洗净放入开水锅中，熬煮八成熟时，再将用凉水调和的100克玉米面放入锅中一起熬熟。三餐温热食用，对冠心病、动脉硬化、高血脂患者有益。

（5）清煮鲤鱼降血脂

取鲤鱼一条（250克左右）去鳞和内脏，加紫皮大蒜1头、葱白几段、赤小豆60克，入锅加水，温火炖熟，吃鱼喝汤（勿放盐）。每日一次，7日一疗程，吃6个疗程。此方还有健脑的作用。

（6）空腹食苦瓜降血脂

每天早上空腹生吃1个发黄成熟的苦瓜，吃时连同瓜内种子外面殷红的包衣一起吃（苦瓜无瓤）。

（7）空腹饮水有利于降血脂

每天早晨起床后坚持喝一大缸子凉开水（约500毫升），可以帮助降血脂。

（8）凉拌马齿苋可降血脂

采摘野菜马齿苋，在开水中煮一下（约2分钟），捞出，拌成凉菜，日食两顿，共约 200 克。长吃有效。

（9）茵陈降脂汤降血脂

茵陈 30 克，生山楂、生麦芽各 15 克。将上 3 味加工成口服糖浆，装瓶密封。每日口服 3 次，每次 30 毫升，连服 2000 毫升。服药 1 周后，少数患者可有不同程度的胃部不适，甚至则轻度腹胀，泛恶感，服至第 2 周即可逐渐适应。

（10）醋花生米降血脂

用醋浸泡花生米，1 周后食用。每晚饭后吃 20 ~ 40 粒，1 个月为 1 疗程。

（11）白芍、乌梅等煎服防高血脂复发

白芍、乌梅、木瓜、沙参、麦冬、石斛、莲肉各 9 克，柴胡、白术、桑叶、黑山栀各 6 克。将上药水煎 2 次。每日 1 剂，早晚各服 1 剂，3 个月为 1 疗程。待病情稳定后（化验检查血脂恢复正常值或接近正常值），所服处方将剂量加至 3 ~ 4 倍，配制丸剂，每丸重 9 克，每日 2 丸。服用 9 剂的时间不少于 4 ~ 6 个月，这对巩固疗效、防止复发极为重要。

（12）太子参、牡蛎等煎服降血脂

太子参、牡蛎、夏枯草各 30 克，麦冬、酸枣仁各 12 克，五味子、海蛤粉、川贝母、海藻、昆布各 10 克，生白芍 15 克，大生地 20 克。水煎，分 3 次服。每日 1 剂。

第13章 治疗脑梗塞的验方与偏方

脑梗塞是指供应脑部血液的动脉血管中发生粥样硬化和血栓形成，使动脉管腔狭窄、闭塞，导致急性脑供血不足，引起局部脑组织坏死，是"中风"病的一种。临床表现为偏瘫、偏盲、感觉障碍、失语、失写等。脑梗塞常发生在数分钟到数小时，半天达到高峰，不少病人在睡眠中发生。

（1）定风丸主治半身不遂、胃病

川乌、草乌、附子各 100 克（上 3 味皆须炮制去毒，用生姜煮过），川椒 60 克。将上药共研末，酒糊为丸，如绿豆大。每服 9 丸，每日早、午、晚服 3 次，空腹送下。主治半身不遂，日夜骨痛。

（2）风瘫药酒方主治半身不遂、关节痛

生地、熟地、枸杞、木通、牛膝、川芎、生苡仁、当归、金银花各 60 克，五加皮、苍术各 30 克，川乌、草乌、甘草、黄柏各 15 克，松节 100

克。在上药中加酒 8 公斤，煮半小时后，贮入罐内，密封，埋于土内退火气，3 日后方可饮用。每日早、中、晚各服 25～50 毫升。主治半身不遂，全身关节作痛。

（3）灵芝草乌丸主治中风瘫痪

五灵脂 100 克，草乌 25 克（炮制去毒），核桃仁 100 克（去油）。将上药共研细末，混合后用醋糊为丸，如梧桐子大，每晚用白酒送服。初次每服 3 克，次日每服 4.5 克，后增至每服 6 克为止。主治中风瘫痪。

（4）中风祛痰偏方

香油 1 杯，生姜汁半盏。将二汁混合灌下，病人痰即吐出。主治中风后痰阻喉中，痰鸣作响，不省人事。

（5）独活汤

独活 100 克，白酒 500 毫升。将独话放入酒中，煎至一半后，去渣取汁服用。主治中风口噤，身冷，不省人事。

（6）治疗肢体难伸偏方

羌活、独活、升麻、柴胡、秦艽、防风各等份。将上药共研末，混匀。每次白酒送服 3 克，每日 3 次。主治中风后肢体难于伸屈。

（7）治疗半身不遂汤

牛膝 100 克。将牛膝放入宰杀洗净的鸭肚内，炖汤，煮熟后，除掉牛膝，食鸭肉。每日常服。主治中风后半身不遂。

第 14 章　治疗头痛症的验方与偏方

头痛是常见病之一，一般分为神经性、精神性、血管舒缩不良性头痛等，其中又以神经性头痛最为常见。诸类头痛都呈反复发作的慢性过程。如果突然出现剧烈头痛，兼有手足冰冷、呕吐者，应急赴医院救治。

（1）韭菜根治头痛

鲜韭菜根（地下部分）150 克、白糖 50 克。将韭菜根放入砂锅微火熬煮，水宜多放，汁要少剩（约盛一玻璃杯），出汁前 5 分钟将白糖放入锅内。每晚睡觉前半小时温服，每天 1 次，次日另换新韭菜根，连服 3～5 次。可治失眠引起的头痛、慢性头痛。此偏方既可治头痛，又可起到安眠的作用，无副作用。

（2）煮开的牛奶冲鸡蛋治偏头痛

将一枚生鸡蛋打在杯子里并搅拌均匀，倒入煮开的牛奶。每天喝一次，每次一杯，1 周为一个疗程，有显著疗效。

（3）猪苦胆和绿豆治头痛

取新鲜猪苦胆两个，每个装绿豆 30 克，焙干，研末。每次 10 克，温开水冲服，一日两次，5 日一疗程，能降压治头痛。

如由高血压引起昏迷的病人，可配合服用平肝降压、开窍醒神的中药，如菖 10 克、葛根 30 克、天麻 15 克、郁金 12 克、白芍 20 克、牛膝 10 克，水煎服，每日两次。重患者加服安宫牛黄丸一丸。

（4）天麻炖乌骨鸡治疗慢性偏头痛

天麻 20 克，乌骨鸡一只。天麻用温水浸泡 1 天，将天麻和鸡块一起放入锅内，加足量的冷水；用猛火烧开，再改文火慢炖；待天麻和鸡块熟烂后，放少许盐即可吃肉喝汤。适用于长期偏头痛患者，对失眠、伴有疲乏无力者有良效。

（5）大枣山药汤治疗气虚头痛

大枣 15 个，核桃仁 30 克，鲜山药 30 克，白萝卜 300 克，橘皮 10 克。先将橘皮煮水，去其渣，再入上物共煮，待熟后，连汤带物吃尽，日服 1 次。适用于气虚头痛。

（6）桃仁白糖饮治疗淤血头痛

核桃仁 5 个，白糖 50 克，黄酒 50 克。将核桃仁、白糖捣碎成泥，再入锅中，加黄酒，用小火煎煮 10 分钟，分两次一日服完，连服 3 ~ 5 天。适用于淤血头痛。

（7）朝袋内呼气可缓解偏头痛

偏头痛症通常是由于大脑供氧过量引起的。当偏头痛症刚发作时，拿一个圆锥形的小纸袋或小塑料袋（最好不透孔），将袋子开口的一头捂住鼻子和嘴，用力向袋内呼气，以减少大脑中的氧气。反复数次后，偏头痛症就会缓解，以至最后消失。经多人试用，反映较好。

（8）温水浸泡双手可治酒后头痛

喝白酒或葡萄酒过量引起头痛时，可取一只脸盆，倒入温水，水温适中，不宜过烫，然后将双手和腕关节完全浸泡在水中 20 ~ 30 分钟，即可使头痛很快消失或减轻。

（9）萝卜治偏头痛两验方

方①：偏头痛发作时，取萝卜捣烂后滤其汁，加入少量新鲜的薄荷叶汁和冰片，搅拌均匀后，将混合后的汁液滴入鼻孔即可缓解或消除痛感。

方②：取萝卜籽 5 克、冰片 2.5 克共研末，加少许冷水调匀，用纱布过滤，滴入耳内两三滴即可。头左边疼滴入右耳，右边疼滴入左耳。

（10）气或热水熏烫治偏头痛

方①：当头痛发作时，取一盆热水，水温以手的皮肤能忍受为度，然后把双手浸入热水中。但要注意的是，在浸泡的过程中，应不断加入一些热水，以保持一定的水温。一般半个小时左右疼痛即可逐渐减轻，甚至完全消失。

方②：头痛时，把热毛巾敷在前额及两侧太阳穴，可缓解症状。

方③：取蚕砂80克，川芎、僵蚕各10克，用水煎沸后，倒入保温瓶内，用毛巾覆盖头部，使热气对准患侧太阳穴，熏蒸10分钟左右，熏后用毛巾擦干，避风。

（11）盐治头痛3简方

方①：头痛严重而身边一时无药时，冲一杯淡盐水少量饮服，可以缓解头痛。或将食用精盐放在干净的小碟内，伸出舌尖舔食少许，也有疗效。

方②：头痛时用盐擦擦额头，头痛症状可减缓。

方③：取生桃树叶适量，加少许盐捣烂，敷病人太阳穴上，也可有效治疗头痛。

（12）药末塞鼻治头痛

白芷30克、川芎15克、细辛10克、升麻10克、薄荷6克、冰片3克，一齐研成细粉，用药棉蘸少许塞入鼻腔。右头痛塞右鼻，左头痛塞左鼻。

第15章 治疗眩晕的验方与偏方

眩晕是一种常见的症状，常感眩晕的人多伴有高血压、动脉硬化、贫血、神经衰弱、内耳性眩晕等病。轻者闭目即止，重者如坐车船。该病多发生于中老年人，常感头晕眼花，看东西自觉旋转翻覆，两目昏黑，站立不稳，严重者视物旋转，昏眩欲扑，常伴有恶心呕吐、出汗、心悸、失眠、精神疲倦、腰酸腿软、饮食欠佳或烦躁易怒、时有耳鸣。

（1）向日葵头可治头晕

向日葵头一个，切成块放到药锅里，水要没过它，用火煎。水开了后，再微火煎15分钟，然后将煎得的水倒入3只茶杯中，每天服用一杯，连服3次。

（2）按摩治头晕两偏方

方①：眩晕症患者，以双手中指对准晕听区，左右各旋转36次即可。

晕听区穴位于耳尖直上 1.5 厘米处，向前、向后各水平延伸 2 厘米即是。

如患者症状十分严重，点穴旋转可增至 100 次，少则数秒，长则半分钟，即可见效。做后自觉眼目清亮，脑子清醒，似早晨刚起床那样舒适。一般仅 1～3 次即愈。

方②：用梳子背沿着前额发际处，依次从右到左向后刮头皮，刮至后颈部，用力适中。每日早晚各一次，每次刮 15～20 下，可有效治疗头晕。

（3）鸡蛋独活治美尼尔眩晕症

鸡蛋 6 个，独活 30 克，加水适量煎煮，鸡蛋熟后捞出，磕碎蛋壳，再放进去煮 15 分钟，使药液渗入蛋内。只吃鸡蛋，每日一次，每次吃两个，三天为一疗程，疗效奇特。

（4）白果去壳研粉治眩晕症

取白果 30 克，去壳研成粉，分成 4 份，早、晚饭后各服一份，4～6 天可好转。白果有毒，因此不可随意加量，也不可长期服用。

（5）防风、半夏等外敷治头晕

防风 10 克、半夏 10 克、丁香 6 克、肉桂 6 克、苍术 10 克、白芥子 6 克，共研成粉，取少量拌以生姜汁，敷于肚脐眼和两耳耳尖上方，用胶布固定，每天更换。

（6）闭目养神可预防晕车

有晕车习惯的人在登车前可先调整呼吸，消除紧张感。上车后宜端坐，双手护于丹田，双眼微闭，不看近处迅速掠过的物体，并配合意念屏气做深呼吸，可减轻车辆振动对人体内脏的影响。

（7）口含鲜姜片或人参可防晕车

方①：上车前将鲜姜洗净切片后装入塑料食品袋内备用。上车后取出一片放入嘴里含吮。味淡后更换新姜片，可预防晕车。

方②：出门时，在口袋里带一根小人参，当感到晕车难受时，当即削一小片塞入口中含服，这样很快就会适应环境，使晕车的反应消失，从而可以避免呕吐之苦了。

（8）晕车药物防治 4 简方

方①：在乘车前，将风油精搽在太阳穴、风池穴或肚脐眼处，在乘车中用药膏敷在上面，防止晕车效果明显。

方②：乘车前半小时服两片感冒通片，乘车时就不会感到晕车了。

方③：胃复安防治晕车效果立竿见影，在开车前半小时左右酌情服用。在乘车途中，晕车严重者即可再服用 1～2 片，而且在以后的乘车过程中，可以根据需要进行间断服用。

方④：上车前取一块伤湿止痛膏贴在肚脐上，可减轻晕车的症状。

三、治疗消化系统疾病

第16章　序

消化系统开口体外，人在从外界摄入食物的同时也伴随食物摄入细菌、病原体、致癌物质、毒性物质等，因此消化系统易发生炎症、感染、损伤等，加上消化系统受自主神经支配而活动，精神与消化道之间有密切关系，如精神状态变化会影响胃黏膜、血液灌注和腺体分泌。精神压力大，生活节奏过快都会导致消化系统疾病，因此消化系统疾病是百姓中的常见病和多发病。

第17章　治疗胃病的验方与偏方

慢性胃炎是由于长期受到伤害性刺激、反复摩擦损伤、饮食无规律、情绪不佳等原因引起的一种胃黏膜炎性病变。一般将慢性胃炎分成两类，即浅表性胃炎和萎缩性胃炎。前者表现为上腹不适、有饱胀感，食后更甚，嗳气恶心，一时性上腹隐痛；后者除上述症状外，尚兼有全身衰弱症状，如消瘦、贫血、腹泻、胃酸等消化液大大减少。萎缩性胃炎胃黏膜病变较浅表性为重，还有可能演变成胃癌，故应该给予较多重视。

（1）用姜治疗胃寒两偏方

方①：出现胃寒时，时常有发闷想呕的感觉，此时口含咬生姜片，即可起到止呕的作用。

方②：取鲜姜500克（细末），白糖250克，腌在一起。每日三次，饭前吃，每次吃一勺（普通汤匙）。可以长期坚持吃。

（2）葡萄酒泡香菜可治胃病

取普通葡萄酒数瓶，把酒倒在敞口瓶里，放入洗净的香菜，比例为1∶1，密封泡6天即可。早、中、晚各服一小杯，连服3个月。泡过的还保持绿色的香菜吃下去，效果更好。

（3）蜂蜜拌花生油可治疗胃病

蜂蜜有消炎、愈合创伤、增强消化系统功能及滋补作用，它可调节胃肠功能，对胃和十二指肠溃疡、胃穿孔、消化不良及慢性胃炎等疾病均有疗效。

将蜂蜜 500 克倒入碗中，用锅将 125～150 克花生油（豆油亦可）烧开，以沫消失为止，然后将油倒入盛有蜂蜜的碗中，搅拌均匀，在饭前 20～30 分钟服用一羹匙，早晚各一次，病重者中午可增加一次。

（4）炒食核桃治胃病偏法

取 7 个核桃，去皮切碎，用铁锅小火炒到淡黄色时，放入 60 克红糖再炒几下即可出锅，趁热慢慢吃下。每天早晨空腹吃一次，过半小时后才能吃饭、喝水。一连吃 12 天为一疗程，不要中断，坚持服用有显著疗效。

（5）红枣泡饮可有效治胃病

将大红枣洗净，炒到外皮微黑，以不焦糊为准。把炒好的枣掰开，放杯子里用开水冲泡，一次放三四个，可加适量糖，颜色变后即可，当茶饮用。此法对老胃病也有独特的疗效。

（6）妙用酒类治胃寒两法

方①：二锅头和鸡蛋。取二锅头白酒 50 克，倒在茶盅里，打入一个鸡蛋，把酒点燃，酒烧干了，鸡蛋也熟了，早晨空胃吃，轻者吃一两次可愈，重者三五次可愈，注意不加任何调料。

方②：啤酒和大蒜。把一瓶啤酒和 15 克去皮拍碎的大蒜同时放入铝锅内，加热烧开，病人趁热喝下。每晚一瓶，连喝 3 天可见效。

（7）蹲着吃饭可治胃下垂

胃下垂病患者，如果蹲下吃饭，且在饭后再蹲 20 分钟左右，对治疗胃下垂相当有效，即使是有 5～10 年患病历史的患者，只要努力坚持，胃下垂大多都可痊愈。

蹲下吃饭之所以有益于治疗胃下垂，主要是因为蹲下时，胃会压在腹部横膈膜上，从而使大部分食物进入小肠和十二指肠，这样，胃在最大负荷时便能得到极有益的缓解和休息。此方法简单易行，久见疗效。

（8）治胃病 3 个简方

方①：将白胡椒 20 粒和适量生姜片晒干晒透，然后切碎并研磨成细面，取适量开水冲服，加入葱白效果更好，每日早晚各一次，可治因胃寒而引发的胃痛。

方②：将 150 克牛奶与 20 毫升生姜汁一起放入碗内，加入适量白糖，隔水炖服，每日两次。

方③：将猪肚洗净后放 250 克左右的生姜，扎紧口，放冷水中炖熟。根据自己的口味放些香菜、少许精盐或青蒜调味。一日三顿就餐时吃，吃肚喝汤。一个猪肚吃 2～3 天。

第 18 章　治疗腹泻的验方与偏方

腹泻多发生于夏秋季节，多与饮食不当有关。人的肠道内存在着多种菌群，它们的比例应是稳定的，这对食物的消化和吸收至关重要。如饮食不当，肠道内的正常菌群的比例就会失衡、紊乱，就可能导致腹泻。腹泻常见症状有急性腹痛、腹泻、水样便，一般无脓血便，部分病人有发热。个别严重的由于腹泻次数较多，会出现脱水、电解质紊乱、休克等。

（1）用大蒜治肠炎腹泻

蒜剥皮洗净，用刀削去蒜瓣的头尾和蒜的膜皮。拉肚子时，大便后先温水坐浴，再将削好的蒜送入直肠里，越深效果越好。一般情况下，放入蒜后泻肚即止，五六个小时后排便即成条形。每次放一两瓣，连放两三天，大便可正常。采用此法应注意手的消毒。

（2）紫苏叶可防治习惯性下痢

胃肠不好的人，常会为经常性的下痢烦恼不已，特别是夏天时，每当饮用过冷饮料后，下痢的情形就更加严重。像这样的下痢，可用紫苏的叶子治愈。不管您以什么方法食用，只要能每天食用四、五片紫苏的叶子即可，因为紫苏所含的成分具有整肠健胃的药效。

（3）腹泻的自我疗法

吃焦饭：焦饭能吸附肠道水分，并有抑菌、解毒、消炎作用，故有止泻功效。

按摩腹部：使腹肌松弛，肠道扩张，减少腹泻次数和排泄量。

保暖：加厚衣服或晒太阳，可使身体温度升高，促进血液循环。或用热水袋、热毛巾敷腹部可促进血液循环，吸收肠腔内的液体，通过尿道排泄出去。

（4）糯米山药粥治腹泻

糯米 30 克，山药 15 克，胡椒末、白糖各适量。将糯米略炒，与山药共煮粥，熟后加胡椒少许，食用时加白糖适量调服。每日 2 次。该方健脾暖胃，温中止泻。

（5）芡实山药糊治腹泻

芡实、山药、糯米粉、白糖各 500 克。先把芡实、山药晒干后，碾为细粉，同糯米粉及白糖一并拌匀，备用。用时取混合粉适量，加入冷水调成稀糊状，然后加热烧熟即成。每日早晚温热空腹食用，每次50～100克，连用7～10天为1疗程。

（6）茶叶大蒜可治腹泻

用大蒜一头切片，一汤匙茶叶，加水一大碗，烧开后再煮一两分钟，温时服下，两三次即可使腹泻痊愈。我们在干校时，此法屡试不爽。

（7）盆池热水浴治疗腹泻

腹泻病人，如果服用抗菌素、止泻药等久治不愈，可在盆池热水中浸泡半小时左右，除头部外，身体全浸泡在热水中，水温越高效果越好，但以能耐受为宜。一般一次盆池热水浴后，腹泻就可停止或明显减轻。

（8）腹泻外治5法

①腹部按摩法：用手掌鱼际从腹部外围左下方开始，按逆时针方向慢慢推揉至右下腹，3～5分钟，再在脐周、脐下揉摩3～5分钟，最好产生热感，每日数次。

②转腰腹法：双手叉腰，两脚分开同肩宽，两膝微屈，臀部作前左后右的逆时针转动（俗称扭屁股），每日多次。

③按揉穴位法：重力按揉天枢穴、足三里穴，每穴3分钟左右。

以上三种按摩手法如一起使用，效果更好。

④独头蒜1枚，生姜3片捣烂敷于脐上，胶布固定，每晚调换。

⑤艾叶、柿蒂、石榴树叶各15克，干姜10克，将药研粉炒热布包后敷于脐部（适于脾肾虚寒者）。

第19章　治疗痢疾的验方与偏方

细菌性痢疾是由痢疾杆菌引起的急性肠道传染病，以结肠弥漫性化脓性炎症为主要病变。其症状随病情轻重缓急而异。多数病人以起病较急，怕冷发热、腹痛、恶心、大便最初呈水样，后转为脓血便，一日数次至数十次，伴里急后重，整个腹部压痛。阿米巴痢疾系由阿米巴原虫侵入人体，典型的病例以排出暗红色黏液血液为特点。

（1）醋和大蒜能治痢疾

食醋约含有21%的醋酸，具有收敛、抑制细菌的作用，甚至能杀死食物里的部分细菌。痢疾杆菌的适宜生活环境偏碱性，食用食醋后，将痢疾杆菌的环境改为酸性，将其杀死，故食醋对痢疾有治疗作用。

大蒜含有植物杀菌素——硫化丙烯。它对痢疾、伤寒、葡萄球菌、链球菌等十多种细菌和阿米巴原虫都有强烈杀灭作用。有人试验：一小瓣大蒜放在口里细嚼，可以杀死口腔里的全部细菌，把大蒜压碎放在一滴含有很多细菌的生水里，1分钟内细菌全部死亡。紫皮大蒜比白皮大蒜疗效更佳。

大蒜在酸性环境里能提高功效四倍，如与醋合用，对治疗痢疾、肠炎效果更理想。

（2）治疗痢疾的简易食疗

大蒜粥：将大米煮成粥，临熟前加入大蒜数瓣，用少许食盐调味。大蒜辛辣而温，少食能开胃醒腹，辟秽解毒，祛寒升温，常用于治疗腹泻、痢疾，尤其对痢疾偏于湿重而下痢白多赤少或纯为白冻者疗效更好。

马齿苋粥：鲜马齿苋60克，洗净切碎和大米煮粥，加少许食盐调味。马齿苋能清热解毒、止痢，适用于治疗急性痢疾偏于热者，如泻下赤多白少，纯下赤冻、肛门灼热。

葱白粥：大米煮成粥，熟前加葱白5根再煮，以食盐调味温后再进服。

（3）马齿苋团子治湿热痢疾

湿热痢疾是一种湿热之邪、阴滞肠腑病症，常有赤白脓相夹，稠黏气臭，腹胀痛，里急后重，小便赤短，或见畏寒发热、口干、苔黄、脉滑。取鲜马齿苋100克、大蒜1~2头，摊鸡蛋两个做馅，以小米面或玉米面加点白面包成团子上锅蒸熟食用。2~3天病即好转。

（4）白灏治痢疾

取白葡萄汁3杯，生姜汁半杯，蜂蜜1杯，茶叶9克。将茶叶煎1小时后取汁，冲入各汁的混合液一次饮服。每日2~3次。3日后见效。

（5）大蒜汁灌肠治痢疾

大蒜头适量，捣烂取汁30毫升，加冷开水至300毫升，充分搅匀，用灌肠器将大蒜液缓缓注入直肠。每日1次，成人1次用300毫升，儿童酌减，连用3~5日。

（6）自制酸梅膏治痢疾

青梅1500~2500克。洗净，去核，捣烂，用布滤过，放陶瓷盆内，在日光下晒至凝固如胶，放瓶中贮存，可5~10年不坏。取酸梅膏溶于水中饮服，成人每次服9克，1日3次，饭前服。

（7）自制鲜藕膏治痢疾

鲜藕3斤。将藕洗净，捣碎，取汁，放入锅内，加红糖200克，煎膏，再加入等量蜂蜜（约300克）煎熬，至沸停火，待冷装瓶。每次服1汤匙，沸水冲化，顿饮，每日 3 次。

（8）生叶乌梅茶治痢疾

生叶 10 克（切丝），乌梅肉 30 克（剪碎），绿茶 5 克。将前 3 味共放保温杯中，用沸水冲泡，盖好杯盖，温浸半小时后，加入红糖适量，趁热顿服。每日 3 次。

第 20 章 治疗消化性溃疡的验方与偏方

消化性溃疡是指发生在胃和十二指肠球部的慢性溃疡，黏膜缺损超过黏膜肌层，故不同于糜烂。消化性溃疡的病因尚不完全明了，比较明确的病因为幽门螺杆菌感染、服用非甾体消炎药以及胃酸分泌过多。

消化性溃疡的临床表现有以下特点：一是慢性过程呈反复发作，病史可达几年甚至十几年之久；二是发作呈周期性，与缓解期相互交替；三是发作时上腹痛呈节律性，胃溃疡上腹部出现规律性疼痛，但餐后出现较早，在餐后半小时至 1 小时出现，在下次餐前自行消失。午夜痛也可发生，但不如十二指肠溃疡多见。

（1）消化性溃疡 4 简方

①适量黑木耳、红枣烧成甜羹食用。

②适量牛奶加大米煮成奶粥食用。

③鸡蛋 1 只，三七粉 1.5 克，拌和蒸成蛋羹食用，每日 2 次。

④鲜卷心菜汁，每次 1 杯，每日 2 次空腹温服。

（2）消化性溃疡药膳 3 偏方

①乌贼骨（或鸡子壳）80 克，浙贝母、佛手片、甘草各 20 克，枳实 10 克。将乌贼骨刷洗干净，砸成小块，用文火微炒。如用鸡子壳，将其洗净、烤干。枳实炒至微黄色，同其他药共研成细粉，放入瓶中贮存。每日 3 次，饭后 1 小时用开水调服 4 克。

②鲜旱莲草 50 克，红枣 8～10 枚。将旱莲草、红枣加清水 2 碗煎至 1 碗。每日 2 次，去渣饮汤。

③鸡蛋壳 300 克，川芎、大黄、肉桂各 15 克。将上 4 味共研细末。每次 3 克，每日 3 次，饭后温开水冲服。

（3）妙用土豆治胃溃疡

将 2000 克土豆洗净，去除芽眼，切碎捣泥，装入净布袋内，放入 1000 毫升清水内，反复揉搓，便生出一种白色的粉质。

把含有淀粉的浆水倒入铁锅里，先用旺火熬，至水将干时，改用小火慢慢烘焦，使浆汁最终变成一种黑色的膜状物，取出研末，用容器贮存好。每日服3次，每次饭前服1克。

（4）妙用鸡蛋治溃疡

鸡蛋花是软质流食，极易于胃的消化、吸收，它可大大减轻胃的负担，有利于胃的休息和溃疡面的愈合。鸡蛋花的制法是，将滚烫的开水冲入已搅匀的鸡蛋中即成，一般以一个鸡蛋调成一小碗，以质地较稠为宜。

（5）大麦能抗溃疡病

大麦含有丰富的食物纤维，具有预防中老年人肥胖、糖尿病以及心血管系统疾病的作用，特别是大麦具有抗消化性溃疡的作用：它能调节胃酸的分泌，抑制引起溃疡的"攻击因子"，调节胃内酸碱度，促进分泌，具有保护胃黏膜的胃黏液糖蛋白。实验证明，对应急性溃疡发生的抑制率，可达60%以上。大麦粉所含脂肪、食物纤维均高于小麦粉。

（6）吃香蕉防治胃溃疡

据现代科学试验结果表明，食用青香蕉有刺激胃黏膜细胞生长的作用，使胃壁得到保护，进而起到预防和治疗胃溃疡的作用。

另外，一些胃病病人需服用保泰松来治疗胃溃疡，但服用此药后往往会诱发胃溃疡出血。因此，在服药后适量吃些香蕉，就可以起到保护胃的作用。这是因为香蕉中含有的一种化学物质能刺激胃黏膜细胞生长繁殖，产生更多的黏液来维护胃黏膜屏障的厚度，使溃疡面不受胃酸的侵蚀。

四、治疗肝、胆、肾等器官疾病

第21章　序

肝脏是很脆弱的，很容易受到各种致病因子的损害。常见的导致肝脏损害的原因有感染、药物性肝炎、酒精性肝炎、自身免疫性肝炎、脂肪肝等。

胆的主要生理功能是贮藏和排泄胆汁，以助脾胃的腐熟运化功能。胆汁生成于肝之余气。胆汁的分泌和排泄、受肝的疏泄功能的控制调节，所以胆汁的分泌和排泄障碍与肝的疏泄功能异常密切相关。

第22章 治疗肝炎的验方与偏方

传染性肝炎由多种肝炎病毒引起，现知肝炎至少可分成甲、乙、丙、丁、戊五种。从病程上虽有急慢性的区别，但在症状上都有程度不同的类似表现：恶心、食欲差、厌恶油腻、脘腹胀闷、大便时溏时秘、易疲劳、出虚汗、睡眠差、肝区不适或刺痛及隐痛、肝功能异常等。确诊肝炎后（无高热、黄疸急速加深、精神异常等），患者宜实行分床分食等隔离措施，可以在家里自疗调养。

（1）姜、糖、枣有利于肝病治疗

取鲜姜、红糖、枣各500克，先将姜洗净切碎加适量水煮开，水开后文火煮一小时，再加枣煮十几分钟，最后放进红糖，待糖化后搅匀，使姜糖裹在枣上或成粥状，凉后即可零食。

（2）冰糖芝麻可辅助治疗肝炎

取适量优质冰糖压碎后，拌入等量、炒熟、压碎的黑芝麻，再滴加几滴蜂蜜，搅拌均匀后既可直接食用，也可与主食一起配餐食用。日服2～3次，每次25～40克，坚持两三个月以后，既可消除便秘，又可对肝炎患者有所助益。

（3）含饮蜂蜜米醋调节肝功能

取半茶勺蜂蜜，加兑一茶勺米醋，然后放入杯中加适量水稀释。现兑现饮，每日三餐前服下，可增加食欲，消除腹胀，调节肝功能，是一种较好的食物疗法。

（4）脂肪肝病因及治疗

脂肪肝的病因很多，主要为过量饮酒、肥胖病、糖尿病、皮质激素增多症等。患上脂肪肝后应积极治疗。

首先要去除病因，如戒酒、糖尿病者控制糖尿病、慎用四环素等可疑药物等；其次要调整饮食结构，一般说来，脂肪肝患者要严格控制糖的摄入量，包括米、面制品、含糖饮料、冷饮及水果等，同时补充高蛋白，提倡多食新鲜蔬菜。

（5）黑木耳治肝硬化

适量黑木耳洗净放入锅内加水煮，开锅后继续煮到只剩大半碗时停火，放一小勺猪大油、几小块冰糖热喝。一天3次喝汤，第三次吃掉木耳。坚持几个月可见效。

（6）治疗肝炎中药方

黄芪40克，半枝莲、茵陈、淫羊藿各30克，虎杖24克，土茯苓、当归各20克，枳壳、竹茹各15克，柴胡、丹皮各12克，鸡内金9克，甘草6克。水煎。分两次服，每日1剂，连服30剂为1疗程。

第23章　治疗肾炎的验方与偏方

肾炎是青壮年常见多发病，出现症状时年龄多半在20～40岁，男性多于女性。该病常呈慢性进行性过程。其病程长，轻重悬殊，少数可因急性肾炎转化而来。临床典型表现为血尿、蛋白尿、管型尿、浮肿、高血压等。轻度可仅有少量蛋白尿或镜下血尿，严重可出现贫血、重度高血压，可逐渐发展为慢性肾功能衰竭。

（1）冬瓜大蒜治肾炎

用冬瓜片和蒜片放到锅里蒸熟（不放任何调料），每日吃3次，一个大冬瓜没吃完，肾炎浮肿便消去。

（2）治肾炎浮肿方

核桃仁、蛇蜕（蛇蜕要完整的）、黄酒约100克。制法：将一个核桃敲成两半，将一半桃仁去棹，另一半桃仁留下。将蛇蜕装入另一半无桃仁的壳内，再将有核桃仁的那一半与有蛇蜕的一半合在一起，用细铁丝将核桃捆起来，裹上黄泥，再用柴火烧泥包的核桃，泥烧热后使桃仁变黑即可。打开将壳内桃仁研成细末。早晨空腹，用黄酒100克送下，连服3次为一疗程，观察疗效，再服第二疗程。

（3）赤豆桑白皮汤辅助治肾炎

赤小豆60克，桑白皮15克。将上两味加水煎煮后，去桑白皮，饮汤食豆。该方对慢性肾炎体表略有浮肿、尿检又常有少许脓细胞者，作辅助治疗，甚为适宜。

（4）胡椒鸡蛋治疗肾脾两虚

白胡椒7粒，鲜鸡蛋1个。先将鸡蛋钻一小孔，然后把白胡椒装入鸡蛋内，用面粉封孔，外以湿纸包裹，放入蒸笼内蒸熟。服时剥去蛋壳，将鸡蛋、白胡椒一起吃下。成人每日2个，小儿每日1个。10天为一个疗程，休息3天后，再服第2疗程。适用于慢性肾炎脾肾两虚、精血亏虚型。

（5）玉米须煎水治疗慢性肾炎

取干燥玉米须60克，加温水600毫升，用文火煎煮30分钟，得200～300毫升药液，过滤后内服，分两次服完。治慢性肾炎。

（6）按摩小指穴治肾虚

肾虚会引起头晕、眼花、健忘、耳鸣等。治疗方法：用大拇指和示指揉双手小指的第一关节，这是左右两肾穴，每天揉两次，每次十分钟左右。在揉小指穴时发觉关节疼痛不一样，痛的一侧可多揉会儿。但不要用力过大，要轻轻地揉。对没有肾虚者也大有好处，此法可以强肾壮阳，长期揉两小指关节，白发人的头发还会逐渐转黑。

第24章　治疗胆囊炎的验方与偏方

肿囊炎是由于胆囊管阻塞，细菌感染或化学刺激（胆汁成分改变）而引起的胆囊炎症性病变，分急性和慢性。急性胆囊炎常突然发作，出现右上腹部持续性疼痛，阵发性加剧，向右肩背部放射，有时有发热，怕冷，恶心，呕吐等症状。慢性胆囊炎是急性胆囊炎的后遗症，主要症状是上腹部不适，有胀气、嗳气、厌食油腻等消化不良症状。

（1）治疗胆囊炎3简方

方①：郁金粉3克、没药粉3克、绵茵陈30克，茵陈水煎取汁，送服前两味药末，1日2次。

方②：大黄，每次3～5克，开水冲泡服（有通便功能）。

方③：金钱草30克、丝瓜络10克，水煎服，1日2次。

（2）治疗胆囊炎3简方

方①：赤小豆50克、绿豆30克、鲜芦根100克，水煎饮服，1日2次。

方②：粳米50克、薏苡仁30克、茵陈15克，茵陈水煎取汁，加入粳米、薏苡仁煮粥食之，每日1次。

方③：粳米100克、金桔饼25克、淮山药50克、莲子肉50克、生薏苡仁30克，一起煮粥，分2次食之。

（3）胆囊炎外治两简方

方①：胆囊疼痛者可用指压法，压迫胆俞穴及胆囊穴，具体穴位取法见胆石病外治法的有关条目。

方②：大黄30克，冰片5克，研成细末，用适量醋调成糊状，敷于胆囊区（右乳直下肋缘边左右），1日数次。

（4）按摩腹部可治胆囊炎

每天早晨起床前及晚饭后一小时自我揉腹按摩40分钟，长期坚持，胆囊炎可逐渐好转。

（5）晨食苹果可防治胆囊炎

每天清晨空腹吃一个不削皮的苹果，隔半小时后再进餐，天天如此，对胆囊炎的治疗有很好的疗效。

（6）饮咖啡能缓解胆囊隐痛

胆囊不适将要发生痛楚时，饮咖啡一杯，半小时后不适可消失。

（7）胆囊炎患者不宜吃肥肉

胆囊是贮藏胆汁的器官。健康人吃下肥肉类的油腻食物后，这些食物先在胃里初步消化，然后进入小肠，在胆汁的作用下，使脂肪乳化、水解，最后被人体吸收。由于胆囊炎患者的胆管内壁经常充血水，再加上胆囊炎患者还多伴有胆石症，因此，胆道常常堵塞，胆汁排不出去。而脂肪类食物可以促进囊素的产生，从而增加胆囊收缩的次数，造成胆壁内压力升高，胆囊扩张，致使病人疼痛加剧。

第 25 章　治疗胆结石的验方与偏方

胆结石是指胆道系统（包括胆囊与胆道）的任何部位发生结石的疾病。按结石的成分，可分为胆红素结石、胆固醇结石和混合结石三类。胆石病的真正发病率与流行情况是很难确定的，因为有近乎 50% 的胆石病者可以终身无症状而不被发现。胆石病的临床表现以右上腹胆性绞痛、黄疸和发热为三大主症，其疼痛往往于夜间、饱餐后或进食高脂肪食物后发作，疼痛可向右肩或右肩胛部放射。胆石病大多与慢性胆囊炎同时存在。

（1）胆结石中药 2 方

方①：柴胡、木香各 15 克，郁金、白芍各 20 克，枳壳 30 克，生鸡内金、金钱草各 25 克，大黄（后下）、芒硝（冲服）各 10 克，硝石（火硝）5 克。水煎服。每日 1 剂。若大便较干硬，大黄改为 20 克（后下）。

方②：广木香、枳壳、玄胡、大黄、虎杖各 150 克，金钱草、溪黄草各 300 克，栀子 120 克，藏红花 30 克。将上药共为细末，用纯梨花蜂蜜调为丸，每丸重 6 克。饭前半小时白开水送服 1 丸，1 日 3 次。服药期间保持心情舒畅，适度活动，忌酒类、油腻及辛辣刺激性食物。妇女哺乳期及孕妇忌服。

（2）活泥鳅治疗胆结石

活泥鳅 3 条，豆腐 100 克。活泥鳅不杀洗净，豆腐整块不切，放锅内煮片刻，泥鳅钻入豆腐中，加调料食用，1 日 1～2 次。

（3）胆结石外治两简方

方①：山胆绞痛发作时，可用指压胆俞穴、胆囊穴来止痛。

方②：冰片 1 克、乳香 4 克、没药 4 克、木香 6 克、大黄 10 克、白芥子 4 克，研成细末，用热醋调成糊状贴于胆囊压痛处。

五、治疗骨骼关节等病痛

第 26 章　序

跌打损伤包括伤筋和内伤。中医称的"伤筋"一病范围较广，包括皮、肉、筋等部位的损伤，与现代医学中的软组织损伤及部分周围神经组织损伤的疾病相类似。伤筋分开放性损伤和闭合性损伤，大多数的损伤为闭合性，其中又可分为挫伤和扭伤两大类。大凡外界物体外暴力，重按打击、扭擦肢体局部而发生肿痛者多为内扭伤，如外力作为肢体而扭擦造成关节或关节周围皮、肉、筋等损伤者多为扭伤。

内伤是指人体受外力作用所造成的气血、组织、脏腑损伤的总称，分两大类，一是伤后立即出现出血、经络、脏腑的病变，二是皮肉筋骨损伤后而累及气血、经络、脏腑而发生病变。

第 27 章　治疗腰腿痛的验方与偏方

"病人腰痛，医生头痛"。

腰腿痛是多种疾病的共有症状，原因很复杂。各种治疗方法多，如针灸、理疗、推拿、牵引、封闭、手术等，有时看似病情相同，但采用相同的治疗方法后，效果却明显不同。因此，要取得有效的治疗效果，明确诊断、了解病因是非常重要的。

（1）桑枝治腰腿痛

取桑枝、柳枝各一小把用水煮 30 分钟熏洗患处，可治腰腿痛尤其是由风寒引起的腰腿痛。这是 40 年代冀中解放区老乡用的方子。

（2）疾走八字步可治腰腿痛

对因腰椎退型性病变引起的腰腿痛患者，可坚持天天疾步走八字步，坚持一段时间后，病情即可得到有效缓解。

（3）蘸擦火酒能除腰腿疼

白酒约40克，倒入碗内点燃，用手快速蘸取冒着蓝火苗的火酒搓患部，动作要快，每天1次。

（4）麦麸加醋热敷可治腰腿病

在1500克麦麸之中加入500克陈醋，一起拌匀，然后炒热并趁热装入布袋中，扎紧袋口后立即热敷患处，凉后炒热再敷，一次敷30分钟至1小时，一日4～6次，对老年腰腿痛有一定疗效。

（5）妙用大盐治老寒腿

用棉布缝一个书本大小的双层口袋，中间絮上些棉花，不宜太薄，也不宜太厚；每天晚上将大粒盐1000克放锅内炒数分钟，听到响声即可；将盐迅速倒入袋内，口封好；睡前趁热将此口袋放置于关节疼痛处，盖上棉被。此法能散寒止痛，对风湿性关节炎有效，每晚敷一小时左右，连敷一周为一疗程。

（6）热药酒熏老寒腿有疗效

红花一两、透骨草一两放入瓦盆内，倒两平碗水，文火煎半小时后，加入白酒一两，趁热放在双腿膝盖下（坐在床上）用棉被将双腿盖严，趁热熏腿（千万别烫着），秋冬季节每晚临睡前熏一次，持之以恒，定能有效。

（7）中药外敷治腰腿痛

续断、杜仲、宽筋藤、牛膝、当归、丹参、羌活、海桐皮、姜黄各30克，防己、赤芍各20克，细辛10克。将上药捣碎，用醋淋湿后放布袋内蒸30分钟，然后用毛巾将其包裹后敷于患处，等稍降温后可将布袋直接置于皮肤上。每日2次，每次约40分钟，6天为一个疗程。药包用毕放阴凉通风处，可连用3天。

（8）中药内服治腰腿痛4方

①千年健、伸筋草各10克。水煎服。1日分2次，用酒送服。

②五灵脂30克，元胡6克。用水3碗，煎取2碗。分早晚2次服。

③元胡、当归、肉桂各6克。将上3味共研为末。分3次服，温酒或温开水送服。

④穿山龙（又名爬山虎）64克，用白酒500克浸泡7天。每次服用32克，早晚各服1次，能治风湿病、大骨节病、腰腿疼痛。

（9）辣椒酒治腰腿痛

朝天椒20多个，将其剪断，连籽放入带螺丝扣的广口瓶里，并倒入

60°的白酒，超过辣椒两指，密封放置4~5天后，用棉花蘸辣椒酒擦痛处，反复擦2~3遍，再用热风机吹干。每日一次，最多两次，擦3~4天后停两天，再去洗澡，疗效较好。

（10）腿肚子抽筋的紧急处理

一旦腿肚发生抽筋时，首先不要过分紧张，马上中止活动，使脚保持原来的姿势。然后慢慢地将腿伸直，用手握住脚趾，向身体方向用力扳几下，抽筋现象便会消除。也可用指尖按压小腿后面正中的承山穴，或用针刺承山穴，就可起到缓解肌肉痉挛。拍打或擦松节油、用温热水浸泡，也能缓解痉挛，假如发生在游泳时，一是立即上岸用上述方法处理；二是采取仰泳浮在水面上，把抽筋的腿举起蹦直，用另一侧的手握住抽筋的脚趾，用力往身体方向扳，一次不行可连作几次，缓解后慢慢游至岸边，以免再发生抽筋。

（11）大黄、生姜等外敷治腰扭伤2方

①生大黄60克，葱白头5根，生姜适量。先将大黄研为细粉，再调入生姜汁半小杯，加入开水适量，调成糊状。将葱白捣烂炒熟，与调好的药糊用布包好，在痛处揉擦至皮肤发红。再将上药的1/4量外敷，外用纱布包扎固定。每日1次，3~4日可愈。

②生姜、大黄粉各适量。将生姜切碎绞汁，加入大黄粉调成糊状，平摊于扭伤处，厚约0.5毫米，外用油纸覆盖，再用纱布包扎固定。每日1次，3~5次可愈。

（12）自制药酒治腿酸痛

自制的药酒能治疗风寒性腿脚痛1瓶白酒（二锅头即可），1瓶蜂蜜，再切上一把姜末，将酒与蜂蜜按1：1的比例混合在一起，将姜末泡入其中。10天后就可以喝了，喝1小酒杯即可（8钱以下的），同时吃一点姜末。

第28章　治疗颈椎病的验方与偏方

颈椎病又称颈椎综合症，是一种骨骼的退行性病理改变。发病率随年龄增长而增高，在50岁左右的人群中有25%的人患过或正患此病，近年来有年轻化的趋势。

常表现为：症状轻者为头、颈、臂、手、上胸背、心前区疼痛或麻木、酸沉，放射性痛，头晕无力，颈、肩、上肢及手感觉明显减退，有部分患者有明显的肌肉萎缩；重者会出现四肢瘫痪、截瘫、偏瘫、大小便失禁。

（1）揉捏按摩等可治颈椎病

方①：双手十指交叉，放在脖子后，用手掌按摩两个太阳穴及后颈后部 100 次，然后单手各按摩 50 次。按摩时下颏微抬，以使后颈部肌肉放松。每天早、晚各一次，长期坚持。

方②：十指伸直举同脸高，上下搓脸，每天早晚各 100 次，长期坚持。对肩周炎、美容也有作用。

方③：用橡胶锤锤打患处 30 分钟，力量适度，早晚各一次，对颈椎病能起按摩治疗作用。

方④：舌尖在牙床内侧或牙床外侧按同一方向转圈搅动，待后脑勺感到痛胀时稍休息，再向相反方向转圈搅动，反复 3~4 次。早晚各做一次，长期坚持。

方⑤：身体不动，下颏抬起，抖动前伸，每次 8~10 遍，此法名"鹤吸水"，对活动颈椎关节有很大的帮助。

（2）酒治颈椎病两偏方

方①：每天晚睡前，将一杯白酒倒入瓷茶碗内点燃，趁热蘸酒擦摩颈部，动作要快，边擦边做按摩。

方②：取羊骨头（生熟都可）100 克，弄碎并炒黄后，放入 400 毫升白酒中浸泡 4 天，然后用棉球蘸酒水擦拭颈椎，一天 3 次，3 日后便可有效减轻颈椎酸痛。

（3）妙用倒坐椅法防治颈椎病

颈椎的生理弯曲是略向后的，但长期伏案工作的人，颈椎经常处于向前弯曲的状态，使后侧颈椎间形成多余空间，骨质易在此增生而导致颈椎病。因此可经常采取倒坐椅放松方法防治颈椎病，即将不带扶手的靠背椅椅背朝前倒骑着坐下，两前臂交叉伏在椅背上，自然就形成头略后仰之状，还可有意让脖颈向后弯曲，程度比正常情况下再大些。

（4）预防颈椎病的"风字功"

两脚分开与肩同宽，脚跟站稳，用头部代笔书写繁体"凰"字，按字笔划同头部摆动 5~10 次，此法名为"风字功"。此功不受地点和时间的限制，预防颈椎病效果很好。

（5）颈椎病中药 5 验方

①葛根、黑豆、蛇蜕、黑芝麻、人参、鹿茸、熟地、黄芪、核桃、枸杞、甘草、白酒各适量。将药浸酒内 1 个月后服用。每服 15 毫升，1 日 2

次，1 个月为 1 疗程。

②川芎、荆芥、白芷、羌话、防风、细辛、薄荷、甘草、茶叶各适量。加水浓煎成浸膏。每服 2 克，1 日 3 次，2 个月为 1 疗程。

③白芍 240 克，伸筋草 90 克，葛根、桃仁、红花、乳香、没药各 60 克，甘草 30 克。将上药研为细末，水泛为丸。每服 3 克，1 日 3 次，1 个月为 1 疗程。

④当归、丹参、白芍各 15 克，乳香、没药、苍耳子各 10 克，地鳖虫、炙甘草各 6 克。水煎服。每日 1 剂。

⑤丹参 15 克，制乳香（布包）、制没药（布包）、当归各 10 克。水煎服。每日 1 剂。

第 29 章 治疗落枕的验方与偏方

落枕一般是因为睡眠时头部位置不当、枕头过高或肩部受风等引起的，落枕的人清早起床后感到颈部疼痛，且不能转动，用指压有痛感。

（1）揉捏按摩等治落枕 3 偏方

方①：仅受风寒或睡姿不当、疲劳过度引起的落枕，可用拇指代替银针按压对侧前臂的"手三里"穴位，用力以能够忍耐为宜，同时配以头部的前后左右运动。休息片刻后，可迅速缓解症状，反复按压多次，即可治愈。

方②：点按患侧的外关穴（外关穴的位置在手的背面，腕关节上 3 横指与尺桡骨之间），边按边慢慢活动颈部，反复几次可好转。

方③：由于颈部肌肉紧张或受凉而发生落枕，可按揉颈肩部的疼痛部位，待肌肉放松，慢慢配合头部俯仰及转侧活动，便可缓解。也可做局部热敷缓解。

（2）醋热敷患处可治落枕

取食醋适量，加热至不烫手为宜，然后用纱布蘸热醋在颈背痛处热敷，可用两块纱布轮换使用，使痛处保持一定的湿热感，同时活动颈部，每次 30 分钟，每日 2~3 次。

（3）妙用白酒生姜治落枕

当落枕程度较轻时，先将适量白酒洒于手心，用酒按摩有酸痛感的颈项部位至发热。然后，取生姜切片随头颈部轻轻摇动来回擦拭，此方可调和气血，疏风散邪，缓解或消除落枕。

（4）扭头可治脖子痛

每天左右扭转头部，扭转要循序渐进，开始要慢，幅度要小，可以慢慢增加次数和幅度，扭转时要使脖子尽量向上伸，因人而异，不可强求，长期坚持有显著疗效。

（5）防治抬脖子痛的简易保健操

日常生活和工作中的某些不良习惯是造成脖子和肩膀酸痛的原因，如打字或计算机终端工作、经常进行长时间的阅读或长时间打麻将牌。颈部肌肉长期受这些习惯的影响，会使头部向前突出破坏正常的姿势而引起脖子痛。下面介绍一套简单的肩颈保健操，动作应轻柔，呼吸自然，每个动作可重复 3～5 次。

①先作缓慢的深呼吸，头向左转眼看左肩，再向右转眼看右肩；然后使下巴前后伸缩以松弛颈肌。

②两肩向耳部耸起，挺直背脊，然后使两肩尽可能地下垂。

③两肩分别作圆周活动，先抬肩向前转动，再向后转动。

④坐着将双手平放在大腿上，下巴慢慢垂到胸部，然后使头从左到右再从右到左转圈，深吸气大声呼气，使头颈部在缓慢的转动中感到舒畅。如出现"劈啪"声不必担心，那只是肌腱或韧带在伸展时擦过骨头的声音。

⑤将头偏向左肩，左手越过头顶放在头的右边，另一只手放在右肩上；然后非常轻柔地试将头向左拉；再将头偏向右肩，做同样的动作。如果感到手的压力过大，可以简单地将头轮流向左右歪斜。

⑥将头往下缩，两手十指交叉放在头顶上，使下巴向两肩左右来回作半圆活动，但不要真将头向下压。

⑦活动至此，可以逐步做一些站着的练习。站立收缩腹部，举起双臂作想象的爬绳运动，两臂轮流像真的一样做向上抓绳动作。

⑧两臂轮流前后绕圈挥动，想象棒球运动员的投球动作，先按顺时针方向，再逆向挥动。

⑨回到坐的姿势，将右手贴在右边脸上，当头向右转动时，用手给脸部加点阻力，数两下然后向左做重复的动作。头向每边偏转时，幅度要尽可能的大一些。

⑩结束动作：将手按在脖子背后、头发与头皮结合线的上边，然后从上向下按摩，或者用双手的食指和中指分别压在脖子后面两边，自上而下按摩至肩部。

（6）防治落枕的运动法 2 则

①上下点头法：取坐位或站位，两眼平视前方，头部自上而下缓慢运

动 20 下。

②左右旋转法：取坐位或站位，颈部自左至右、自右至左缓慢旋转 10 次。

（7）防治落枕中药验方一则

葛根 30 克，菊花 15 克，生白芍 24 克，柴胡 12 克，生甘草 9 克。用水煎取药液，再加红糖 30 克调服，一次服下，服药后卧床休息 1 小时，出微汗。每日 1 剂，一般服药 2～4 次即愈。

第 30 章　治疗肩周炎的验方与偏方

肩周炎是肩关节周围软组织的一种慢性退行性病变，多见于 50 岁左右的人，又称"五十肩"。该病起病缓慢，患者常感肩部酸痛，不能持重物，尤以夜间为甚，重者影响睡眠。疼痛范围比较广泛，可放射至上臂，偶达颈背部；患肩外展、外旋、上举、背手活动受限，掌不能举臂梳头、穿衣和背手擦背。检查肩周软组织常有压痛，压痛点多在肩周肌腱的起止点处。

（1）熨斗巧治肩膀酸痛

肩膀或脊椎酸痛时，家中若无懂得按摩或者指压的人，实在是件棘手的事。这时，您不妨试着自己治疗。首先，请穿上一件毛线衣，并拿出熨斗加热，将它压在肩膀上，暖肩膀。一旦肩膀暖和了，血气畅通，肩膀及背脊的酸痛就会减轻。

（2）常吊单杠可治肩周炎

某人患肩周炎多年，虽经多方诊治，如按摩、电疗、热疗等，效果均不佳。在没有办法的情况下，他每天坚持吊一会儿单杠（或类似的横木），病情日趋好转，竟然痊愈了。

（3）扒墙法治肩周炎

在墙上高处划上白横线，每天早晨在室外，面对墙壁，双脚不动，双腿伸直，双手十指向上扒，目标是扒到墙上划的白线。开始扒时很困难，但也应咬着牙扒，每次扒完都会出一身汗，但是扒后人很舒服，这样经过半年左右，肩周炎不治自愈。

（4）肩周炎自我治疗 7 方

方①：背部靠墙站立或仰卧床上，上臂贴身、屈肘，以肘点作为支点进行外旋活动。

方②：站立，上肢自然下垂，双臂伸直，手心向下，缓缓向上用力抬起，到最大限度后停 10 秒钟左右后回原处，反复练习。

方③：自然站立，在患侧上肢内旋并后伸姿势下，健侧手拉住患侧手或腕部，逐渐向健侧并向上牵拉。

方④：梳头。站立或仰卧，患侧肘屈曲，前臂向前向上，掌心向下，患侧的手经额前、对侧耳部、颈部绕头一圈，即梳头动作。

方⑤：体位同上，患侧肘屈曲，前臂向前向上，掌心旋上，用肘部擦额部，即擦汗动作。

方⑥：仰卧，两手各指交叉，掌心向上放于头枕部，两肘尽量内收后再尽量外展。

方⑦：站立，患肢自然下垂，肘部伸直，患臂由前向后划圈，幅度由小到大。每天 3～5 次，每个动作做 20～40 下。

（5）外敷螃蟹泥治肩周炎

取活螃蟹一只（小的两只），先把螃蟹放在清水中泡半天，等它腹中的泥排完，再从水中取出，捣成肉泥后摊在粗布上（直径不超过 8 厘米），贴敷在肩胛最疼的区域。每天晚上贴，第二天早上取掉，两三次后疼痛即可消失。

（6）热盐熨烫可治肩周炎

将大盐粒 500 克炒热，装入布口袋里捆结实（不要让盐粒子掉出），然后放在肩部熨烫。一两次就可见功效。此法以治新病为佳，旧病亦有效。

（7）肩围炎的食疗 4 方

①白菜根 30 克、生姜 12 克、乌蛇 15 克、水煎服，每日 1～2 次。

②月季花 10 克、南瓜子 15 克、木瓜 15 克、水煎服，每日 1～2 次，

③螃蟹 2 个、葱白 2 根，共捣烂，敷患处，外用布包，每日 1 次。

④花椒 3 克、大茴香 3 克、大枣 10 个、水煎服，每日 1～2 次。

第 31 章　治疗骨刺的验方与偏方

骨刺是由于人们在关节活动时关节软骨组织发生磨损。磨损最大的关节面上的软骨被擦去，使软骨下骨显露。由于不断磨擦，骨面变得很光滑，呈象牙样骨。磨损较小的外围软骨面出现增殖和肥厚，在关节缘形成厚的软骨圈。通过软骨内化骨，形成骨赘，即一般所谓"骨刺"。有的骨赘可以很大，从而影响关节的活动。

这种病理变化不断演变，形成恶性循环。

（1）按摩可治膝盖骨刺

穿一条长裤，坐在凳子上，双脚放平与肩同宽，膝关节成90°，双手放在膝盖上，手心向下，用手作环形按摩，每天2~3次，长期坚持可使骨刺消失。

（2）温毛巾热敷可缓解骨刺症状

用两条湿透的热毛巾，同时热敷双膝，每次半小时（温度不够就用开水烫）。坚持治疗一段时间，可缓解症状。

（3）巧捂脚跟治骨刺

每天晚上用热水泡一下脚（约15分钟），擦干脚用薄塑料袋将脚后跟兜上，最好用包橘子或广柑的小塑料袋，兜好后穿上袜子固定住，睡觉时也不要脱袜子。每天一次，坚持一两个月即有显著效果。

（4）用醋治骨刺4偏方

方①：取热水一盆，加食醋100克，用毛巾蘸醋水，扭干后，在疼痛部位热敷，3~5分钟后，擦干患部，将胡椒粉5克与"太极金丹膏"调匀，贴于患部。一小时后疼痛减轻，第二天疼痛症状即可消失。每个痛点连续用药3~5次即可治愈。

方②：取一瓶山西老陈醋，用醋搓患处。搓热后（越热越好），用一光滑平坦的东西慢慢拍打骨刺处。一日反复几次，很快可见效。

方③：采拉拉秧（草本植物，秧上有刺）嫩尖数个（3.3厘米长），砸碎，用醋调拌均匀后糊在患处，用纱布固定包好，每天换药一次，连治3天见效。

方④：用老陈醋和荞麦面调成糊敷于患处，早、晚各一次，半个月为一疗程。

（5）川芎治脚跟骨刺偏方

将中药川芎（药店有售）45克，研成细面，分装在用薄布缝成的布袋里，每袋15克左右，将药袋放在鞋里，直接与痛处接触，每次用药1袋，每天换药1次，药袋交替使用，换下的药袋晒干后再用。一般7天后疼痛即可得到有效缓解。

（6）蛋清醋液可治骨刺

取一两个蛋清和醋适量，调匀（醋不宜过多），涂抹患处，以液渗入皮肤最佳。注意，皮肤过敏者勿用。

（7）蘸擦热酒可治骨刺

将少许二锅头酒烧开，然后用棉球蘸酒在长有骨刺部位擦十几下，早晚各擦一次。每次都要将酒烧开后再擦，两周后，疼痛即可消失。

第32章　治疗坐骨神经痛的验方与偏方

坐骨神经是支配下肢的主要神经干，沿着坐骨神经分布区域内即臀部、大腿后侧、小腿后外侧和脚的外侧面的疼痛，称为坐骨神经痛。由于其行经途中附近结构的病变引起的坐骨神经痛称为继发性坐骨神经痛，如腰椎间盘突出，脊柱、髋关节外伤、炎症、肿瘤，臀部肌内注射部位不当等引起神经损伤，还有人体其他部位发生感染或受凉、潮湿等也可引起发病。

坐骨神经痛多发生于男性中老年，以单侧较多。

（1）高粱酒、大枣等治坐骨神经痛

大红枣 36 个，杜仲 50 克，灵芝 50 克，冰糖 375 克，高粱酒巧00 毫升，将上面 4 味放入酒中，密封浸泡一周，每天早晚各喝一次，每次 10 毫升，喝完后药渣再泡一次。一般一个月好转，三个月基本治愈。

（2）坐骨神经痛两简方

①马铃薯 300 克、胡萝卜 300 克、芹菜 200 克、苹果 300 克、蜂蜜 30 克，前四样榨汁加入蜂蜜饮之。

②粳米 60 克、羊肉 50 克、生姜 10 克，煮粥食之。

（3）坐骨神经痛外治法

毛茛铃草 60 克，捣烂，敷贴于环跳穴（小腿后曲，足跟正对臀部处）、风市穴（直立两手下垂，中指尖正对大腿外侧处）、委中穴（两膝腘窝正中处）、良斋穴（外踝关节端至跟腱中间凹陷处），每次 1～3 个穴位交替使用，敷药至局部有烧灼感时即揭下，用药后 1～2 日，局部会红肿热痛，两天后发生水泡，疼痛加剧，此时应将水泡挑破，外搽龙胆紫，慎防感染。

（4）坐骨神经痛按摩法

①取坐位，用手掌从腰部到臀部来回按摩 1～2 分钟，节奏应逐渐加快，使之有发热感，也可采用立位，两手掌同时按摩腰臀部。

②手握空心拳，拍打腰臀部，用力适度，以舒适为度，拍打要有节奏，持续拍打 2～3 分钟，可达到活血散寒和止痛的目的。

六、治疗烧、烫伤及其他外伤

第33章　序

烧烫伤是由于接触火、开水、热油等高热物质而发生的一种急性皮肤损伤。中医称之为"汤火伤""火烧疮"。轻者可自愈。

自诊要点常见症状，烧烫伤按损伤程度分为三度。

Ⅰ度：损伤仅及表皮，局部红斑充血，无水疱出现。

Ⅱ度：伤及真皮层，局部出现水疱，基底红润，肿胀，剧痛。

Ⅲ度：伤及皮肤全层和肌肉，甚至深达骨组织，局部皮肤焦黑或苍白，干燥，呈皮革状，失去弹性和知觉。

第34章　治疗烧、烫伤的验方与偏方

烧（烫）伤是指各类致热物质直接触皮肤，将皮肤甚至更深部的肌肉、骨组织烧灼坏死的一种急性外伤。

（1）大葱治烫伤两法

方①：遇到水、火或油的烧烫伤时，取一段绿色的葱叶，劈开成片状，将有黏液的一面贴在烫伤处，烫伤面积大的可多贴几片，并轻轻包扎，既可止痛，又防止起水泡，1～2天即可痊愈，效果甚佳。

方②：烫伤口腔或食道时，也可马上嚼食绿葱叶，慢慢下咽，效果也很好。

（2）鸡蛋治烧烫伤3偏方

方①：鸡蛋清。用鸡蛋清调白糖抹于患处，连抹几次，水池就可逐渐消退，几天后能痊愈，不留伤痕。

方②：鸡蛋膜。选用新鲜鸡蛋，用清水将蛋壳洗净，浸泡于75%酒精中消毒15分钟，然后打破鸡蛋，倒出蛋清及蛋黄部分，用注射器将水注入蛋壳和蛋膜之间，使其分离。此时用手指将蛋膜顺利剥出，并用清水将蛋膜上残留的蛋清漂洗干净，最后将蛋膜置于95%酒精内备用。把烧烫伤创面洗净消毒后，将蛋膜紧密贴附于创面即可。

方③：鸡蛋油。取煮熟的鸡蛋黄两个用筷子搅碎，放入铁锅内，用文

火熬，等蛋黄发糊的时候用小勺挤油（熬油时火不要太旺，要及时挤油），放入瓶里待用。每天抹2次，3天以后即痊愈。

（3）小白菜香油膏治水火烫伤

小白菜去掉菜帮，用水洗净，在阳光下晒干，然后用擀面杖将其碾碎，越细越好。用香油将其调成糊状，稀稠程度以不流动为宜，装瓶待用。

遇有水火烫伤时，不论是否起泡或感染溃烂，用油膏均匀地涂于伤处（不要用纱布或纸张敷盖）。每日换药一次，数日即可痊愈。

（4）妙用豆类治烧烫伤4法

方①：土豆。将洗净的没刮皮的土豆放入水中，煮30分钟左右，然后把土豆取出，将土豆的皮剥下，敷在伤口处，然后用纱布缠好，3天左右烫伤即可痊愈。

方②：绿豆。取生绿豆100克研末，用75%酒精（白酒也行）调成糊状，30分钟后加冰片5克，再调匀后敷于烧伤处。

方③：黑豆。用黑豆适量加水煮浓汁，涂搽伤处，可有效治疗小儿烫伤。

方④：豆腐。遇上火烫、油烫的患者，可用豆腐治疗。方法是用豆腐1块加白糖50克拌匀，然后敷于患部。豆腐干了就换，连换几次即可止痛。如伤口已烂，可加大黄3克与豆腐拌匀一起敷，效果更好。

（5）娄西瓜水可治烧烫伤

将娄西瓜（西瓜越娄越好）瓜瓤，瓜子过滤出去，把汁放在一个干净的酒瓶子里，盖严存放在阴凉处，可保存几年。遇有烧、烫伤时，取瓜水抹在伤处，或将水倒出，将伤处泡入也可。可止痛又不起水泡，好得快，颇灵验。

（6）橘皮治烧烫伤2偏方

方①：把鲜橘子皮（不可用水洗）放入玻璃瓶内，拧紧瓶盖，橘皮沤成黑色泥浆状做成橘皮膏。烫伤时，在患处涂上橘皮膏即可，有一定疗效。橘子皮最好一年一换。

方②：用当年第一场冬雪浸泡当年新鲜的干橘子皮，雪要装满，瓶口密封，再用塑料布包好，埋在地下。每年都要装入第一场冬雪。此法对治疗水、火烫伤和烧伤都有显著疗效。

（7）油浸鲜葵花可治烫伤

用干净玻璃罐头瓶盛放小半瓶生菜籽油，将鲜葵花（向日葵盘周围的黄花）洗净擦干，放入瓶中油浸，像腌咸菜一样压实，装满为止，如油不足可再加点，拧紧瓶盖放阴凉处，存放 2 个月即可使用。存放时间越长越好。使用时，一般需再加点生菜籽油，油量以能调成糊状为度。将糊状物擦在伤处，每天两三次，轻者三五天，重者一周可见效，不留伤痕。

（8）以芦荟巧治烫伤

受大家喜爱的青菜植物——芦荟被视为是"万能医生"，可治百病。尤其是其被视为健胃剂更是举世闻名，但芦荟的汁对烫伤更可称得上是万古灵药，治疗时，请先选择其内侧柔软部分捣碎，涂抹于患部。但切记，如立刻涂抹在患部，倒不如先用冷水冷却后再予以治疗。

（9）紫草治烫伤

紫草为多年生草本植物，别名山紫草、硬紫草，中药房有售。

将紫草碾成粉末（用擀面杖或请中药房加工）。然后把碾碎的紫草粉装入干净的器皿中或玻璃瓶中，再倒入香油，使香油漫过紫草粉，放在笼屉上，上锅蒸一小时，进行消毒，并使紫草和香油充分溶合。把消毒好的紫草油放凉，用油涂于烫伤处，用消毒纱布，敷盖好，避免感染。要保持烫伤处经常湿润，不等药油干，就再涂药油。直到伤处痊愈。涂药油的小刷子或药棉也要消毒，经常保持伤处的清洁，避免感染。

一女孩被高压锅喷出的粥烫伤面部，很严重，用此法治愈，痛苦小，并且未留疤痕。

（10）生石灰香油治烫伤

取生石灰 25 克、香油 6.25 克，生石灰发开，浸泡在 150 克清水中搅拌，澄清。取上清水，加入香油调匀，涂于烫伤处。每天 1～2 次，一周后即可痊愈。

（11）面碱水可治水火烫伤

对轻、中度水火烫伤，可取蚕豆大小的一块面碱，加 5 毫升温水化开，擦伤部。既止痛，又防起泡。也可用冷石灰水面上的薄膜擦。此方对于蜂螫、蜈蚣、虫子等咬伤，敷后既可止痛，又能防止肿胀。

（12）茶叶汁可有效治烫烧伤

将少量茶叶放入水中煮成浓汁，然后将浓汁喷洒于伤口部位，这样即可有效止痛，并可促进伤口结痂。如果能将伤口部位浸泡于浓汁中，疗效会更为显。

第 35 章　治疗毒虫叮、咬伤的验方与偏方

遇有毒蛇或疑为毒蛇咬伤时,应立即处理。这是因为蛇毒进入人体后可能在数十分钟内就引起严重的中毒症状。咬伤处迅即发肿,皮肤发红,甚至发紫坏死,有时流出稀薄血水,局部有烧灼样剧痛。

凡被毒虫刺咬(螫),局部或全身出现病变者,称为毒虫伤。如被蜈蚣、射工、蝎子、蜂等刺咬后,毒素侵入人体而引起。

(1)甘薯或牵牛花叶子可治蜜蜂螫

被蜜蜂刺螫时,首先应检查是否有毒针残留体内。如果有的话,应予以拔除。然后以口吸出其毒,再敷上甘薯或牵牛花叶所搓揉出的汁液。

因蜜蜂的毒汁呈酸性,所以必须用甘薯或牵牛花叶的汁液加以中和,使毒性不致活跃于体内。如果您是在家中被叮螫时,可利用家中一些药物,如阿摩尼亚水,碱性软膏等都很合适。当剧烈疼痛时,还可先用湿布敷于伤口(尽可能使用硼酸),再前往就医。

(2)食用维生素 B 可防蚊咬

维生素 B 进入人体后,经过一系列变化,从汗腺中排出体外,产生了一种蚊子不敢接近的特殊气味,这样,便达到了防蚊咬的目的。

(3)蛇莓可治蚊虫咬伤或烫伤

如果您有机会到郊外走走,一定会发现道路两侧生长着结着红色果实的蛇莓。一般人都认为这种植物有剧毒,事实上,这种植物只是因为无味而不适合食用罢了,果实并不含任何毒性。

采下这种果实,清洗干净后放入瓶内,并灌入蒸馏酒。制作这种果实酒的要领是蛇莓五六十粒,蒸馏酒 1 升的比例。这种果实酒对毒虫叮咬或烫伤十分有效。只要您以脱脂棉或纱布浸入其上层澄清部分的液体中,敷于患部,并以湿布盖上,即能痊愈。

(4)生洋葱片可治蚊虫咬伤

被蚊虫咬伤后,可用生洋葱片摩擦蚊子咬伤之处。同时,它也可有效治疗荨麻疹。

(5)酒精泡丁香止蚊虫叮痒

用小药瓶装适量医用酒精,泡入几粒丁香。两三天后酒精变黄,用棉球蘸擦被咬处,消炎止痒效果好。

(6)肥皂氨水治蚊虫叮咬瘙痒

被蚊子、臭虫等叮咬后,可涂一点肥皂和氨水止痒。因为蚊虫的唾液

里含有中酸，可使皮肤发痒，红肿起块。甲酸属酸性，肥皂水和氨水是碱性，酸性物质遇上碱性物质会发生中和反应，变成近于中性的盐类。因此，就不会感到瘙痒了。

（7）疯狗咬伤的紧急处理

狂犬病俗称疯狗病，可通过患病的狗、狼、猫、猪、狐等动物的咬伤、抓伤、甚至舔黏膜或皮肤的伤口将唾液中的狂犬病毒传染给人。人被感染病毒后，短则4天，长则数年，通常1~3个月后发病。

被狗咬伤后的紧急处理包括对伤口的局部处理及狂犬病疫苗的注射。伤口的局部处理尽可能在几分钟内立即进行，用20%肥皂水反复冲洗或用肥皂反复涂洗伤口，越彻底越好。然后用大量清水将伤口冲洗干净，使其不存留肥皂液。最后用烧酒或70%的酒精、2.5%~5%的碘酊、碘酒消毒。伤口一般不宜包扎和缝合，经局部处理后，迅速将被咬者急送传染病医院或防疫站作进一步处理，并全程注射狂犬病疫苗。对于头面部、颈、手指或三处以上多部位的严重咬伤者或深度咬伤者，最好在咬伤当日先注射抗狂犬病血清，或抗狂犬免疫球蛋白后再全程注射疫苗。疫苗注射期间应注意忌酒、浓茶、咖啡等刺激性饮食，并避免过度劳累及感冒。若有特殊不良反应，应及时去医院复诊。

（8）蚊虫叮咬后止痒3简方

方①：用切成片的大蒜在被蚊虫叮咬处反复涂擦，有明显的止痛去痒消炎作用，皮肤过敏者应慎用。

方②：无环鸟苷眼药水是抗病毒药。蚊子叮咬后，也可用无环鸟苷眼药水1~2滴，涂抹被叮咬处，即可止痒。

方③：可用清水冲洗被咬处，然后用一个湿手指头蘸一点洗衣粉涂于被咬处，可立即止痒消肿。

（9）大米粥膜治蚊虫叮咬

用适量大米，加食用碱煮成米粥，待其晾凉后，轻轻挑出米粥表面一层粥膜，放在蚊子叮咬处。粥膜破裂溶化后，即可消肿止痒，效果极佳。

（10）白酒治蜂螫后肿痛

如果不慎被蜂螫伤，可立即把酒洒在被螫处，不大一会儿，疼痛便可消除，红肿也即刻消失。

（11）维生素B可防治蚊虫叮咬

将维生素B片碾成面，用医用酒精调和涂在暴露部位即可。此方既能治疗又能预防。

（12）蚊虫叮咬后止痒 5 法

①脚上不知何时被蚊虫叮了几个红点。痒得我又掐又挠，涂上清凉油，又去找碘酒。然而，痒感非但未除，反而引起红肿，红点的顶端，还冒出一珠黄水。我想，可能是这"黄水"作怪，就把它挤净擦干。谁知随挤随冒，更是奇痒异常。一急之下，我倒了半盆滚烫的开水，找到一块干净的毛巾，把毛巾的一角放入水中，然后轻轻地烫痒处（注意只烫痒处，要防止开水下流引起烫伤），反复几次，痒感片刻即消。

②用湿手指蘸点盐搓擦患处也去痛痒。

③用湿肥皂涂患处即刻止痒，红肿渐消。

④明矾蘸唾液擦痒处两三次即好。

⑤被蚊虫叮咬后，可立即涂搽 1～2 滴氯霉素眼药水，即可止痛止痒。由于氯霉素眼药水有消炎作用，蚊虫叮咬后已被抠破有轻度感染发炎者，涂搽后还可消炎。

第 36 章　治疗外伤出血的验方与偏方

外伤出血是指身体某一部位的皮肤组织由于受伤而出血。外伤后要特别注意破伤风的感染。破伤风是由破伤风杆菌经伤口侵入人体引起的一种急性传染病。该病有明显的外伤史，发病时呈苦笑面容，牙关紧闭，颈项强直，角弓反张，局部或全身横纹肌痉挛或阵发性抽搐，病人发生呼吸困难，窒息发绀，大汗淋漓，人的神志始终清楚。

（1）茶叶糊可止血

不小心碰伤流血时，只要捏一小撮茉莉花茶放进口里嚼成糊状，贴在伤口处（不要松手），片刻即可将血止住。

（2）大蒜内膜"创可贴"

如果不慎划伤或擦伤，出现小伤口时，又一时找不到药物，可用大蒜瓣的内衣，即蒜皮最内层的薄膜，贴在伤口上，可防止感染而愈。小溃疡经消毒后也可使用，但需每天换一次，直至愈合。

（3）艾草及荠草止血

对止血用的草称之为止血草，或许诸位不知道止血草究竟是什么，但相信大家都曾听过艾草及荠草，这两种即是有名的止血草。只要您把艾草或荠草的叶子搓揉，置于伤口上，立刻能发挥止血的功效。

（4）番石榴能止泻、止血、止痒

番石榴果实为浆果，形如洋梨。未熟为绿色，成熟后呈淡黄、粉红、胭脂红色。肉层厚，色泽艳丽，风味奇特，夏秋采摘。它含丰富的维生素C、糖类和谷氨酸，是深受人们喜爱的果品，常被用来治疗泄泻、久痢、湿疹、创伤出血等。

（5）菱角捣烂煎服可止血

菱角味甘性凉，主要有清热解暑、健脾止泻的功效，它是治疗脾虚泄泻、痔疮出血等症的一味良药。取鲜果 90 克，捣烂后以水煎服，即可有效止血。

（6）桂圆核粉末能止血

将干桂圆取肉后把核焙干，碾成粉末，用玻璃瓶盛好。皮肤流血不止时，取出少许桂圆核粉末涂抹出血处，可立即止血。

（7）柳絮毛外敷可止血镇痛

每年柳絮飘飞之时，拣一些干净的储存起来备用。受伤时敷上柳絮毛，即可止血、镇痛，且伤口愈合快。

（8）鲫鱼捣烂外敷能治疗刀伤

将一条活鲫鱼洗净捣烂，放入少许冰片和五味子末，搅拌均匀后贴敷在伤口上即可。

（9）汁草粉泡香油治伤口溃疡

取大甘草 150 克，刮去皮切细晒干，研成细粉末，装入瓷缸或玻璃缸，用 250 克纯净香油浸泡 3 昼夜即可使用。受伤后用该浸泡液涂抹患处即可。

（10）牙膏涂抹患处可止血

在皮肤擦伤的部位抹上一些牙膏，有止血止痛的效果。

（11）简单通用的止血偏方

方①：当手臂因外伤出血时，将其高高举起，使之位于心脏水平位置的上方。这样心脏泵出的血液因重力作用便不易到达伤口部位，为后面的止血奠定基础。

方②：肢体受伤出血后一时找不到急救物品，上肢出血，可压迫肱二头肌侧的动脉；下肢出血，可压迫大腿内侧上部的股动脉。暂时减慢血液外流，但应马上寻找更好的止血方法，以防血液流失过多，为进一步救治赢得时间。

若伤口较小，血流缓慢，呈慢滴状或逐渐渗出，说明这是少量出血。

读者可根据具体情况，及时、准确地作出判断，为医院进一步救护伤者提供依据。

（12）处理利器割伤的小窍门

皮肤被利器割伤时，只要伤口整齐、远离关节、伤口长度在 0.5～2.0 厘米、深度小于 1.0 厘米，且创伤时间不到 10 小时，而身边又无"创可贴"时，可以用经过加工的橡皮膏粘合伤口。即在橡皮膏的中间部位粘上一点药棉，再将橡皮膏贴在用碘酒消毒后的伤口上，否则时间稍长可引起患处皮肤溃烂。

七、治疗皮肤疾病

第37章　序

皮肤病的症状分为自觉症状和他觉症状两种。自觉症状是指患者的主观感觉如瘙痒等；他觉症状是指医生检查所见的各种皮肤损害如皮肤丘疹、糜烂等，是诊断皮肤病的重要依据。

在此肤表面所呈现的各种症状，称为皮肤损害或皮损。原发性皮损是指首先出现的原始性损害；继发性皮损是由原发性皮损经过搔抓、感染和治疗等进一步产生损害或好转的结果。认清主要皮损对皮肤病变的诊断和鉴别诊断颇有帮助。上述皮肤损害，不是孤立的，经常是先后或同时存在，有时由一种皮损演变为另一种损害。

第38章　治疗神经性皮炎的验方与偏方

神经性皮炎是一种常见的慢性皮肤神经功能障碍性皮肤病，以瘙痒和苔藓化为特征，多发于颈部、大腿内侧、肘部、前臂内侧等处。患处奇痒，局部出现米粒大、不规则的多角形扁平丘疹，表面干燥，稍有光泽，皮纹加深、皮嵴隆起形成典型的苔藓样皮疹。该病的发生与神经因素有关，其发展主要是因搔抓形成恶性循环。

（1）鸡蛋、醋溶液治疗神经性皮炎

用鸡蛋三只置瓶内，醋一斤浸没，7～10 天后取出，去蛋壳，将鸡蛋和醋搅均，装入有盖容器内，每天用此液涂擦患处二三次，坚持一个疗程（7～10 天），有一定疗效。

（2）生吃大蒜治疗神经性皮炎

坚持一天吃一头生蒜，能起到治疗神经性皮炎的作用。

（3）醋治神经性皮炎

在米醋中浸泡适量大蒜（紫皮蒜）7天，7天后用棉球蘸醋擦患部，一天擦3~4次，几天后可缓解。

（4）妙用牛奶等治神经性皮炎

在0.5升的牛奶中倒入100克植物油（最好是橄榄油），把它搅拌均匀后倒入加有温水的浴盆中。每周浴疗1次，每次泡15分钟，久见疗效。

（5）花椒等煮泔水治神经性皮炎

取花椒、艾叶各一把，用酸泔水煮几分钟，每天早晚各洗一次，即可有效治疗神经性皮炎。

（6）神经性皮炎外治10偏方

方①：大黄30克，生甘草20克，芦荟10克。将上药焙干研末，加麻油适量调匀，涂敷患处。每日3次。

方②：白藓皮、苦参各30克，枯矾、川椒各15克，黄连6克。水煎取液，洗浴患处30分钟。每日3次。

方③：鲜鸡蛋3个，高粱醋500毫升。将鸡蛋放醋中，置容器中密封后埋入土中，10天后取出醋蛋，去壳除皮，用醋蛋液涂擦患处。每日2次。

方④：鲜山楂20克，斑蝥6克，雄黄1.8克，95%酒精260毫升。将上药浸酒中7天后，用棉签蘸药酒涂擦患处。如涂药处起泡，可用针放出泡内液体，间隔3天再涂药。

方⑤：苦参20克，烟丝15克，细辛、雄黄各10克，花椒5克，95%酒精50毫升，甘油20毫升。将上药研细末，加酒精、甘油调匀，外敷患处。每日3次。

方⑥：巴豆30克（去壳），雄黄3克。将上药捣烂混匀，每取适量，用纱布包紧，涂擦患处。每次2分钟，日擦3次。

方⑦：百部根、蛇床子、土槿皮各30克，五倍子25克，密陀僧18克，轻粉6克。将上药研细末，加米醋调成糊状。先用皂角水洗患处后，涂敷药膏，加盖油纸，日换药1次。用药期间忌食辛辣，忌饮酒。

方⑧：蝮蛇1条，香油500毫升。将蛇放油内，置容器中封口后埋土中3个月，取出涂患处。每日2次，药油禁止口服。

方⑨：陈醋500毫升。置铁锅中煮沸，浓缩至50毫升，洗净患处后，用棉签蘸醋涂擦患处。每日 2 次。

方⑩：白头翁鲜叶 50 克。将药洗净，在患处揉擦使其渗出液汁，再将叶贴敷患处，上盖两层纱布，30 分钟后除去药与纱布。多次损害者间隔 4 天后再敷。

（7）神经性皮炎内服 3 方

方①：金银花、野菊花、蒲公英、黄芪、紫花地丁、紫背天葵、当归各适量。水煎服。

方②：党参、茯苓、白术、苡仁、山药、元参、黄芩、白芨、鸡内金、甘草各适量。加水 500 毫升，煎至 250 毫升。每日 1 剂，服 2 次。服药期间忌辛辣之品及酒、豆制品、雄鸡、鲤鱼等食物。

方③：生苡仁、亦小豆各 30 克，连翘、桑白皮、黄柏各 15 克，丹皮、土茯苓、苍术、蝉蜕、防风、荆芥各 10 克，麻黄 6 克。水煎服。

第 39 章　治疗痤疮（粉刺）的验方与偏方

痤疮俗称"粉刺"，是一种毛囊皮脂腺的慢性炎症。基本损害为毛囊性丘疹，多数呈黑头粉刺样，周围色红，用手挤可见米粒样黄白色脂栓排出。该病多发于颜面、胸背，病程缓慢，常此愈彼起，一般青春期过后倾向于自愈或症状减轻，可遗留暂时性色素沉着或小凹状疤痕，严重者呈橘皮脸。

（1）治疗痤疮的中药 2 验方

方①：枇杷叶 12 克、桑白皮 10 克、银花 15 克、黄芩 12 克、生甘草 5 克、连翘 12 克、夏枯草 12 克、海浮石 12 克。每日 1 剂 2 次煎服。

方②：夏枯草 15 克、象贝母 9 克、赤芍 15 克、蒲公英 15 克、茯苓 12 克、生牡蛎 30 克、丹参 15 克、山慈菇 12 克。每日 1 剂 2 次煎服。用于慢性痤疮结节囊肿者。

（2）痤疮外治 4 简方

方①：赤小豆、芙蓉叶等量研粉，取适量用菊花茶汁调成糊状，外涂于患部，保持湿度半小时以上。每日 2～3 次。

方②：洁尔阴洗液。先将患部用温水洗净，涂原液于疮上，轻轻揉摩，约 5 分钟后用清水清洗。每日 3 次。

方③：二硫化硒软膏。外涂患部，约 10 分钟后清洗。每日 1 次。

方④：硫磺皂，每日多次外洗患部或油脂分泌多的部位。

（3）维生素治痤疮两偏方

方①：满面痤疮而感到烦恼和痛苦的患者，可以服用复合维生素 B 溶液，效果比较满意。

具体用法是每天早晚各服用该剂 1 勺即可。除此之外，该剂对患有大便少量出血者也有一定疗效。

方②：用维生素 B 针液涂搽患处，每日 3～4 次。痊愈后不留痕迹，效果明显。

（4）薏米糖粥可治痤疮

将薏米洗净放入适量水中煮粥，待粥将熟时，加入一定量的白糖，粥熟后趁热食用，每天一次，直至痤疮痊愈为止。

（5）蜂蜜洗脸能治青春痘

每晚洗脸时，取普通蜂蜜 3～4 滴溶于温水中，然后慢慢按摩脸部，洗 5 分钟，让皮肤吸收，最后再用清水洗一遍即可。

（6）野菊花汁洗脸除青春痘

取野菊花 50 克，放入适量的水中煎煮熬成 200 毫升的汁液，然后将汁液用容器装好放入冰箱，将其冻成若干个小块，每次洗完脸后，取一小块涂擦脸部，每次 10 分钟左右，每天两次，数日即可见疗效。

（7）盐水等治粉瘤

用浸透浓盐水的药棉敷在患处，一天反复敷多次。

如粉瘤破后，将粉瘤内的黏液挤净，并用高猛酸钾溶液洗净消毒，擦干后，搽医用酒精，再涂上马应龙痔疮膏，外面用纱布包好，并用橡皮膏固定。每天早晚各一次，一星期左右，粉瘤可消失。

（8）蒸气熏脸可有效治粉刺

先湿润面部，用盆盛热水（80～90℃为宜），屏气将脸置于盆口，四周以湿毛巾围严，让热气蒸熏面部。这样重复几次，然后用温水洗脸。每周 2～3 次，使面部毛孔经常保持通畅，一般在两周内见效。

注意：洗脸用硫磺香皂为好，并轻轻擦揉面部。洗脸后忌搽油脂类化妆品，治疗期间少食油腻辛辣食物，不要随便挤压粉刺。此法还可配合其他药物治疗。

（9）醋水熏脸可治痤疮粉刺

用半杯开水兑 1/3 杯的醋，将杯口对着脸，保持 3～5 厘米的距离，用该蒸汽熏脸，水凉后，用此温水洗脸。坚持一两个月就会有很明显的效果。

（10）防治粉刺小简方

方①：酒、胡椒、姜、蒜等香辣刺激性的食物能使毛细血管扩张，增加皮质的分泌，食用这些食物能加重粉刺。所以易患、已患粉刺的患者宜多吃富含纤维素的蔬菜和水果，这样就解除了产生粉刺的一大病根。

方②：晚上 10 点到次日凌晨两点是皮肤细胞新陈代谢最旺盛的时期，如果在这段时间能保持睡眠状态，便能大大减少粉刺的产生，因此，最好养成良好的睡眠习惯，每天都应在 12 点以前（如果再早一点就更好了）睡觉。

方③：脸颊上长粉刺一般是右脸居多，这大多是因为向右边睡的缘故，所以，一定要保持卧具用品的清洁。

方④：头发紧贴脸部，发梢就会刺激皮肤，这也能增加生长粉刺的可能，因此，要用合适的发型来保持皮肤的健康。

方⑤：大多数 20 岁左右的青年长粉刺，一个不可忽视的原因就是心理压抑，因此这类患者尤其要注意积极参加体育活动，以便保持汗腺的畅通，快乐地生活。

(11) 痤疮的内服 6 简方

方①：白花蛇舌草 30 克。水煎服。

方②：鲜荷叶煮糊为丸。每服 9 克，每日 2~3 次。

方③：木兰皮 10 克，栀子仁 12 克。水煎服。

方④：麻黄、杏仁各 10 克，炙甘草 6 克。水煎服。

方⑤：冬葵子、柏子仁、茯苓各 10 克。水煎服。

方⑥：马齿苋、丹参各 30 克，黄芩、栀子、赤芍、当归、苦参、茯苓各 15 克。水煎服。

(12) 痤疮的外治 9 偏方

方①：先清洗脸部，去除污垢。将苦瓜洗净捣烂，涂敷脸部，20 分钟后洗净。每周 2~3 次。

方②：鲜菟丝子适量。捣烂绞汁，外涂患处。

方③：芦荟叶 50 克。洗净后用纱布拧取汁液 7~10 毫升，加入 90% 护肤霜，混匀，涂擦患处。每日 1~3 次。

方④：大黄、硫磺各等份。将上药研为细末，加饱和石灰水至 1000 毫升，外擦患处。

方⑤：云母粉、杏仁各等份。将上药研为末，牛乳调匀，略蒸，敷患处。

方⑥：大黄、明矾、杏仁、连翘、甘草各 10 克。水煎 2 次，取 2 次煎液混合，用纱布或毛巾蘸药液湿敷患处。每日 1 剂，每日 3 次。

方⑦：白果仁2粒。先洗面，后将白果仁切成片，涂擦患处。每日1次，1周为1疗程。

方⑧：紫草、大黄各等份，茶油适量。将上药入茶油内浸泡7天后，外擦患部。

方⑨：白蔹9克，白石脂6克。将两味捣碎，以鸡子白调匀，夜卧涂面。

第40章　治疗湿疹的验方与偏方

湿疹的主要特点是剧烈的瘙痒，皮疹有多种形态，有渗出倾向，反复发作，容易慢性化。湿疹的发病原因比较复杂，主要有食用鱼、虾、浓茶、辛辣之品、牛羊肉、脂肪类和糖类食品，吸入花粉、尘螨、羊毛、羽毛等引起过敏，吸烟、饮酒、慢性胆囊炎、扁桃体炎、齿龈炎、肠道寄生虫等病灶感染，糖尿病、月经、妊娠致分泌和代谢障碍，寒冷、湿热、日光、化学药品、植物、昆虫等物理与生化因素的刺激，皮肤表面的细菌感染等。

（1）醋熬猪皮胶除湿疹

用食用醋熬猪皮胶（酌加点水），待温后将其摊在一块干净布上，贴在患处，一次即愈。

（2）妙用谷糠油治慢性湿疹

取5份粟米内衣，1份花茶，1份川椒，1份丁香，将上述4种物质混合均匀，装入一节鲜竹筒内，用木炭引燃，把竹筒放火上煅炙。取碗在竹筒两端接取油汁，用油汁搽抹患处，一日两次，直至痊愈为止。

（3）鸡蛋油调皮康霜能治湿疹

取鸡蛋黄放在锅里用小火烤，取鸡蛋油。往鸡蛋油里挤入一点皮康霜，搅成糊状。将该混合物敷于患处，每日一两次，几天可愈。

（4）樟脑酒可治局部湿疹

在150克白酒中加入12粒樟脑球（卫生球），放入耐高温的容器内，用火加温至樟脑球溶化，用卫生棉蘸搽患处，每日搽两次，一周内痊愈。

（5）香菜汁治小儿湿疹

将鲜香菜洗净，挤汁抹在患处，可治小儿湿疹。

把土豆切开，用切面擦患处，一日3次，可治湿疹。

（6）鱼腥草治阴囊湿疹

此方简单易于操作，用药方法如下：先将水500克烧开，再放入鲜鱼腥草 100 克（干草减半），煎 3 ~ 5 分钟。冷却后，用纱布蘸药液洗患处，每日 1 ~ 2 次，可根据病症连续洗 7 ~ 10 天。一般经治疗后，可见局部干燥，渗出液停止或减轻，瘙痒日渐消失。

（7）外用阿司匹林治湿疹

将阿司匹林磨成粉，调成糊状涂抹于患处，每日两次，几天后湿疹即可好转。此法对减轻因湿疹引起的皮肤瘙痒也有很好的作用。

（8）黄连蜂蜜治湿疹

患了湿疹怎么办？可用黄连蜂蜜予以治疗。做法：从药店买回黄连 25 克，掺 500 克水浓煎，调进 50 克蜂蜜后即停火，待稍凉后饮服，每日早中晚服三次，一次一小杯，服完再做，服两天后湿疹缓解，四五天后可愈。

（9）醉浆草、蜂蜜、虎耳草治疗湿疹

醉浆草的叶子对湿疹有极好的治疗效果。使用时，用手将叶子充分搓揉，直接贴于患部。至于虎耳草的处理方法则是充分搓揉其叶子，把渗出的汁涂抹在湿疹的患部，立即奏效，如果加入亚铅华，加工成泥状，则对湿疹的治疗有极大的助益。

第41章 治疗荨麻诊的验方与偏方

荨麻疹俗称"风疹块""鬼风疙瘩"。其特点是皮肤出现红色或白色疹块，突然发作，发无定处，时隐时现，瘙痒无度，消退后不留痕迹。急性者骤发速愈，慢性者可反复发作。该病可发生于任何季节。荨麻疹可由多种原因引起，主要有昆虫叮咬，冷、热、风、日光等的物理性刺激，花粉等植物性刺激，食入鱼、虾、蟹等发物，注射血清、青霉素等药物，病灶感染或肠寄生虫感染产生的毒性物质刺激等。此外，胃肠功能紊乱、内分泌功能失调、代谢障碍、精神创伤等也可引起荨麻疹。

（1）四根汤治疗初发麻疹、水痘

小儿初发麻疹、水痘时，由于发不出，发不透，很难受，可用香菜根、白菜根、葱根、萝卜根一起熬成汤，适量喝下两三次，第二天就会发透，对痊愈也有好处。

（2）小白菜能治荨麻疹

小白菜 500 克，洗净泥沙，甩干水分，每次抓 3 ~ 5 棵在患处搓揉，清凉沁人心脾。每天早晚各 1 次，只 3 次即痊愈。

（3）巧治荨麻疹两偏方

①干蒿草 250 克（分 3 次用），如夏天用鲜蒿草更好，用开水泡开，

趁热再用毛巾蘸水擦身，基本全擦到，每天擦两三次，再换新药泡洗。

②金银花5克，地薛皮5克，苦参5克放在一起掺好。每次抓半小把，放在碗里用开水冲泡或水煮都行。澄清后再喝，当茶饮，每小碗泡三回后再泡新的。

（4）按摩穴位治荨麻疹

让病人俯卧，用手掌按摩其后背6~7节胸椎至阳穴两侧肋骨肝俞和膈俞穴，右转动揉50下，再左转动揉50下。每天一次两次都可以，两小时后自然见效。如按摩此处当时有点痛，说明穴位找对了。

（5）荨麻疹的内服7方

①麻黄6克，乌梅9克，甘草3克。水煎服。

②蚕砂60克。水煎。每日1剂，服2次。

③鲜紫薇根60克。水煎服。

④野蔷薇根50克。水煎服。

⑤地骨皮30克，乌梅15克，白芍12克，公丁香3克，痒甚加徐长卿、夜交藤各30克。水煎服。

⑥三七1.5克，鸡肉（去骨）100克。将三七切片，加油炸黄，把鸡肉切碎，将2药一起隔水炖1小时，加少许食盐。1次服食。

⑦蝉蜕炒焦，研末，炼蜜为丸。每副6克，1日2次。

（6）荨麻疹的外用16方

①晚蚕砂30~60克。煎汤熏洗患处。

②茵陈、路路通各60克。煎汤熏洗患处。

③芝麻根煎汤洗患处。

④香樟木煎汤熏洗患处。

⑤苦参100克。水煎，外洗患处。

⑥将鲜丝瓜叶捣烂，外敷患处。

⑦麦麸500克。置锅内炒热，边搅边往锅里倒醋，趁热取麦麸外擦患处。

⑧酸枣树皮、樟树皮各适量。水煎，外洗患处。

⑨蛇床子、百部各25克，50%酒精100毫升。用酒浸泡上药24小时，过滤即成，外擦患处。

⑩紫苏叶120克。水煎，外洗患处。

⑪活蟾蜍3~4只。去内脏，洗净后置砂罐内煮极烂，用布过滤去渣，用汁外擦患处。

⑫将全株地肤子切碎，水煎，去渣，待温后外洗患处。

⑬凌霄花100克。水煎，外洗患处。1日1次。

⑭生菜籽油外擦患处。每日数次。

⑮将韭菜放火上烤热，涂擦患部。

⑯白矾烧灰，细研，以酒调涂之。

第42章　治疗癣的验方与偏方

癣系发生于平滑皮肤（除手、足、头癣、花斑癣外）的浅部真菌病。患处很痒。

手足甲癣为发生在指（趾）间或掌跖皮肤的浅部真菌病。据皮肤损害可分为三型：水疱型；糜烂型；脱屑型。

银屑病又称牛皮癣，是一种常见并易复发的慢性炎症性疾病。皮损以红斑、鳞屑，搔之有呈筛状如露水珠样出血为特征。病因不明，有一定的遗传倾向。

（1）香蕉皮能治愈牛皮癣

小面积的牛皮癣可用香蕉皮内面擦患部，每天擦几次，连续几个月，皮肤可逐渐恢复正常。

（2）苦楝米糠汤可治牛皮癣

取苦楝树皮500克，米糠1000克，水5000克，煎煮两小时，过滤，再次煎熬滤汁，浓缩至250克浓汁。用此汁外抹皮肤患处，每天多次，直到痊愈为止。此法对牛皮癣、湿疹及各种癣症都有一定疗效。

（3）双氧水兑水可除牛皮癣

往双氧水中兑一半水（50%双氧水），涂在牛皮癣上，一天涂2~3次，几天后牛皮癣可消失。

（4）巧用牛奶白膜治牛皮癣

把牛奶倒入锅里用大火煮，煮开后再改用小火煮3~5分钟，然后把锅里的牛奶倒出，这时锅壁上挂有一层白膜，把这层白膜刮下来涂在患处即可。

（5）中药汤治桃花癣和钱癣

9克白菊花、6克白附子、7克白芷，放在砂锅内煎20分钟后晾凉，然后将少许药汤倒在小碗内，用药棉蘸着药汤擦洗患处。每天至少2~3次，洗的次数越多越好。第二天再把药锅内的药汤烧开继续使用。每天如此，几天后就会好。

（6）酒泡生姜治花斑癣

花斑癣俗称汗斑，是一种霉菌引起的皮肤病。症状是皮上出现浅黄色或深褐色圆形斑，不痒也不痛，多见于颈、胸、背。患此病后可买生姜250克，将生姜洗净切成薄片，在日光下晒干。然后放入酒瓶内用白酒浸泡并密封2～3日。再将泡好的白酒涂抹于患处，一日3次勿间断，三五天就好。

（7）鳝鱼骨治脚癣

脚癣患者，可取生鳝鱼骨100克，烘干研末，冰片3克研细，和芝麻油调敷患处，每日1次，一般涂3～4次即愈。

（8）榆树枝皮泥外敷能治手癣

将鲜嫩榆树枝皮捣烂呈泥状，敷在患处，用纱布包严并用胶布粘牢，4～5小时后揭下，几次便可治愈。

（9）松针煎水外涂可治手癣

取500克松树的叶子（即松针），放入适量的水中煎煮30分钟，待汁液降到适当温度后，将患部放到汁液中浸泡15分钟，每天3次，数日即可痊愈。

（10）碘酒外抹患处能除手癣

在患处每天抹碘酒4～5次，患处皮肤逐渐干而脱落，手癣随之治愈。

（11）鱼肝油外敷可治愈手癣

把鱼肝油丸挤破，先取少许外敷，几小时后如无不良反应，即可放心涂敷，每天3～4次，一般一周左右即可痊愈。

（12）电吹风吹患处有效治脚癣

用电吹风机对着脚癣吹，直到忍不住时为止，仅一次水泡就可消失，同时对着皮鞋吹，一一消毒，以防止重复感染，每口两次，2～3天可痊愈。

第43章　治疗痱子的验方与偏方

该病夏季常见，多发于面颈、女性乳房以及躯干、四肢等部位。初起为皮肤潮红，继之发生密集的丘疹或丘疱疹，针头大小，内含透明浆液，周围轻度红晕，自觉瘙痒、刺痛和灼热感，数日内可干枯、脱屑而愈。痱子可因搔抓继发脓疱疮、毛囊炎等。

（1）痱子的内服4简方

方①：枸杞叶100克，白糖少许。煎汤服。

方②：羊耳蒜 15 克，桑椹子、麦冬、黄芪、葛根各 9 克。水煎服。

方③：绿豆 60 克，银花 10 克，薄荷 3 克。煮水加糖，代茶饮。

方④：青蒿、野菊花、大青叶、天花粉各 12 克，车前子、六一散、赤芍、银花、连翘各 6 克。水煎服。

（2）十滴水能有效治痱子

用十滴水治痱子效果很好。用法如下：先用温开水将患处皮肤的汗水和分泌的油脂擦洗干净，然后，挤出数滴十滴水涂于患处，让其自然风干。涂药处的皮肤略有灼热杀痛感，几分钟以后就不那么痒，不那么痛了。每日涂抹，两三天就能消炎、消肿、止痒。较为严重者可延长用药。

（3）用苦瓜治痱子 3 偏方

方①：把新鲜苦瓜洗净，剖开去籽，切片放入粉碎机打成汁，用汁涂患处，两小时涂一次，几天可愈。

方②：用苦瓜瓜瓤煮水，待温凉后用来擦拭患处，坚持数日，痱子就可消失。

方③：取成熟的苦瓜一个，用刀切成两半，剔去籽粒，将适量硼砂置入瓜腹中，硼砂即可溶化。用消毒棉球蘸汁液擦痱子处，几小时后痱子即可消失。

（4）桃叶煎水有效治疗痱子

桃叶中含有单宁成分，具有消炎止痛止痒的功效。用鲜桃叶 50 克、水 500 毫克，煎熬到剩一半水，用该水洗擦痱子，几次就可治愈痱子。

另外，将阴干的桃叶浸泡在热水中，常给孩子洗澡，也能有效防治痱子。

（5）桑叶等碾末外敷可治痱子

将 200 克干桑叶、5 克冰片、200 克绿豆和 50 克炉甘石共研成粉末。用桑叶熬水洗澡后涂上上述药末，使用几次后痱子可消失。

（6）鲜薄荷叶浸酒精能除痱

将鲜薄荷叶洗净，装入容器中，倒入医用酒精（药房有售），没过叶子。一天后酒精成浅绿色即可使用。将该酒精涂患处，一天 3 次，几天可好。

（7）防治痱子 5 简方

方①：痱子初起，可适当涂擦肤轻松软膏，但如形成痱毒，则不可再用。

方②：早，晚各将牙膏涂抹长有痱子的地方，即方便又舒服，疗效显著。

方③：在洗澡水中加入几滴风油精，可防止身体起痱子，即使长出痱子，几次洗浴后也会逐渐消失。

方④：在适量温水中加入大黄15克、冰片5克，浸泡3~6小时，用其水擦拭皮肤患处，可使之凉爽舒适，止痒去痛。

方⑤：用滑石粉18克，甘草粉3克合成"六一散"，扑于痱子上，每日2~3次，有一定疗效。

第44章　治疗脚气的验方与偏方

脚气是一种极常见的真菌感染性皮肤病。成年人中70%~80%的人有脚气。该病是由皮肤癣菌（真菌或称霉菌）所引起的。足部多汗潮湿或鞋袜不通气等都可诱发该病。皮肤癣菌常通过污染的澡堂、游泳池边的地板、浴巾、公用拖鞋、洗脚盆而传染。通常将脚气分为糜烂型、水疱型、角化型三种类型。

（1）煮黄豆水可治脚气

用150克黄豆打碎煮水，用火大约煮20分钟，水约1000克，待水温能洗脚时用来泡脚，可多泡会儿。治脚气病效果极佳，脚不脱皮，而且皮肤滋润。一般连洗三四天即可见效。

（2）无花果叶治脚气

取无花果叶数片，加水煮10分钟左右，待水温合适时泡洗患足10分钟，每日1~2次，一般三五天即愈。

（3）用醋治脚气3偏方

方①：在一斤老醋中放3个鲜大蒜，浸泡40小时，然后将患脚泡进溶液，一天泡三四次，每次半小时，10天后脚气消失。

方②：取紫罗兰擦脸油一瓶，用适量醋调匀（陈醋效果为最佳），一般调匀至颜色为暗淡色为宜，涂抹到患处。该处方适于有异味、奇痒、溃疡状或脚上有网状小眼等症状的脚气病。

方③：取食醋2000克，黄精250克，倒入搪瓷盆内，泡3天3夜（不加热、不加水）后，用盆里浸泡液泡脚。第一次泡3个小时，第二次泡两个小时，第三次泡1个小时。每晚一次。

（4）盐治脚气3简方

方①：取盐20克、花椒10克，加入水中煮开，稍凉不烫脚时，即可泡洗。每晚泡洗10分钟，连续泡洗一周即可痊愈。已溃疡感染者慎用。

方②：用茶叶加食盐少许沏水洗脚，连续洗3个星期，脚气可消失。

方③：用茄子根和盐煮水洗脚，可治脚气病。

（5）啤酒泡脚可治脚气

把瓶装啤酒倒入盆中，不加水，双脚清洗后放入啤酒中浸泡20分钟后再冲洗。每周泡1～2次。

（6）韭菜末泡水洗脚治脚气

鲜韭菜250克洗净，切成碎末，放在盆内，冲入开水。等能下脚时，泡脚半小时，水量应没过脚面。一个星期后再洗一次，效果很好。

（7）冬瓜皮熬水泡脚治疗脚气

冬瓜上市的时候，把削下的冬瓜皮熬水，水熬好后晾温，把脚放在冬瓜皮水里泡上15分钟，连续泡上一段时间，脚气病就会好转。

（8）碱面水泡脚治脚气

夏天脚出汗多，容易患脚气。晚上临睡觉前，用碱面一汤匙，放入温水溶化后，将脚浸入碱水中泡洗10分钟左右，轻者两三次，重者四五次即好。

（9）食盐撒敷患处可治脚气

先将患部用水洗净，对于那些还没有破头的病泡，洗前须用针挑破，并挤净泡内存液，以能挤出血水为最好，之后再在患部撒上一层盐面，用手指轻轻揉搓一两分钟，搓后便能结痂而痊愈。

（10）醋浸鸡蛋外敷治脚气

用鸡蛋治脚气效果很好。具体方法是：把5个鸡蛋放入醋中浸泡7天，待蛋壳完全软化后，将其搅拌在醋内成糊状，然后每天往患处涂抹2～3次，直至痊愈。用此法治脚气，有消炎、止痒、杀菌及修复上皮细胞的良好作用，且无疼痛感。

（11）槟榔片等泡酒有效治脚气

取槟榔片9克、斑蝥3克、全虫3克、蝉蜕2克、五味子3克、冰片3克，用白酒150毫升密封，浸泡一周后使用。用时将药涂患处，适量即可。涂药后，如患处起泡，用针刺破放水，用纱布包上即可，两三天即好。只供外用，严禁内服，小心感染。

（12）芦荟叶汁涂患处能除脚气

每晚洗完脚，将芦荟叶汁往脚上涂抹，自然风干，每日一次，5次后脚气消失。

第45章 治疗瘙痒症的验方与偏方

瘙痒是一种自己感觉到的局部或全身皮肤的痒感。

瘙痒属于一种自我感觉，因此，同一种瘙痒性皮肤病，不同的人因敏感度不同，引起的瘙痒程度也不同，这种程度上的差异有时很大。

当发生瘙痒时，首先看一下瘙痒的部位有没有原发皮疹出现。若瘙痒部位出现红斑、丘疹、水疱、风团等皮疹，则有多种皮肤病引起的可能。

如果没有皮疹，可能是单纯的皮肤瘙痒，也可能由内脏的病变引起。瘙痒可以是全身的，也可以是局部的。

（1）按摩乳可治皮肤瘙痒

用按摩乳涂抹，痒症可立即好转，能保持一周左右。

（2）葱止皮肤瘙痒2偏方

方①：将鲜大葱叶剥开，用葱叶内侧擦拭红肿痒处。反复擦几遍，症状即可得到缓解。

方②：痒时用葱白先擦患部，及时止痒，再吃4~6个桂圆肉，每日1~2次。连续两三天即可治愈。

（3）醋和甘油混合液可治瘙痒

将醋和甘油按3:7或4:8的比例混合，调匀后立即涂抹于患处，每天一次。醋里含有的酸性物质和醛类化合物，能使毛细血管扩张，对皮肤有柔和的刺激性作用，而甘油能软化皮肤并保持皮肤的水分。所以此方对治疗瘙痒有奇效，而且还有助于美容。

另外，用纯净水可以取代醋，甘油和纯净水可按1:4或1:5的比例配制。

（4）盐水擦患处可止痒

把食用精盐用旺火炒成黑色，每天取出少许溶于温水，用卫生棉球或消毒纱布蘸取该液体擦拭患处。每日3~5次，可有效止痒。

（5）莴笋叶煮水治瘙痒

把适量新鲜莴笋叶切成小段，放至锅中用沸水煮约5分钟，捞出笋叶，用笋叶汤擦洗痒处，一日两次，约一周即可见效。

（6）六必治牙膏治神经性瘙痒

把六必治牙膏挤在手心上，往痒处使劲涂抹，止痒效果特别好。

（7）丝瓜瓤蒜瓣煎水除湿解痒

丝瓜瓤与蒜瓣煎水坐浴，可治阴囊湿疹及外阴瘙痒。

（8）花椒水治老年瘙痒症

取花椒一把，用半碗开水浸泡半小时，然后用纱布蘸花椒水擦洗患处即可。

（9）澡后擦"硅霜"可缓解瘙痒

老年人患了皮肤瘙痒症，洗澡后（最好不使用香皂），用干毛巾把身上擦干，再用硅霜擦身，涂上薄薄的一层，然后穿衣。此方可缓解老年性瘙痒症。

（10）西瓜皮可治皮肤瘙痒

把西瓜皮（去外皮和红瓤，留下浅绿色的肉质部分）用刀切成薄片，擦试患部，瘙痒立即消失，三五天内不再有痒的感觉了。

（11）木立芦荟治皮肤瘙痒

用家养的木立芦荟，洗净擦干，剪掉飞刺，从中分开，露出汁液擦瘙痒处，连续擦3次就不痒了。

（12）瘙痒症内服4简方

方①：蝉衣30克。研细末。每服1克，每日2次。

方②：浮萍、苍耳子各等份。共研细末，炼蜜为丸。每服10克，每日2次。

方③：当归、生地各15克，赤芍、川芎各12克，防风、荆芥、蒺藜、何首乌各10克。水煎服。每日1剂。此方适用于血虚生风之瘙痒游走、头部与上身尤甚者服用。

方④：苦参12克，薏米30克，车前子、地肤子各15克，夏枯草10克，赤茯苓20克，甘草3克。水煎服。早晚各1次，每日1剂。

八、治疗五官科疾病

第46章 序

常人的五官科疾病主要有：中耳炎、鼻窦炎、慢性鼻炎、过敏性鼻炎、鼻出血、角膜炎、结膜炎、青光眼、白内障、口腔溃疡、牙周炎、牙痛等。对于五官疾病不可轻视，要积极防治，并培养良好的生活卫生习惯。

第47章　治疗中耳炎的验方与偏方

中耳炎分非化脓性及化脓性两种，前者为病毒或细菌侵入以及多种原因引起咽鼓管阻塞，而导致的炎性改变；后者为细菌侵入中耳引起的中耳黏膜及鼓膜的炎性改变。急性化脓性中耳炎发病多为儿童，较为常见是发病较急，常见症状有患耳剧痛、有跳动感，耳道流脓、流水，听力下降，伴有发热、头痛、全身不适、失听等。慢性化脓性中耳炎多为急性炎症不愈转为慢性，或由鼻咽部病变引起，临床表现以耳道流脓、头晕为主要症状，可伴有听力减退、头痛等症状。

（1）按摩可治中耳炎

两手示指掏两边耳，各几十次；两手上下揉双耳几十次；双手掌按双耳几十次；两手大拇指按在两耳垂后骨，正反各转几十次；把两手拇指与小指搭上不用，其他三指按在耳轮上的三个穴位上，正反各转几十次；两手拽两耳外部，上中下各几十次；最后把两耳轮向前盖上耳洞几十次。长期坚持，有显著疗效。

（2）香油治中耳炎两简方

方①：中耳炎患者往耳道里滴入几滴香油，一天两次。

方②：取黄连切段，用香油炸至枣红色，离火冷却后黄连至黑红色最佳。然后去掉黄连以瓶盛油，每日滴耳内3次，每次3滴。

（3）鸡蛋治中耳炎两验方

方①：将鸡蛋黄放入金属饭勺内，置小火上熬取蛋黄油，凉后滴入患耳内，1日2~3次，每次2~3滴。

方②：将新鲜鸡蛋煮熟后，用其蛋黄入锅煎熬取油，然后把油脂装入小瓶内，将做成黄豆大小的药棉球浸入，饱吸蛋黄油，放冰箱备用。治疗时，取出一个棉球，轻轻送入耳内，待药棉球干燥后取出。每日两次，不久即可治愈。

（4）金丝荷叶汁可治中耳炎

取金丝荷叶（也称旱荷花）的叶4~5片，洗净控干水后放在干净容器内，加入少许冰片，碾碎挤汁，每次用吸管吸汁滴入患耳1~2滴即可。

（5）田螺体液巧治中耳炎

把活田螺放在清水中晒太阳，田螺肉体便伸出螺壳。这时立刻用针刺入田螺肉中，使它不能缩回壳内。从水中挑出田螺，将一小捏冰片（中药店有售）撒在田螺肉上立刻抽针。不久田螺会流出体液，将其体液滴入耳道内，几次即可痊愈。

（6）人乳滴耳可治中耳炎

人乳滴入耳朵内，待 1~2 分钟后将奶水倒出，每天可滴 3~4 次，几次可好。

（7）川黄连等泡酒治急性中耳炎

川黄连 6 克、藏红花 3 克、冰片 2 克，混合后研磨成细粉末状。再用酒精 50 克浸泡 7 天，用时取其清液滴入耳内，滴药前用棉签擦去耳内脓液，每日 3 次，每次 5~6 滴。

（8）猪胆白矾粉治慢性中耳炎

将 15 克白矾装入一个新鲜猪苦胆内，将口扎好风干，再一起研成细粉，涂于患处，结痂后脱掉再涂。

第48章 治疗鼻炎的验方与偏

慢性鼻炎发病原因很多，但多数是急性鼻炎反复发作的结果。外界不良因素如尘埃、有害气体的刺激，不良居住环境如干燥、潮湿、高温等的长期影响都是致病原因。临床表现以鼻塞、流涕、嗅觉失灵为特征。鼻炎时间长了如治疗不及时有可能转化为鼻咽癌，有慢性鼻炎的患者应提高警惕。

慢性鼻窦炎，病程长，缠绵日久，以流脓涕、鼻塞、头痛、脑胀为主要症状。

过敏性鼻炎发病与变态反应体质、精神因素、内分泌失调等有关。主要症状是突然发作鼻痒、喷嚏、流清涕。

（1）按摩眼眶可治鼻炎

双手示指按在两眼下的眼眶骨，用力上下揉动 100~200 下，每天不少于两次，坚持一段时间即可见效。

（2）醋泡芥末治鼻炎

将一份芥末在 2~3 份醋中泡 3~5 日后，用其调拌凉菜或蘸水饺、包子吃，连吃数日，对治疗感冒引起的流鼻涕、流眼泪效果明显，对治疗过敏性鼻炎也有显著效果。

（3）大蒜治鼻炎 3 偏方

方①：将大蒜捣烂，用干净的纱布包好，挤压出蒜汁滴入每侧鼻孔内，用手压几下鼻翼，以使鼻孔内都能粘敷到蒜汁，几次可愈。大蒜过敏者禁用。

方②：取200克白萝卜和50克大蒜，捣烂后取汁，加入盐0.5克，每天0.6毫升滴入鼻孔内，左边不通滴左边，右边不通滴右边，交替4～5次，一般一个月内可好转。

方③：在蒜汁和葱汁中加入少许牛奶，然后把它滴入鼻腔内。三者比例视个人情况而定，以不感灼痛为宜。此法对治疗由伤风引起的鼻炎尤为有效。

（4）唾液可解过敏性鼻炎症状

用唾液擦鼻腔（擦后鼻腔表面有微疼感），数次以后，鼻腔开始结痂，结痂后过敏性症状即消失。

（5）冷水治过敏性鼻炎偏方

过敏性鼻炎多源于感冒。弃药常锻炼可自愈。方法是：每天洗脸前先将鼻孔插入冷水中，轻轻吸气，使冷水与鼻腔黏膜充分接触，然后将水呼出，如此反复进行，持续1～3分钟（可抬头换气），洗完脸后再用中指揉压鼻翼两侧约四次左右。贵在坚持。笔者用此法不但解除了擦鼻涕之苦，连感冒也销声匿迹了。

（6）刺激鼻子可治疗过敏性鼻炎

过敏性鼻炎患者，鼻子适应外界刺激的能力较差，每遇到冷风凉气就打喷嚏、流眼泪、流鼻涕。患者可以有意刺激鼻子，以提高其适应能力。如晚上睡觉前用热水浸润、擦洗、按摩两侧鼻翼，第二天早晨再用温水同样刺激一番。三天后，晚上改用温水，第二天早晨改用凉水。两周后，晚上用凉水，早上也用凉水，慢慢适应即可。

（7）红霉素、四环素眼药膏可治鼻炎

取红霉素或四环素眼药膏涂在消毒的棉花棒上，伸入鼻腔内均匀涂上药膏，每次以涂满鼻腔为准，一日两次，一般鼻炎有3～5天即可痊愈，无后遗症。

（8）巧用绿苔塞鼻治鼻炎

把绿苔放在碗里用水泡半日，洗净后用单层纱布卷绿苔，晚上塞入一侧鼻孔中，第二天晚上再塞另一个鼻孔，坚持多做几次。一年未痊愈，第二年再治疗，可使鼻炎彻底痊愈。

第49章　治疗鼻出血的验方与偏方

鼻出血既是临床上一个常见的症状，又是一种单独的疾病。轻者涕中带血，重者可引起失血性休克，反复出血则可导致贫血。其发生原因可分局部和全身两大类。局部病因如外伤，炎症（如鼻炎）、肿瘤、畸形（如鼻中膈偏曲）。全身病因如血液病、心血管疾病等。故治疗该病关键在于查明病因，以根治之。

（1）按摩止鼻血4法

方①：按压头部。患者坐蹲均可，请人或自己用拇指或示指在头部前发际正中深入1～2寸处（此为止血穴），以滑动式或旋转式进行按压（按摩），止血效果明显。

方②：勾中指。流鼻血时，只要自己用两只手的中指互相一勾，即可在数十秒内止血。幼儿不会用双手中指互勾，大人可用自己两中指勾住幼儿的左右中指，同样可止血。

方③：捆手指。鼻子出血时，可立即用布条、细绳或橡皮筋把中指根捆住（不必太紧），便可止血。左鼻孔出血捆右手中指，右鼻孔出血捆左手中指，两鼻孔同时出血将两手中指都捆住。

方④：举手。经多次验证，举手止鼻血有奇效。方法是：左鼻孔出血举右手，右鼻孔出血举左手，两鼻孔出血举双手。举时要求身体直立，手与地面垂直，与身体平行成直线上举。

（2）蒜末敷脚板可止流鼻血

如果左鼻孔流血，就用蒜末敷在右脚板上，反之亦然，可止鼻出血。

（3）韭菜治鼻出血两简方

方①：把韭菜放在碗里捣烂取汁，加上红糖后服下，可治流鼻血。

方②：将韭菜茎和生绿豆搅细成泥，用冷开水冲匀，沉淀以后，饮上层清水，几次就可奏效。

（4）刺儿菜治流鼻血两偏方

方①：将刺儿菜根洗净，用白布包好，挤汁服用，即可有效止鼻血。

方②：把刺儿菜洗净，熬汤喝，或放进面汤里喝。经常服用，对鼻出血有显著疗效。

（5）饮服莲叶水可治鼻血

莲叶具有消炎作用。将莲叶晒干后，加水煮成藕叶水喝，对常流鼻血、有鼻病的人来说，是最好的饮品。

（6）针刺合谷穴有效止鼻血

鼻出血时用针灸扎合谷穴（拇指和示指中间，拇指、示指并拢后肌肉最高处），进针0.3～0.5寸，提拉2～3次当即出针。几分钟即可止血，效果明显。

（7）冷敷可止鼻出血

冷敷额部和后颈部，可有效止鼻出血。注意，每隔2~3分钟要将毛巾重新浸冷水一次。

（8）蒲公英叶红糖茶治流鼻血

鲜蒲公英叶茎两株，用砂锅煎至一茶杯，放入红糖适量，服三次便能见效。

（9）妙用"五汁"治鼻出血

取莲藕、鸭梨、荸荠、鲜生地、鲜甘蔗各500克，放在一起榨汁，每次饮10毫升，每日服用3次，可治鼻出血。

（10）简易治鼻出血4验方

方①：涂清凉油法。将药用棉球一端蘸少许清凉油，把此端塞向鼻腔深处，将会有辛辣刺激的感觉，能促进止血。

方②：营养法。鸡蛋煮熟后，砸取蛋壳，沿蛋壳边缘取出蛋壳内膜，将内膜贴敷在鼻腔黏膜上，即可预防出血，又可营养鼻腔内血管。

方③：葱白韭菜法。先将纯药棉塞入鼻腔，然后找些新鲜的葱白、韭菜，裹在另一份药棉中央，经捏挤后有汁液外渗时，代替纯药棉塞入鼻腔，即可止血。

方④：醋泡韭菜法。将新鲜干净的韭菜切段、榨汁，用米醋浸泡，并加入适量食盐，等该韭菜吸足醋液后，将韭菜吃下即可。每日两次，连服3天，有望根治鼻出血症状。

（11）止鼻出血4简法

方①：捏鼻法。鼻出血时用拇指、示指紧紧捏住鼻翼部位5~10分钟或更长些。

方②：敷药法。可用消毒棉或纱布浸以1%麻黄素或肾上腺素、3%双氧水，凝血质或凝血酶，亦可选用各种止血海绵将鼻孔塞紧。

方③：涂药法。在出血部位可涂止血粉，如云南白药、白芨、8号止血粉等，亦可用明胶海绵上敷药塞在鼻孔。

方④：填充法。用凡士林油纱条或其他油纱条将整个鼻腔填满，一般需塞10分钟以上。

（12）制止鼻出血3简方

方①：青鱼。将青鱼剖腹去内脏，洗净，加入适量黄酒、食盐、生姜末等，一起煮熟，加入麻油，即可食用，可治疗鼻出血。

方②：蚕豆花。用50克鲜蚕豆花（干者20克），煎汤饮服，服用几次即可治愈。

方③：南瓜根饮。将 150 克南瓜根切成小条，加 100 克米酒，放入适量水，煮沸 20 分钟，取出南瓜根，加入适量白糖，分两次服用。

第 50 章 治疗牙疾、牙痛的验方与偏方

引起牙痛主要的疾病有：龋齿、牙髓炎、牙周炎、根尖周病等。常因感染和食物刺激等原因引起。

牙周病的临床表现可分为炎症型和无炎症型二类。炎症型表现为牙龈肿胀、出血、溢脓、口臭、牙浮、松动、咀嚼无力或咀嚼疼痛等。无炎症型表现为牙龈退缩、牙槽骨萎缩、牙骨质暴露、牙齿脱落等。

（1）含生姜片可有效止牙痛

生姜能止牙痛，这是因为生姜含有姜醇、姜烯、柠檬醛和辣素等成分，这些成分具有消炎、镇痛和杀菌作用。

在牙痛时，只要切一小片生姜咬在痛处即可止痛。可重复使用，晚上睡觉时也可将其留在口中。

（2）大蒜治牙痛 3 偏方

方①：在牙痛时，把大蒜瓣顶尖掰个口，让蒜汁溢出，往痛处擦抹数次，可止疼痛。

方②：把大蒜捣烂，取少量敷在双手合谷穴位上，对牙本质过敏性疼痛有良好的镇痛作用。

方③：将独头蒜去皮放在火炉上煨熟，趁热切开熨烫痛牙处，蒜凉后再更换，连续多次。有龋齿的人牙痛时，把牙洞里的东西剔出来，塞进一点蒜泥，可以止痛防腐。

（3）巧用香油治牙痛

用镊子夹一脱脂棉球，蘸少许香油，用火点燃，片刻吹熄明火，甩几下使油勿滴，用此棉球去烧痛牙牙体，30 秒钟见效。注意，勿使棉球碰口腔内壁及牙床，以免烫伤。

（4）花椒治牙疼两偏方

方①：把 1~2 粒花椒放入患处咬实，半分钟后牙疼即止。

方②：取 5~10 克干花椒，放入小不锈钢锅内，加入适量纯净水，在火上煮开后再煮 3~5 分钟即可，晾放温后加入 50 克白酒（二锅头就行），待凉后将此花椒水过滤，倒入小玻璃瓶内，牙疼时用棉花蘸此水塞入牙疼的部位咬住即可，塞入牙窟窿里效果更好。

（5）醋治牙痛两验方

方①：取六神丸6～7粒，装入小瓶放上食醋浸泡15～20分钟，用棉球蘸着搽牙痛处，一日数次，可止痛。

方②：牙齿疼痛时，可用醋煮枸杞、白芨漱口，有显著的止痛作用。而且，刷牙时在牙膏上滴几滴醋，可消除牙齿上的烟垢、茶垢，保持牙齿洁白。

（6）含味精水可有效止牙痛

将味精按1∶50的浓度用开水溶化，待温度适宜时再口含味精溶液，过几分钟后吐出再换，这样连续几次，坚持两天即可见疗效。

（7）酒治牙痛3偏方

方①：将100克白酒和10克食盐放入容器中，搅拌至食盐完全溶化，然后将其烧开，待温度适宜后，将该液体含在疼痛的地方，即刻便能止住牙痛。

方②：将两个生鸡蛋浸入白酒中，然后将白酒点燃，同时用木筷翻动鸡蛋，在保证鸡蛋焦而不破的情况下，燃烧20分钟左右，再将鸡蛋取出，趁热食用（注意食用时要在牙痛处反复咀嚼），几分钟后即可止牙痛。

方③：牙痛时取适量酒煮黑豆，然后用豆汁酒频频漱口，几次就可缓解疼痛。

（8）吃松花蛋可缓解牙痛

每天吃1～2个松花蛋，可缓解牙痛，如一次没止住，过5～6个小时后再吃两个，一般能得到缓解。

（9）芦荟治牙痛两方

方①：用手指肚大小一块芦荟，咬在痛牙处，痛很快可缓解，效果不错。

方②：取面积与红肿部位相当的一块芦荟叶肉贴敷患处，两小时更换一次新叶。

（10）冰块按摩手掌可缓解牙痛

用冰块按摩手上的穴位能暂时减轻牙痛。方法是将冰块用手帕或纱布包好，在大拇指和示指相连的皮区（合谷穴）按摩约5分钟，或直到由冰冷引起强烈的痛感。止痛作用能持续约半小时，然后根据需要重复进行。

无论对哪一只手按摩，都能减轻牙和颌部疼痛。但冰块按摩不能治愈牙痛病，只能在就医之前缓解一下痛苦。

（11）巧用正痛片治牙痛和止痢

取正痛片1~2片，放在小匙内点燃（正痛片是可以烧着的），待火熄灭后，将其放入牙痛部位，两分钟内可止痛。

另外，燃烧后的正痛片吞入肚内，还可迅速止痢。

（12）治疗风火牙痛食疗两方

方①：酒烧蛋清法。取度数较高的白酒半两，放在瓷碗内点燃。取鸡蛋清适量，倒入点燃的白酒中。当火焰自灭后，晾温饮下，可以消除或缓解胃火上犯和风热侵袭引发的风火牙痛。

方②：蜂巢豆腐法。取豆腐一块，切成方丁，取一碗清水与豆腐一起倒入锅内，用文火煮1小时左右，待豆腐变硬，表面出现蜂巢般空洞时，取出装盘，淋上少量酱油食之即可。

第51章 治疗口腔溃疡的验方与偏方

口腔溃疡（中医称口疳、口疮）是一种反复发作的慢性口腔黏膜病，多发于青壮年，女性多于男性。发病时唇、颊、舌边缘、牙龈等处出现孤立的圆形或椭圆形浅层小溃疡，有的同时多处发生。疼痛剧烈似烧灼样。一般10天左右可痊愈。但随天气、情绪、劳累等因素可复发。一些人伴口燥、咽干、手心烫、失眠、多梦、舌苔剥落等阴虚征象。

（1）口含白酒能有效治口疮

口中含高度数的白酒，一天早中晚共含3次，一次含20分钟，含后将酒吐出。含白酒时口疮处较疼，坚持几天，口疮可好转。

（2）茶叶治口疮两偏方

方①：口腔内唇、舌等处黏膜溃疡时，嚼一小撮茶叶，半小时后吐掉。多嚼几次，可治口疮。

方②：浓茶中加少许食盐，用来漱口，坚持数日可好转。

（3）西瓜盐水治口舌生疮

将西瓜红瓤吃完，青瓤部分切成小薄片含在口中，最好贴在生疮部位。含3~5片即可减轻，重者晚间临睡前加用淡盐水漱口，效果更好。

（4）治疗口腔溃疡的5方

方①：花椒香油可治口腔溃疡。用炸花椒的香油涂在患处，不久即愈。

方②：葱白皮内敷治口腔溃疡。用刀子将葱白削下一层薄皮，有汁液的一面粘于患处。一日2~3次，三四日后即愈。

方③：凉吃腌苦瓜除口腔溃疡。将苦瓜洗净去瓤子，切成薄片，放少许食盐腌制10分钟以上，将腌制的苦瓜挤去水分后，加味精、香油搅拌，当凉菜吃。

方④：生食青椒可治愈口腔溃疡。挑选个大、肉厚、色泽深绿的青椒，洗净蘸酱或凉拌，每餐吃两三个，连续吃3天以上。

方⑤：绿豆蛋汤防治慢性口腔溃疡。将50克绿豆煮烂，用滚开的绿豆汤冲服一个鸡蛋，每日1~2次，数日即有显著疗效。

（5）治口腔溃疡两简方

方①：生吃新鲜柿子椒里的籽和瓤，也可整个生吃，可加快口腔溃疡的恢复。

方②：吃粟子可治口腔溃疡，吃生的效果更佳。

（6）用蜂蜜治口腔溃疡

将蜂蜜少许直接置于患处，尽量让蜂蜜在口腔中存留时间长些，然后白开水漱口咽下，一天2~3次。

（7）六味地黄丸治疗口腔溃疡

从六味地黄丸上取一小块放在患处，把嘴闭紧约10分钟。两三次后，口腔溃疡即可好转。

（8）大蒜泥外敷治口腔溃疡

晚上临睡前，将大蒜4小瓣或两大瓣，捣成蒜泥，涂在一块方寸大小的塑料或油纸上，形似膏药，贴于脚心，用医用橡皮膏贴住，再用绷带缠一下，最好再穿上袜子，以防移位。第二天外出时揭下，晚上睡前再贴一剂新的。注意，皮肤过敏者慎用。

（9）口含维生素C片可治口腔溃疡

山西居民刘佳患口腔溃疡，久患未愈。单位里一位大夫介绍给他口含维生素C片的方法，仅几天就治好了口腔溃疡，而且慢性咽炎也好了。

（10）核桃壳治口腔溃疡

核桃8~10枚，砸开后去肉取核桃壳，用水煮开20分钟，以此水代茶饮，当天可疼痛减轻，溃疡面缩小，连服3天基本痊愈。

注：如果患有严重口腔溃疡，在服用核桃壳水的同时，外涂散类药其效更佳。

（11）风油精可治口角溃疡

刷牙漱口后，在患处涂风油精，每日两次，若临睡前再涂一次，则效果更佳。

（12）明矾粉可除口腔溃疡

将适量明矾放在勺里，文火加热，待明矾干燥成块后，取出研成细面，涂于溃疡患处，每天 4~5 次，可有效治疗口腔溃疡。

第52章　治疗眼部疾病的验方与偏方

结膜炎是由细菌或病毒引起的，有急性和慢性两种，以夏秋两季为甚，有传染性。其表现为眼睛红肿、充血流泪、有多量脓性或黏性分泌物、异物感、奇痒或灼热感，严重者影响视力。

麦粒肿是眼睑腺的急性化脓性炎症。

青光眼是因眼房角关闭引起的眼压升高。高眼压、视盘萎缩及凹陷、视野缺损及视力下降是该病的主要特征。

老年性白内障是晶体老化过程中逐渐出现的退行性改变，是常见的致盲病之一。

沙眼是衣原体感染引起的一种传染性结膜角膜炎。

（1）黄连蝉蜕煎水可治红眼病

取黄连 10 克、蝉蜕 8 克（药店有售），煎水 200 毫升，待药液至室温后洗双目，每日 3~4 次，3 天后诸症皆除。

（2）开水冲服羊胆汁治红眼病

将两三个羊苦胆洗净，把里边的汁倒出来用凉开水冲服，喝 3 次就可痊愈。

（3）菊花茶洗眼治红眼病

用滚开的水泡菊花，倒出一半菊花水喝，另一半则用纱布蘸水洗眼。一天 3 次。

（4）霜桑叶水洗眼治红眼病

取霜桑叶 30 克，加水两碗，水煎到剩一半时端下，冷却后用药棉或消过毒的纱布蘸水洗病眼。每天早晚各一次。

（5）食用油点眼治疗红眼病

用食用油（花生油、菜油均可）点眼睛，两三次即可痊愈。

（6）黄连花椒水治红眼病

取黄连 5 克、花椒 8 粒、白矾 2 克、荆芥 3 克、生姜 2 片，用水煎为半盅，趁热洗眼，日洗 6 次，两天后即可见效。

（7）鸡蛋治结膜炎两验方

方①：结膜急性发炎后，眼睛发红、肿胀、眼屎增多。此时可取一只新鲜鸡蛋，将其蛋清置于碗内，用中间夹有药棉的双层医用纱布浸蘸蛋清后，敷在眼睛上。当纱布药棉中的蛋清快干时，再蘸蛋清，直到眼部感到湿润舒适为止。

方②：鸡蛋清具有明目的功能，黄连有抗菌消炎的功效，将黄连泡水与蛋清混合搅拌均匀，待泡沫发起后，取混合液适量滴眼，结膜炎可愈。

（8）野菊花等煎服治眼结膜炎

取 30 克野菊花、12 克杭白菊，另加桑叶 12 克、黄豆 30 克、夏枯草 15 克共煎水，加白糖 15 克调味服饮即可。

（9）酒精棉球能防治麦粒肿

当开始患病——眼睑发痒、出现红肿时，立刻用酒精棉球擦眼睫毛。擦试时要双眼紧闭，用酒精棉球（不要太湿，太湿时挤掉一些酒精）在眼睫毛根处轻轻擦几下。擦后双眼会感到发热（发热时不可睁眼，否则酒精会渗透到眼里使眼睛疼），待热劲过后再睁眼。只要每天擦 3 ～ 4 次就可消肿。

（10）淡盐水治麦粒肿

麦粒肿俗称"针眼"，是眼睑的一种急性化脓性炎症。每当眼睑皮肤微红略有疼痛时，用咸盐一小匙沏入一茶杯开水，待水温合适时用卫生棉球洗眼，每天三次，每次 5 分钟，三日即愈。

（11）热茶熏治麦粒肿

其法是：绿茶最好（红茶、花茶也可），泡浓茶，借助茶的热气熏治病眼。在熏时要睁开有病的眼，靠近茶杯，这时病眼即有轻松之感。一般每次熏 15 分钟，如肿粒大可多熏一会。熏 2 ～ 4 次就可消肿痊愈。

（12）冰块冷敷治眼皮浮肿

眼睑浮肿时，从电冰箱的制冰盒中取出两块薄冰，用纱布包好，人采取躺位，将包好的冰块置于眼部冷敷，即可使眼睑消肿。

九、治疗妇科病

第53章　序

妇科病症的常见为：瘙痒、烧灼感和疼痛，在活动、性交和排尿后加重；阴道分泌物增多，有臭味；尿频、尿急、尿痛，阴道内下坠感，盆腔不适及全身乏力；白带增多及异常。下腹或腰骶部经常出现疼痛，盆腔部可发生下坠痛或痛经，常于月经期、排便或性交时加重；月经不调和不孕等。

第54章　治疗痛经的验方与偏方

妇女在月经前后或经期出现下腹部轻度坠胀为正常现象。如经期腹痛剧烈，伴腰骶部疼痛，甚者呕吐、手足发冷、面色苍白称之为痛经。痛经的发生多与精神、内分泌因素及子宫因素引起的子宫过度收缩、子宫缺血、缺氧有关。

（1）盐醋热敷治痛经

老陈醋90克，香附30克（捣烂），青盐500克。先将青盐爆炒，再抖炒香附末，半分钟后，将陈醋均匀地洒入盐锅里，随洒随炒，炒半分钟，装进10厘米×20厘米的布袋里，袋口扎紧，放脐下或疼痛地方，进行热熨。

（2）姜红糖治经痛3验方

方①：将50克姜洗净切成碎末，与500克红糖拌匀，放蒸锅蒸20分钟。经前3~4天开始服用，每天早、晚各服一勺。

方②：红糖和鲜姜各150克，捣碎，加入适量白面一起揉成丸状，用香油炸熟吃。经前3天服用，每天服3次，服3~5天，轻者1~2个经期，重者3个经期可好。

方③：红糖100克、生姜15克、红枣100克，水煎服，当茶饮，能治疗痛经以及闭经。

（3）熟芝麻粉泡茶可治痛经

在生理期两三天前，将芝麻炒熟研碎，放入茶中并趁热食用，可有效防治生理期间的疼痛。

（4）花椒姜枣汤可治疗痛经

将 20 克生姜洗净，切片，与 6 克花椒及 15 枚红枣一起熬成浓汤热服，每日两次。

（5）芝麻粗茶缓解痛经

在生理期间，大部分的女性都会感到身体不适，甚而疼痛。

生理期两三日前，将磨碎的芝麻放入粗茶中，趁热饮用。芝麻的妙用不仅如此，在汤中加进芝麻，每天饮用，还可防止动脉硬化。

（6）醋姜鸡蛋治经前综合征

妇女经前容易出现头痛、腹痛、情绪急躁等现象，称为经前综合征。有此疾患时，可取醋半杯加冰糖适量，放入铁锅中煮沸。然后加入剥皮后切成薄片的生姜 150 克，改文火继续熬煮。将 5 只煮熟去皮的鸡蛋加入冰糖醋中，用文火煮 40 分钟关火，待其温凉后食用，辣、酸、甜合为一体，风味独特，疗效显著。

（7）治疗痛经食疗 4 验方

方①：鸡蛋 2 个、益母草 30 克、延胡索 15 克，共煮，蛋熟去壳再煮 10 分钟，吃蛋喝汤，每日 1 次，经前 7 天起服，服至月经来潮。用于气滞血淤型。

方②：韭菜 250 克、红糖 60 克，韭菜捣汁，加入红糖共煮片刻饮之，每日 1 次，连服 3 天，饮后俯卧片刻，经前 2～3 天起服。用于寒湿凝滞型。

方③：乌骨鸡 1 只（1000～1500 克）、黄芪 100 克、当归 150 克。先将鸡洗净，黄芪、当归用纱布包好，纳入鸡腹中，加水适量，文火炖煨至烂熟后分几天食之。用于气血虚弱者。

方④：鸡蛋 2 个、黑豆 60 克、米酒 120 克，先将黑豆、鸡蛋加水煮熟，剥去蛋壳后，再煮片刻，冲入米酒，吃蛋喝汤，每日 1 剂。用于肝肾不足者。

（8）痛经外治 4 偏方

方①：食盐 250 克、葱白 100 克、生姜 50 克，共捣烂炒热，用布包好敷于气海穴。1 日 2 次。

方②：益母草、芝麻根各 100 克，洗净切碎，加黄酒少许炒热，敷于小腹部，1 日 2 次。

方③：肉桂、吴茱萸各 10 克，小茴香 20 克，共研细末，加白酒适量炒热，用布包好，敷脐部，冷后再炒再敷。用于寒湿凝滞型。

方④：白芷 10 克、五灵脂 6 克、青盐 100 克，共炒热用布包好，敷于小腹部，1 日 2 次。

第 55 章　治疗月经不调的验方与偏方

月经不调是指月经的周期、经期、经量及色质的异常，包括月经先期、月经后期、月经先后不定期、月经过多及月经过少等，是常见的妇科疾病。多由于精神因素、过度劳累、营养不良、环境改变等影响了神经内分泌系统的正常功能所致。

（1）红葡萄酒纠正月经紊乱

每天在睡觉之前喝一小杯红葡萄酒，可帮助提前来的月经恢复正常。

（2）黑木耳治月经过多两简方

方①：取黑木耳焙干碾碎，用红糖水送服，一日两次，每次 3~6 克，即可有效止血。

方②：黑木耳 30 克、红枣 20 枚，煮汤服用，每日一次，可有效治疗月经过多。

（3）姜汁米酒蚌肉汤调经补虚

姜汁 3~5 毫升，米酒 20~30 毫升，蚌肉 150~200 克，食油、精盐各适量。将蚌肉剖洗干净，用花生油炒香后加入米酒、姜汁及适量清水同煮，待肉熟后再加精盐调味。具有滋阴养血、清热解毒、润肤嫩肤之功效。适用于月经过多及身体虚弱者。

（4）二鲜汁止血调经

鲜藕节、鲜白萝卜各 500 克。将上料洗净，共捣烂，用于净纱布包裹取汁，加冰糖适量即可饮用。其具有清热凉血、止血固经及增白皮肤之功效。适用于月经过多。

（5）乌梅膏治疗月经不调

净乌梅 1500 克。将乌梅加水 3000 毫升，用炭火煎熬，待水分蒸发至一半，再加水至原量，煎浓后，用干净纱布滤去渣，装瓶待用。服用时加白糖调味，每次服 5~10 毫升，开水冲服，日服 3 次。

（6）红枣炖猪皮补脾补血

红枣 15~20 枚（去核），猪皮 100 克。将猪皮刮净切成小块，红枣洗净去核，一起装入炖盅内，加清水少量，隔水炖至猪皮熟烂即可。具有补脾补血、增加皮肤光泽及弹性之功效。适用于脾虚型崩漏及身体虚弱等。

（7）红糖可清经期恶露

当月经来潮时，或将结束前两日，可用红糖（即黑糖）泡开水（冷热皆宜）当茶饮用，如此就能把子宫里的恶露清除干净，对妇女而言是最简易的保健法。

第56章　治疗乳腺炎的验方与偏方

乳腺炎为乳房的化脓性感染，几乎所有病人都是产后哺乳的产妇，尤其是初产妇更为多见，发病多在产后3～4周。

（1）新鲜蒲公英可治乳腺炎

在乳腺炎发病初期，将新鲜蒲公英洗净，连根带叶捣烂，敷于患处。可配合其他药物治疗，增强疗效。已化脓者不宜使用。

（2）热花椒水治乳腺炎初起

乳腺炎初起时，乳房局部会出现红、涨、疼。此时立即用一大把花椒熬水，用较热的花椒水敷洗患处。此方有消炎止痛的功效，还可配合其他药物治疗，提高疗效。

（3）胡椒末红糖等治乳腺炎

选白胡椒7粒，捣成末，与半汤匙红糖拌匀，放在一小盘内，用自身的乳汁调成膏状，贴在肿块处，再用橡皮膏粘牢。早晚各贴一次，三四天肿块即消，痛止。若肿块发红、外硬里软，表明肿块内部已形成脓肿，应去医院治疗。

（4）仙人掌外敷治乳腺炎

鲜仙人掌（去刺）50克，白矾10克。将上药共同捣烂，敷患处，干后即换。

（5）韭菜鸡蛋外敷治乳腺炎

韭菜60克，鸡蛋2个。将韭菜和鸡蛋放锅内炒至半熟，用布包好敷在患侧腋下，挤紧即可。

（6）乳腺炎内服5简方

方①：瓜蒌、丝瓜络各15克，蒲公英60克。水熬服。每日1剂，早晚分服。

方②：陈皮60克，甘草8克。用砂锅水煎。每日1剂，分早晚服。

方③：续断、川牛膝、杜仲各10克。水煎服。每日1剂，7日1疗程。孕妇去牛膝，加桑寄生15克。

方④：制川乌、麻黄、甘草各3克，白芍、黄芪、桂枝、鸡血藤、乳香各 9 克。水煎服。每日 1 剂，分早晚服。

方⑤：蒲公英 60 克，金银花 30 克，粳米 50～100 克。先煎薄公英、金银花，去渣取汁，再入粳米煮粥。任意服食。

第二篇　药膳与食疗篇

一、药膳与食疗原理

"药食同源"是我国古老的饮食概念。随着物质的丰富和生活节奏的加快，现代人对强身健体有更高的要求，对治病于饮食的传统概念也更为关注和接受。饮食疗法在我国有着悠久的历史，并在千百年的实践中得到了广泛的印证。从现代科学观点看，这些食疗方法，不仅将食物的营养成分与药物有效成分相融合，而且由于二者的巧妙配合，起到相互补充，相互加强的作用，有效地提高了营养和药效水平。

所谓药膳是指在食物中加入适当药材，通过烹调技术处理而赋予食物形式，使之发挥医疗保健作用。所谓食疗是指将食物药化，用食物来治疗疾病。从某种意义上讲，药膳与食疗是难以区分的。在实践中更是如此。所谓食借药之力，药助食之功，药食结合在一起能够在防病治病、滋补强身、抗老延年诸方面，起到独到的保健功效。

药膳与食疗在我国具有悠久的历史，是中国医药学的一个重要分支。早在西周时代，我国就有食医的分科，东汉的张仲景，唐朝孙思邈，元代忽思慧，明朝李时珍，清代叶天士、王孟英等历代名医对食疗都极为重视，在临床中积累了丰富经验，编写了《千金要方》食治篇、《饮膳正要》《随息居饮食谱》《食疗本草》等不少食疗专着，仅李时珍在其《本草纲目》中收载的食用药物也不下400余种。近代医家及其著作，对药膳更有许多创见，并已达到能对人体微量营养元素进行饮食调控的水平。

饮食，是人体赖以生存的物质基础，人一生摄入的食物要超过自己体重的1000倍。食物中的营养素，几乎大部分转化为人体组织和能量，以维持生命运动。这是饮食最基本的濡养功能。

然而，饮食疗法更多的是以防治疾病和延年益寿为目的。例如，很早就已体现近代平衡营养原理的食疗方法。因为机体摄入营养素不足或过多，都可损害健康，引起疾病；通过饮食的科学配合，调整某些营养物质的摄取，又可获得有效的防治，或起到抗衰防老的作用。如缺乏钙可引起佝偻病，碘不足可致甲状腺肿，缺乏维生素又可引起夜盲症、脚气病、口腔炎、坏血症、软骨病等；若食用海带、海产品则可防治甲状腺肿，食用动物肝脏，可防治夜盲症，多吃水果和新鲜蔬菜可防治坏血病等。

我国人民在与疾病的长期斗争中，认识到"摄生"与"治病"的密切关系，并在中医理论指导下，依据食物与药物的性味，按照中医的组方原则，总结了许多行之有效的食疗方剂，并在千百年的实践中，得到了广泛的印证。从现代科学观点看，这些食疗方法，不仅将食物的营养成分与药物有效成分相融合，而且由于二者的巧妙配合，起到相互补充，相互加强的作用，有效地提高了营养和药效水平。从而，使药物变得可口，使食物更富营养，显示出独特而显著的医疗保健功能。

药膳与食疗大多选用食用中药材，或食物与中药配伍而成，既有食物的营养，又有药物的功效。但二者配伍，其营养与疗效都会发生变化，通常是相互补充，相互增强，使营养作用和疗效增加。与此同时，药物与食物共煮，某些食物成分尚有降低药物毒性的作用。

（1）增加营养素及药效成分的溶解度

大多药膳是以一种或数种中药材加上禽畜类，如猪瘦肉、猪蹄、猪脊骨、猪内脏及鸡鸭等，通过炖、焖、烧、煮烹制而成。根据现代科学的认识，一般中草药加水煎煮，只能提取出其中具有水溶性的有效成分；而大多数中草药的有效物质在脂肪介质中，却有较大的溶解性，因而药物与禽畜等含多量动物脂质的食物材料共同炖煮，不但可把药物中的水溶性成分提取出来，还可显著增加脂溶性成分的溶出量，使有效成分增加，充分发挥疗效。同时，汤液中由于动物脂肪的存在，还可明显提高和保持汤液的温度，有利于药物成分的提出，使有效成分增加。在动物性食品中，许多还含有胶原性蛋白、磷脂类，可使药物中难溶于水的成分乳化，增加其水溶性，这也是能使药物有效成分溶出量增加的因素。

中药材也大多含有脂肪、蛋白质、碳水化合物以及维生素等营养成分，在食疗中同样具有营养机体的功效；与食物共用，还可有营养互补的功能。例如："黄芪炖母鸡"适用于产后或手术后失血过多，大病、久病后身体虚弱；或因疮疡久溃不愈，肝肾慢性损害等引起的血气亏损、头晕乏力、体倦神疲、食少便溏等。方中黄芪有补气升阳，益卫固表，托毒生肌，利水消肿的功效。除所含黄芪多糖及部分氨基酸等为水溶性成分外，其余黄酮、异黄酮、β-谷甾醇及脂肪类成分等均为难溶或稍溶于水的成分。但在脂质中或有乳化成分存在时，特别是在与之共煮的条件下，其溶解度就会大大增加。因而以含脂肪和蛋白质较多的母鸡作"引子"，与黄芪一起共同煮炖，无疑会使黄芪所含有效成分能被尽量提取出来，有利于充分发挥黄芪的药效。母鸡除富含脂肪、蛋白质外，还含有维生素，如硫胺素、核黄素、尼克酸，以及少量碳水化合物、钙、磷、铁等有用元素。鸡肉质地柔嫩，营养丰富，肌纤维之间脂肪较多，容易被人体消化吸收，功能益五脏，补虚损，健脾胃，强筋骨，活血调经等。其与黄芪配伍，补益之功；营养之力更强，故为身体虚弱、气血亏损之滋补良剂。

（2）提高膳料有效成分的利用率

药膳与单纯用食物补充营养是有本质区别的。因为人体对营养成分的吸收必须考虑两个方面；一是营养成分虽然丰富，但因患者功能受损或消化吸收功能下降，若急于补充营养，却往往出现胃不纳食，脾不运化，反而造成呕吐、泄泻、胸满、腹痛诸症；二是食物所含营养成分的形式未经转化，不利于消化吸收，食之补益甚微。但若施以食疗，于食物中加进中药材，则可剔除上述弊病，充分发挥食物的营养作用。

药膳与食疗配伍：合理地利用食物是药膳制作中的具体问题，主要是指合理选择食物、合理烹调加工、采用适当的食品类型等。

首先，必须注意合理选择食物，如果食物种类选择得当，又具有相应的食疗性能，加之搭配合理，就能符合人体健康的需要，达到养生的目的。反之就可能对人体健康不利。如心神不宁之人，应选择小麦、百合、莲子、大枣、猪心、鸡蛋等养心安神的食物搭配起来食用。

其次，合理烹调加工食物也很重要，它可以减少食物中水谷精微——营养素的损失，又可使食物增强可食性而易于为人体消化吸收，如煮米饭时不宜淘米次数过多、不宜用力搓洗、水温不宜过高；如蔬菜类食物则应取材新鲜，宜先洗后切，切后不宜久置，做菜时加入适当的佐料以增加食物的色香味等。

最后，采用适当的食品类型也是必不可少的。如防治感冒采用辛味或芳香食物时不宜煎煮过久，以免香气挥发，失去解表功效；又如脾胃病往往采用粥食，以利于调理脾胃。

在一般情况下，食物多采用独食用，但为了增强食物的养生效果和可食性，以及营养保健作用，也常常把不同的食物搭配起来应用，食物的这种搭配关系称食物的配伍。食物之间或食物与药物通过配伍，由于相互的影响，会使原有性能有所变化，因而可产生不同的效果。根据药膳的具体情况，可以概括为以下四个方面。

（1）相须相使

相须相使，即性能基本相同或某一方面性能相似的食物互相配合，能够不同程度地增强原有功效和可食性。如当归生姜羊肉汤中，温补气血的羊肉和补血止痛的当归配伍，可增强补虚散寒止痛功效；与生姜配伍可增强温中散寒效果，同时还可去除羊肉的腥膻味。又如菠菜猪肝汤，菠菜与猪肝均能养肝明目，两者相互配伍可增强养肝明目之功效。

（2）相畏相杀

相畏相杀，即当两种食物同用时，一种食物的不利作用能被另一种食物降低或消除，在这种相互作用的关系中，前者对后者来说是相畏，而后者对前者来说是相杀。如经验认为大蒜可防治蘑菇中毒，橄榄能解河豚等鱼、蟹引起的轻微中毒，蜂蜜、绿豆解乌头、附子毒等均属于这种配伍关系。

（3）相恶

相恶，即两种食物同用后，由于相互牵制，而使原有的功能降低甚至丧失（产生这种配伍关系的食物其性能基本上是相反的）。如食银耳、百合、梨等养阴生津润燥的食物，又加食辣椒、生姜、胡椒等，就会减弱前者的功能；又如食羊肉、牛肉、狗肉之类温养气血的食物后，又食绿豆、鲜萝卜、西瓜等，则前者的温补功能也会相应减弱。在日常饮食中，这类不协调的食物同时出现在食谱里的情况很少，但是各地习惯不同，而且人们有时可能进食多种食物，所以有时也可能遇到这种情况。

（4）相反

相反，即两种食物同用时，能产生毒性反应或明显的副作用。据记载有蜂蜜反生葱、反蟹，海藻反甘草，鲫鱼反厚朴等，但这类情况均有待进一步证实。从人们长期饮食经验看，食物相反的配伍关系极为少见。

在多数情况下，食物通过配伍后，不仅可以增强原有的功效，而且还可以产生新的功效。因此，配伍使用食物较单一的食物有更大的食疗价值和较广的适应范围。此外也可改善食物的色、香、味、形，增强其可食性，提高人们的食欲。这就是配伍的优越性，也是食物应用过程中的较高形式。根据以上食物配伍的不同关系，在实际应用中，就可以决定食物的配伍宜忌。

此外，还应当指出，一些地区喜欢在做菜时加生姜、葱、胡椒、花椒、辣椒等佐料，如果佐料与食物的性能相反，不能一概认为是相恶的配伍。如凉拌蔬菜时加入姜、葱或花椒、辣椒一类佐料，因实际上用量较少，主要仅起到开胃、增进食欲的作用。

药物与食物的科学选配仅从药膳烹制的角度而言，有以下10种常用的烹调技术。至于选料、刀法、调味等，不一一介绍，只是在具体制作时，一定要注意药物和食物的选配，一般不宜太多、太杂。

（1）炖

将药物经过必要的炮制加工后，与食物同时或先后下入砂锅（一般都用砂锅，不用铁、铝锅）中，加入适量的水，先用武火（大火）煮开后，撇去浮沫，再用文火（小火、细火）炖至食物熟烂。炖是制作滋补药膳最常用、最简单的一种方法。老年人吃的药膳多采用这种方法烹调。

（2）焖

在锅内加食油适量，将药物和食物同时放入，炒为半成品后，再加入姜、葱、花椒、盐和少量汤汁，盖紧锅盖，用文火焖熟的烹制方法。焖有红焖和黄焖，二者的烹调方法和用料都一样，只是调料有所差别。红焖所用酱油和糖色比黄焖多。红焖药膳为深红色，黄焖药膳则呈浅黄色。

（3）蒸

将药物和食物拌好调料或附着剂（如米粉包、菜叶包等）放入容器内，装入屉里或放在水锅里，盖好盖，通过加热产生高温蒸汽而使原料成熟的一种烹调方法。

（4）煨

是将药物与食物放入砂锅中，加入适量的水，用文火进行煨制。这与炖相仿，不同的是火候。炖是先武火后文火；煨则一直用文火。有炖煨结合的，凡言煨即指用文火慢慢烹制。

（5）炒

是把药物与食物准备好，再将锅烧热后下食油，一般先用武火，用油滑锅，并依次放下药物与食物，用手勺或锅铲翻拌，动作要敏捷，是断生即成的烹调方法。

（6）卤

是把药物与食物初步加工后，先按一定的方式配合后，再放入卤汁中，用中火逐步加热烹制，使其渗透卤汁，直至成熟的烹调方法。

（7）煮

将药物与食物放入锅内，加水或汤，直接用武火煮沸，然后再煮熟的烹调法。

（8）熬

熬与煮相似，但火不宜大，时间比煮长，要熬至药物和食物的汁水成羹状、糊状或膏状。

（9）烧

把食物经煸、煎等处理后，进行调味调色，然后加入药物和汤或清水，用武火烧沸，文火焖，烧至卤汁稠浓即成的烹调方法。

（10）炸

将要炸的药食备好，先在锅内放大量食油，待油热后，将药食放入油锅内，用武火烹炸，但须掌握火候，炸到一定程度即起锅，不宜炸焦。

药膳与食疗的施膳原则药膳与食疗的施用，要因症、因时、因地、因人而异，才能达到健身养生，祛病防病的效果，不可滥加施用。

（1）因症施膳

辨证论治是中医学特点之一，是以症为基础的普遍应用的一种诊治方法。药膳在治疗、养生方面，也可以中医理论作依据，根据人的体质、症状、健康等情况的不同，对药膳的选用上也有所区别。这就叫"因症施膳"。

（2）因时施膳

四季气候变化，对人体生理、病理变化均产生一定的影响，在组方施膳时必须注意。如长夏阳热下降，水气上腾，湿气充斥，为一年之中湿气最盛的季节，故在此季节中，感受湿邪者较多。湿为阴邪，其性趋下，重浊黏滞，容易阻遏气机，损伤阳气。药膳可选用解暑汤。冬天气温较低，或由于气温骤降，人们不注意防寒保暖，就易感受寒邪，容易损伤阳气。所谓"阴盛则阳病"，就是阴寒偏盛，阳气损伤，或失去正常的温煦气化作用，故出现一系列功能减退的证候，如恶寒、肢体欠温、脘腹冷痛等。此外，寒性收引凝滞，侵袭人体易使机体收敛牵引作痛。寒气经络关节，经脉拘急，气血凝滞阻闭，出现肢体屈伸不利或厥冷不仁等，故《素问·举痛论篇》说"寒则气收""痛者寒气多也，有寒故痛"。药膳常多选用厚味温补之款。

（3）因地施膳

不同的地区，由于气候条件及生活习惯不同，人的生理活动和病变特点也不尽相同，所以用药亦应有差异。例如：同是温里回阳药膳，在西北严寒地区，药量宜重；而在东南温热地区，药量就宜轻。

（4）因人施膳

由于人的体质有强弱之殊，男女老少之异，故在组方施膳时，也就不尽相同。如妇女有经期、怀孕、产后等情况，常用八珍汤、妇科保健汤等。老年人血衰气少，生理功能减退，多患虚症，宜多用"十全大补汤""复元汤"等调治。小儿生机旺盛，但气血未充，生活不能自理，多饥饱不均，寒温失调，治以调养后天为主，可用八仙糕等。

上述施膳的四个方面，是密切联系、不可分割的。"辨症施膳"主要辨明症候施以调治，这是服食药膳的基本原则，只是因为药膳还是以"食"性为主，故这一原则也是相对宽松的。而因时、因地、因人施膳，则强调既要看到人的体质、性别、年龄的不同，又要注意地理和气候的差异，把人体和自然环境、地理气候结合起来，进行全面分析、组方施膳。

二、调理常见疾病的药膳与食疗

调理感冒的药膳与食疗如下。

（1）双花饮

【原料】金银花 15 克，蜂蜜 50 克，大青叶 10 克。

【制作】将金银花，大青叶放入锅内，加水煮沸，3 分钟后将药液滗出，放进蜂蜜，搅拌和匀，即可饮用。

【食法】频频当茶饮。发热重、服 1 剂不退者，1 日内可连饮 2 剂以上。

【功效】清热解毒，解表退烧。适于外感风热、发热重、咽喉红肿者。

（2）藿香粥

【原料】藿春 15 克，粳米 50 克。

【制作】①藿香若用鲜者，宜用 30 克，先煎取藿香汁；若湿重，可加入苍术 10 克同煎，取药汁。②将粳米煮粥，待粥成时，加入药汁，再煮沸即可。

【食法】一般供夏季暑湿天午餐或晚餐当饭食。

【功效】芳香化湿，开胃止呕。

【适应证】湿邪外侵肌肤、内困脾胃所出现的头重身重痛、昏闷不适、胸脘痞胀、呕吐泄泻、食欲不振、精神困乏等症。

（3）紫苏粥

【原料】粳米50克，紫苏叶、白糖各适量。

【制作】用粳米煮粥，紫苏叶煎汤调入即成。

【食法】食用时可加入少量白糖。

【功效】解表健胃。

（4）牛蒡粥

【原料】粳米30～50克，牛蒡根30克。

【制作】粳米煮粥，再将牛蒡根煎汤兑粥内。

【食法】温、冷食均可。

【功效】疏散风热。

（5）葱豉黄酒汤

【原料】豆豉15克，葱须30克，黄酒50毫升。

【制作】豆豉加水1小碗，煎煮10分钟，再加洗净的葱须，继续煎煮5分钟，然后加黄酒，出锅。

【食法】趁热服。

【功效】解表和中。

（6）香薷饮

【原料】香薷10克，厚朴5克，白扁豆5克，砂糖少许。

【制作】香薷、厚朴剪碎，白扁豆炒黄捣碎，放入保温杯中。

【食法】以沸水冲泡，代茶频饮。

【功效】解表清热。

【禁忌】感冒患者的饮食中可多供给清淡食品，忌食油腻、黏滞、酸腥食物。

调理支气管炎的药膳与食疗如下。

（1）牛胆黑豆

【原料】黑豆250克，橘红末80克，牛胆1克。

【制作】将黑豆、橘红末放入牛胆内，拌匀，放在阴干处，阴干即成。

【食法】每次服制黑豆7粒，早、晚分服。

【功效】清热消炎，化痰止咳。适于急、慢性支气管炎。

（2）丝瓜糖浆

【原料】丝瓜藤90～240克。

【制作】取丝瓜藤，切碎浸泡后，煮1小时以上，滤过药渣，加水再煎，将两次煎液合并，浓缩至100～150毫升，加糖适量。

【食法】每次服 50~100 毫升，日服 2~3 次，10 天为 1 个疗程。

【功效】清热解毒。适用于慢性支气管炎。

（3）苏子粳米粥

【原料】苏子 10 克，粳米 50~100 克，红糖适量。

【制作】将苏子捣成泥，与洗净的粳米、红糖同入砂锅内，加水煮至粥稠即成。

【食法】每日早晚温热服，3~5 日为 1 疗程。

【功效】降气消痰，止咳平喘，养胃润肠。

【适应证】急、慢性支气管炎，支气管哮喘所致的痰多气逆而咳喘，胸闷诸症，还可用于胃气上逆所致的呕吐等症。

【禁忌】气虚下陷，大便稀薄的病人忌食。

（4）清蒸茄子

【原料】茄瓜 500 克，生姜 4 片，大蒜 3 个。

【制作】将茄瓜洗净，切成条状；生姜洗净，切片；大蒜去衣，拍烂。把茄瓜拌入姜、蒜、酱油、生油、盐、糖，放入大碟中，武火隔水蒸熟即可。

【食法】随量食用。

【功效】清热化痰。

【适应证】急性支气管炎属痰热者，症见咳嗽，痰多，色黄而稠，咯吐困难，胸膈不利，微热口渴，大便不利，舌苔黄，脉数。

（5）丝瓜炒鱼片

【原料】鲩鱼肉 120 克，丝瓜 500 克，生姜 3 片。

【制作】将丝瓜去棱，洗净，切片；鲩鱼肉洗净，切片，用姜、盐等腌制。起油锅，下丝瓜炒熟，调味，下鱼片略炒至刚熟即可。

【食法】随量食用。

【功效】清热解暑，化痰止咳。

（6）秋梨白藕茶

【原料】秋梨 1 个，白藕 250 克，白糖 20 克。

【制作】将秋梨洗净，去皮、核，白藕洗净去节，共切碎捣烂绞取其汁，加入白糖调匀。

【食法】代茶饮用。每日 1 剂。

【功效】生津润燥，止咳化痰。适用于风热咳嗽。

（7）黑芝麻姜糖汁

【原料】黑芝麻 250 克，白蜜 120 克，生姜 120 克，冰糖 120 克。

【制作】先将黑芝麻炒熟，摊冷，生姜捣烂取汁，去渣；白蜜蒸熟，冰糖捣碎蒸后，与白蜜混合调匀。再将芝麻与生姜汁拌后，再炒，摊冷。再拌白蜜冰糖，装瓶收贮。

【食法】每日早晚各服 1 匙。

【功效】补肾纳气，止咳平喘。

【适应证】慢性气管炎以喘咳为主者。

（8）大蒜炒肉

【原料】大蒜头 10 个，猪瘦肉 90 克。

【制作】将大蒜切成薄片，猪瘦肉切片，按炒菜常规，炒熟即成。

【食法】佐餐吃用，每日 1～2 次。

【功效】解毒杀菌，祛痰止咳。

【适应证】慢性气管炎咳嗽。

（9）海蜇拌白萝丝

【原料】陈海蜇皮 120 克，白萝卜 60 克，冰糖少许。

【制作】先将海蜇洗去盐味，白萝卜切成细丝；两者混合，加水 600 毫升，煎至 300 毫升取汁，余下之海蜇、萝卜丝，拌入冰糖。

【食法】佐餐，日饮汁 2 次。

【功效】祛痰止咳。

【适应证】慢性支气管炎。

调理高血压的药膳与食疗如下。

（1）海带决明汤

【原料】海带 30 克，草决明 15 克

【制作】将海带洗净盐，浸泡 2 小时，连汤放入砂锅，再加草决明，煎 1 小时以上，饮汤，海带可吃。

【食法】血压不太高者，1 日 1 剂，病重者，可 1 口 2 剂。

【功效】清热明目，降脂降压，高血压。

（2）百合玉竹粥

【原料】百合 20 克，玉竹 20 克，粳米 100 克。

【制作】把百合洗净，撕成瓣状，玉竹切成 4 厘米长的段，粳米淘洗干净。把百合、玉竹放入锅内，加入粳米和清水 1000 毫升。把锅置武火上烧沸，用文火煮 45 分钟即成。

【食法】每日 1 次，当早餐食用。

【功效】滋阴润燥，生津止渴。适用于心肝失调之冠心病患者食用。

（3）西洋参炖猪心

【原料】西洋参 5 克，猪心一只（约 250 克），三七 1 克。

【制作】将西洋参及三七放在猪心里，用棉线扎紧，放到杯子里加盖隔水炖，45 分钟后取出杯子，待杯子冷却到温热时再开盖。

【食法】晚上睡前喝汤，次日晨起后吃猪心适量和参渣。每三天一次。三个月后改为西洋参 10 克，三七 2 克，每七天吃一次。

【功效】长期服用对冠心病的控制可有一定好处。

（4）莲子粟米苡米粥

【原料】用莲子、苡米各 50 克，粟米 100 克。

【制作】煮粥。

【食法】经常服用。

【功效】治疗高血压。苡米甘、淡，微寒，含苡仁油、蛋白质、碳水化合物、维生素 B 和氨基酸等，有利水渗湿，祛风湿，清热排脓，健脾止泻的功能。粟米又叫小米，新小米甘，咸；陈小米苦，寒，含蛋白质、脂肪、淀粉、钙、磷、铁、维生素 B、粗纤维、尼克酸、胡萝卜及多种氨基酸等，和中益肾、除热解毒。其所含高纤维素能降低血脂水平，对防止动脉硬化有益。

（5）山楂丹参粥

【原料】山楂 30 克～40 克，丹参 15 克～30 克，粳米 100 克，砂糖适量。

【制作】将山楂、丹参放入砂锅煎取浓汁，去渣，加入粳米共煮粥。待粥将熟时，加入白糖，稍煮即可。

【食法】两餐之间当点心温热服食。不宜空腹服。7～10 日为 1 个疗程。

【功效】活血行气，养血散瘀，生新血。适用于冠心病、心绞痛等。

（6）洋葱汤

【原料】大的洋葱 10 只，小的则要用 15 只。

【制作】洋葱洗过之后晾干，剥除最外边的细薄皮层，再用剪刀把里面的薄皮剪细，放入陶瓷茶壶，加入 8 份水，用火煮，沸腾后用文火煨，煎至水的颜色如茶，只剩下一半为止。

【食法】每天代茶喝 1～3 杯，连续 3 天服用后可量一下血压，一般一星期后血压即能恢复正常。

（7）玉米须粥

【原料】玉米须50克（鲜品100克），大米100克，蜂蜜30毫升。

【制作】将玉米须洗净，切碎，剁成细末，放入碗中备用。

将大米淘洗净，放入砂锅，加水适量，煨煮成稠粥，粥将成时调入玉米须细末，小火继续煮沸，离火稍凉后拌入蜂蜜即成。

【食法】每日早、晚分食。

【功效】滋阴清热，平肝降压。适用于高血压病、尿路感染、尿路结石等病症。

（8）红萝卜海蜇粥

【原料】红萝卜120克，海蜇皮60克，粳米60克。

【制作】将红萝卜削皮，洗净，切片；海蜇皮浸软，漂净，切细条备用，粳米洗净。把全部用料一齐放入锅内，加清水适量，文火煮成稀粥。

【食法】调味即可食用。

【功效】用于高血压、冠心病。方中海蜇头原液有类似乙酰胆碱的作用，能降低血压、扩张血管，故用于治疗高血压。

（9）黑木耳食疗

【原料】黑木耳30克，蜂蜜30克。

【制作】先将木耳用水泡发，蜂蜜放锅内煮沸，加木耳于锅中和蜂蜜一起搅拌炒熟即可。

【食法】一日内吃完，可长期服。

【功效】适用于高血压、冠心病、动脉硬化病者食疗。

（10）绿豆西瓜粥

【原料】大米120克，绿豆100克，西瓜瓤150克。

【制作】将绿豆洗净，用清水浸泡4小时；西瓜瓤切成小丁。

将大米淘洗干净，与泡好的绿豆一同放入锅内，加入适量清水，大火烧沸后转用小火熬至粥烂黏稠，拌入西瓜瓤，再煮至沸即成。

【食法】每日早、晚分食。

【功效】清热利尿，消暑止渴，祛瘀降压。适用于高血压、暑热症、牙龈炎、口腔炎、咽峡炎、高脂血症、动脉硬化等症。

调理高血脂的药膳与食疗如下。

（1）降脂饮

【原料】鲜山楂30克，生槐米5克，嫩荷叶15克，草决明10克。

【制作】将上药放入砂锅中煎煮，至山楂酥烂时，用汤勺将山楂捣碎，再煮10分钟，滤取煎液。

【食法】加入白糖适量，不限时频频饮服。

【功效】行瘀化滞。用于高血脂症。

（2）发菜马蹄粥

【原料】发菜15克、马蹄120克、粳米60克。

【制作】先将发菜用清水浸泡软，用生油搓洗干净；马蹄去皮，洗净，切片；粳米洗净。然后，把全部用料一起放入锅内，加清水适量，文火煮成稀粥，调味即可。

【食法】随餐食用。

【功效】清热除烦，利尿。

【适应证】高脂血症属肝阳亢盛型者，症见头目眩晕，心烦口苦，咽喉干燥，小便短黄，大便干结。

【禁忌】脾肾虚寒者不宜食用本品。

（3）冬菇云耳瘦肉粥

【原料】猪瘦肉60克、冬菇15克、云耳15克、粳米60克。

【制作】先将冬菇、云耳剪去蒂脚，用清水浸软，切丝备用；猪瘦肉洗净，切丝，腌制备用；粳米洗净。然后，把粳米、冬菇、云耳一起放入锅内，加清水适量，文火煮成稀粥，再加入猪瘦肉煮熟，调味即可。

【食法】随餐食用。

【功效】补益脾胃，润燥。

【适应证】高脂血症、动脉粥样硬化症，亦可用于肿瘤的防治。

（4）豆腐冬菇肉汤

【原料】豆腐4块，冬菇30克，猪瘦肉250克，红枣4个，生姜4片。

【制作】先将冬菇用清水浸发，剪去菇脚，洗净；豆腐切块；红枣（去核）洗净；猪瘦肉洗净。然后，把猪瘦肉、冬菇、红枣、生姜一起放入锅内，加清水适量，武火煮沸后，文火煮1小时，下豆腐再煮半小时，调味即可。

【食法】随餐饮用。

【功效】补益脾胃，滋阴润燥。

【适应证】高脂血症及高血压病属气阴两虚者，症见面色萎黄，饮食减少，神倦乏力；亦可用于产后体弱，症见乳汁不足，头晕眼花；阴亏气弱之眩晕，心悸；癌症属阴亏气弱者。

调理冠心病的药膳与食疗如下。

（1）参麦五味煎

【原料】党参15克，麦冬12克，五味子10克。

【制作】将上药用水煎服。

【食法】每天1剂。

【功效】益气养阴。适用于气阴两虚之冠心病及神经衰弱等症。

（2）西洋参田七炖鸡肉

【原料】鸡肉120克，西洋参10克，田七3克。

【制作】先将西洋参洗净，切片；田七洗净，切片；鸡肉洗净，切粒。然后把全部用料一起放入炖盅内，加开水适量，炖盅加盖，文火隔开水炖2~3小时。

【食法】随餐饮汤食肉。

【功效】补气养阴，化瘀止痛。

【适应证】冠心病、心绞痛或心律不整属气阴两虚、心血瘀阻者，症见心悸气短，体倦汗出，口渴咽燥，心翳刺痛，时发时止，夜间尤甚，睡眠不安，心中烦热，舌淡有瘀，脉细弱或结代。

（3）玉竹莲子瘦肉汤

【原料】猪瘦肉500克，玉竹30克，莲子30克，百合30克，红枣4个。

【制作】先将玉竹、莲子、百合、红枣（去核）洗净；猪瘦肉洗净，切块。然后把全部用料一起放入锅内，加清水适量，武火煮沸后，文火煮2小时，调味即可。

【食法】随餐饮汤食肉。

【功效】补气健脾，养心安神。

【适应证】高血压病、冠心病属心脾两虚者，症见心悸、心慌、失眠、多梦、饮食减少、体倦乏力；亦可用于神经衰弱之失眠、心悸。

（4）山楂山药枸杞兔肉汤

【原料】兔肉500克，枸杞子15克，山楂子30克，淮山药30克，红枣4个。

【制作】先将枸杞子、山楂子、淮山药、红枣（去核）洗净；将兔肉洗净，切块，去油脂，用开水拖去血水。然后，把全部用料一起放入锅内，加清水适量，武火煮沸后，文火煲2~3小时，调味即可。

【食法】随餐饮汤食肉。

【功效】养阴补血，活血化瘀。

【适应证】冠心病、动脉粥样硬化属阴虚血瘀者，症见眩晕耳鸣，腰膝酸软，睡眠欠佳，五心烦热，健忘失眠，或胸臆不舒，甚则胸痛，脉细涩。

（5）黑木耳炒豆腐

【原料】黑木耳 150 克，豆腐 60 克，葱、蒜 150 克，花椒 1 克，辣椒 3 克，食油适量。

【制作】先将锅烧热，下菜油，烧至六成熟时，下豆腐，煮十几分钟，再下木耳（黑木耳），翻炒，最后下辣椒、花椒等调料，炒匀即成。

【食法】每日吃 1 次，佐餐，常服有益。

【功效】益气活血。

【适应证】冠心病的治疗和预防。

调理糖尿病的药膳与食疗如下。

（1）猪胰苦瓜汤

【原料】猪胰脏 1～2 条，苦瓜、荸荠及猪瘦肉各 100～200 克。

【制作】将胰脏除去脂肪部分，荸荠去外皮，各用料均洗净，切制，加水煮汤。

【食法】调味后吃用。

【功效】健脾润肺，清热消水。适用于糖尿病患者。如尿多，口渴者，可加入粟米须 20～30 克同煮。

（2）山楂根玉米须茶

【原料】山楂根、茶树根、荠菜花、玉米须各 10 克。

【制作】将山楂根、茶树根碾成粗末，荠菜花、玉米须切碎，同用水煎。

【食法】代茶饮。

【功效】降血脂，化浊，利尿，降血糖。适用于糖尿病伴有高脂血症、肥胖症等。

（3）菠菜根粥

【原料】鲜菠菜根 250 克，鸡内金 10 克，粳米适量。

【制作】菠菜根洗净，切碎，与鸡内金加水适量煎煮半小时，加入淘净的大米，煮烂成粥。

【食法】作早晚餐。

【功效】止渴润肠。

（4）黄鳝肉丝粥

【原料】黄鳝头150克，猪瘦肉60克，大米100克，姜丝2克，葱末2克，精盐1克，味精2克，料酒10毫升，熟猪油10克。

【制作】将黄鳝头洗净；猪瘦肉切丝；大米淘洗干净，备用。锅内加水适量，放入黄鳝头、猪肉丝、大米、姜丝、葱末、精盐、料酒共煮粥，熟后调入味精、熟猪油即成。

【食法】每日1～2次，长期食用。

【功效】黄鳝是高蛋白食物，能补充糖尿病患者的蛋白消耗；同时黄鳝中又含有黄鳝素A和黄鳝素B两种物质，有显著的降糖作用。适用于糖尿病。

（5）胡萝卜蚌肉粳米粥

【原料】蚌肉60克，胡萝卜90克，石决明60克，粳米30克，生姜少许。

【制作】将蚌肉、胡萝卜、石决明、粳米、生姜洗净，加清水适量，武火煮沸后，文火煮2小时，调味即可。

【食法】随餐食用。

【功效】滋阴补肾，养肝明目。

【适应证】糖尿病性视网膜病属肝肾亏损者，症见视物模糊，视力下降，甚则失明，伴小便清长，夜尿频数，腰酸乏力，舌嫩红、苔白干、脉沉细数。

【禁忌】糖尿病并发视朦，属脾肾虚寒者不宜食用。

（6）南瓜煨田鸡

【原料】南瓜250克，田鸡90克，大蒜少许。

【制作】将田鸡去内脏及外皮，洗净；南瓜去皮，切块；大蒜去衣，捣烂。然后起油锅，放入大蒜煎香，再放入南瓜炒熟，加清水适量，放入田鸡，文火煮半小时，调味即可。

【食法】随餐食用。

【功效】补气益阴，化痰排脓。

【适应证】糖尿病并发肺脓疡属气阴两虚，正虚邪恋者，症见口燥咽干，烦渴喜饮，咯吐脓痰，久涎不净，盗汗自汗，形体消瘦，舌嫩红，脉虚数等。

【禁忌】症见脘腹胀满、舌苔白厚腻者不宜食用。

（7）茄子炒牛肉

【原料】茄子100克，牛肉60克，生姜10克，大蒜少许。

【制作】先将茄子洗净，切片，清水浸渍1小时；牛肉洗净、切片，生姜洗净、切丝，取食盐、生粉少许，互为混匀；大蒜去衣、捣烂，起油锅，放入大蒜，随后放下茄子片，炒熟铲起；另用油起锅，下牛肉料，炒熟，并与茄片混匀，调味即可。

【食法】随餐食用。

【功效】清热养胃，宽肠散血。

【适应证】糖尿病属胃有积热，下移大肠者，症见消谷善饥，食不知饱，能食而形瘦，大便秘结，或大便不畅，便血鲜红，先血后便，舌红苔白，脉滑数。尤宜于糖尿病兼有肠风便血者，现多用于糖尿病兼有痔疮者。

【禁忌】脾胃虚寒、肠滑便溏者及高血脂者不宜食用。

（8）海藻牡蛎汤

【原料】海藻24克，新鲜牡蛎（壳、肉同用）150克、生姜、红枣少许。

【制作】将海藻、牡蛎、生姜、红枣（去核）洗净，放入瓦锅内，加清水适量，武火煮沸后，文火煮2小时，调味即可。

【食法】随餐食用。

【功效】滋阴消痰，软坚散结。

【适应证】糖尿病并发肺结核属阴虚火旺者，症见呛咳痰少，黏稠难咯，骨蒸内热，口燥咽干，颧红盗汗，心烦失眠，声嘶失音，形体消瘦，舌红苔少，脉细而数。

【禁忌】糖尿病并发肺结核属于脾肾阳虚，症见咳痰清稀、舌淡，胖者不宜饮用本汤。

调理肝病的药膳与食疗如下。

（1）鸡骨草粥

【原料】鸡骨草10～15克，大枣10个，粳米100克，冰糖适量。

【制作】将鸡骨草、粳米、大枣淘洗干净。把鸡骨草放入锅内，加水适量，煎汁去渣，加入粳米、大枣，先用旺火烧开，再转文火熬烂成粥，加入冰糖，搅拌均匀即可。

【食法】每日分2次温热服用。

【功效】具有清热利湿，解毒散淤之功效。适用于急性传染性肝炎。

（2）首乌红枣炖海参

【原料】何首乌24克，海参60克，红枣4个。

【制作】将海参用清水浸发，洗净，切块，并放入开水中略煮；何首乌、红枣（去核）洗净。然后把全部用料一起放入炖盅内，加开水适量，炖盅加盖，文火隔开火炖2小时，调味即可。

【食法】随餐食用。

【功效】补血益精，滋阴养肝。

【适应证】慢性肝炎、早期肝硬化属阴亏血少者，症见形体消瘦，面色苍白，头晕眼花，心悸失眠，或大便干结，舌淡苔少，脉细弱。

【禁忌】湿热泄泻、外感发热、湿热黄疸者不宜食用。

（3）丹参红枣田鸡汤

【原料】丹参25克，田鸡250克，红枣4个。

【制作】选鲜活田鸡活宰，去内脏、爪及皮，洗净；丹参、红枣（去核）洗净。然后把全部用料一起放入锅内，加清水适量，武火煮沸后，文火煮2小时，调味即可。

【食法】随餐饮汤食肉。

【功效】活血散结，养肝健脾。

【适应证】慢性肝炎、迁延型肝炎属肝郁血淤者，症见胸胁隐隐作痛，痛有定处，胁下可触及痞块（肝脾肿大），体倦乏力，食欲减退，舌暗淡或边尖有瘀点，苔薄白，脉细弦或细涩。

（4）马齿苋薏米瘦肉粥

【原料】猪瘦肉60克，马齿苋30克，生薏米30克，粳米60克。

【制作】先将马齿苋去根，洗净，切碎；生薏米、粳米洗净，猪瘦肉洗净，切粒。然后把全部用料一起放入锅内，加清水适量，武火煮沸后，文火煮成稀粥，调味即可。

【食法】随餐食用。

【功效】健脾去湿。

【适应证】慢性肝炎、急性肝炎恢复期属脾虚有湿者，症见体倦乏力，饮食减少，右胁隐痛，小便不利，大便溏薄，舌胖苔白腻，脉虚而濡。

（5）山药莲子甲鱼汤

【原料】山药50克，通心莲子20克，甲鱼1只，调料适量。

【制作】将甲鱼洗净，放入热水中，使其排尿后，剖腹去内脏，放入砂锅内。加入山药、莲子、调料等，再加清水适量，用文火炖煮约50分钟即可。

【制作】每日服用1次，食肉、饮汤。

【功效】具有补脾益气，软坚散结之功效。适用于慢性肝炎、肝硬化。

（6）大蒜西瓜饮

【原料】大蒜100克~150克，西瓜1个。

【制作】将西瓜洗净，挖一个三角形洞，放入去皮大蒜，再用挖下的瓜皮盖好，盛入盘中，隔水蒸熟。

【制作】每日3次，趁热饮汁。

【功效】具有利水消肿，解毒之功效。适用于肝硬化腹水，以及急、慢性肾炎，水肿。

（7）赤小豆冬瓜炖乌鱼

【原料】鲜黑鱼250克，冬瓜连皮500克，赤小豆100克，葱头3枚。

【制作】鲜黑鱼去鳞，肠杂洗净，冬瓜连皮切片，葱头切丝。将以上原料放入锅内，加清水适量，共炖煮至烂熟，不加调料。

【食法】每日2次，吃鱼喝汤。

【功效】利水消肿。

（8）冬菇妙菠菜

【原料】冬菇5克，菠菜200克，植物油15克，精盐5克，味精1克。

【制作】将冬菇用温水泡发、洗净，去蒂切成块。菠菜择洗干净，切成3厘米长的段。将炒锅置火上，放入植物油烧热，下入冬菇块煸炒几下，倒入菠菜段同炒片刻，加入精盐、味精及少许泡香菇的汤，此菜看富含维生素A、维生素C、维生素K、烟酸及钙、铁、锰等营养素。适于肝炎患者，及孕妇、乳母、老年人食用。

调理胃病的药膳与食疗如下。

（1）扁豆陈皮煎

【原料】白扁豆25克，大枣20克，白芍、陈皮各5克。

【制作】将白扁豆、大枣洗净，与白芍、陈皮同放入砂锅中，加水1000毫升，煎煮取汁800毫升。

【食法】温服。

【功效】益气健中，运脾化湿。用于慢性胃炎，慢性肠炎，大便稀溏等。本汤用扁豆健脾祛湿，大枣调补肠胃，白芍缓中止痛，去水气，利小便，陈皮行气健脾。其所含挥发油，对消化道还有温和刺激作用，可使肠胃积气排出，胃液分泌增加。

(2) 陈皮紫苏粳米粥

【原料】陈皮10克，紫苏叶12克，生姜4片，粳米60克。

【制作】先将陈皮、紫苏叶、生姜洗净，用水煎去渣取汁。然后把粳米洗净，加入药汁中，文火煮成粥。

【食法】随餐食用。

【功效】行气化滞，和胃止呕。

【适应证】胃溃疡属脾胃气滞者，症见食欲不振，胃脘饱胀，恶心呕吐，嗳气频发；亦可用于消化不良。

(3) 党参猪脾粥

【原料】猪脾1具，党参15克，陈皮6克，粳米60克，生姜3片，葱白少许。

【制作】将猪脾洗净，切薄片；葱白、陈皮洗净，切粒；生姜洗净，切丝；党参、粳米洗净。把党参、粳米放入锅内，加清水适量，文火煮沸后下陈皮，再煮成粥，然后下猪脾、姜、葱煮熟，调味即可。

【食法】随餐食用。

【功效】补益中气，健脾开胃。

【适应证】胃溃疡、胃炎属脾胃虚弱者，症见体倦乏力，食饮不振，食后饱胀，或消化不良。

(4) 丁香肉桂闷鸭肉

【原料】水鸭500克，丁香5克，肉桂5克，草豆蔻5克，陈皮3克，砂仁3克，生姜、葱白适量。

【制作】先将丁香、肉桂、草豆蔻、陈皮、砂仁洗净，用水浸泡，并煎取药汁；水鸭活杀，去毛、肠脏，吊干水。然后起油锅，用生姜、葱爆香水鸭，加入药汁，加酱油、酒、精盐、白糖适量，焖至鸭肉熟即可。

【食法】随餐食用。

【功效】温中散寒，健胃止痛。

【适应证】胃溃疡、胃炎属脾胃虚寒者，症见胃脘冷痛，呕吐，反胃，饮食减少。

(5) 蒜头粥

【原料】紫皮蒜1~2头，面粉50克。

【制作】大蒜去皮洗净，捣成蒜泥，面粉加清水和成糊状。锅内加水200毫升，待水开时将面糊缓缓搅入，边倒边搅，然后放入蒜泥，食盐调味。

【食法】作早晚餐。

【功效】除湿解毒，温中消积。

（6）莲肉糕

【原料】糯米 500 克，莲心肉，白糖适量。

【制作】莲肉洗净去心，煮熟压烂碎，糯米淘净，与莲肉渣泥拌匀，置搪瓷盆内，加水适量，蒸熟，待冷后压平，切块，上盘后撒白糖一层即可。

【食法】作早晚餐或点心。

【功效】健脾益胃。

（7）姜韭牛奶

【原料】韭菜 250 克，生姜 25 克，牛奶 250 克。

【制作】将韭菜、生姜切碎、捣烂，以洁净纱布绞取汁液，放入锅内再兑加牛奶，加热煮沸。

【食法】每日早晚趁热顿服。

【功效】温胃健脾。

（8）柿饼粥

【原料】柿饼 2 ~ 3 枚，粳米 100 克。

【制作】柿饼洗净挤碎，与淘净的粳米同煮成粥。

【食法】作早餐食。

【功效】止血和胃。

【饮食原则】应进食能中和及抑制胃酸分泌的食物，禁食一切刺激性食物，饭食要软和。病重期间宜进食流质、半流质食物。

（9）芹菜根生姜粥

【原料】水芹菜根 60 克，生姜 6 克，大米 60 克，蜂蜜 30 克。

【制作】将芹菜根洗净，切碎，用干净纱布包好；生姜洗净，切丝；大米淘洗干净，备用。

锅内加水适量，放入芹菜根袋、大米、姜丝煮粥，熟后拣出芹菜根袋，调入蜂蜜即成。

【食法】每日 2 ~ 3 次，空腹服用，连服 3 ~ 5 天。

【功效】芹菜根性凉，味甘，有清胃解热、祛风利湿等功效。生姜性温，味辛，有温中散寒、发汗解表、和胃止呕等功效。适用于急性肠胃炎。

（10）槟榔粥

【原料】槟榔肉 120 克，大米 100 克，蜂蜜 30 克。

【制作】将槟榔肉洗净，切成小块；大米淘洗干净，备用。

锅内加水适量，放入大米煮粥，五成熟时加入槟榔块，再煮至粥熟，调入蜂蜜即成。

【食法】每日 2 次，连服 15～20 天。

【功效】槟榔性温，味辛，有杀虫消积、行气利水等功效，可用于治疗积滞腹胀、泻痢腹痛等。适用于慢性肠胃炎。

（11）羊肉萝卜汤

【原料】草果 5 克，羊肉 500 克，豌豆 100 克，萝卜 300 克，生姜 10 克，香菜、胡椒、食盐、醋适量。

【制作】将草果、羊肉块、豌豆、生姜放入铝锅内，加水适量，置武火上烧开，即移文火上煎熬 1 小时，再放入萝卜块煮熟。放入香菜、胡椒、盐，装碗即成。

【食法】食用时加少许醋，用粳米饭佐食。

【功效】适用于脘腹冷痛、食滞胃脘消化不良等症。

（12）蜂蜜马铃薯汁

【原料】鲜马铃薯 1000 克。

【制作】切丝捣烂，以净纱布绞汁，取汁放在锅中，先以文火烧开，然后以小火煎熬浓缩至稠黏时，加入蜂蜜一倍量，再煎至稠黏停火，然后装瓶备用。

【食法】每日早晚各服一匙，空腹时饮，2～3 周为一疗程。

【功效】此方有和胃、温中、健脾、益气功效，对表现为脾胃虚寒的胃、十二指肠溃疡及习惯性便秘者有辅助治疗功效。

（13）仙人掌炒牛肉

【原料】牛肉 90 克，仙人掌 60 克，生姜 4 片。

【制作】先选鲜嫩牛肉洗净，用调味料腌好，武火起油锅，爆香姜，下牛肉，炒至八成熟，取出。取仙人掌洗净，切细；起油锅下仙人掌炒熟，然后下牛肉，调味并加入湿芡即可。

【食法】随餐食用。

【功效】行气活血，健脾益气。

【适应证】胃溃疡属脾虚气滞者，症见胃脘疼痛，饮食减少，脘腹胀满。

调理便秘的药膳与食疗如下。

（1）决明子蜂蜜饮

【原料】决明子 15 克，蜂蜜 25～30 毫升。

【制作】将决明子炒焦后捣碎，加水 400～500 毫升，煎煮 10～15 分钟，取汁冲入蜂蜜。

【食法】搅匀后服用，每晚 1 剂，或早晚分服，亦可代茶饮。

【适应证】该食疗方具有清热明目，利尿通便的功效。适用于高血压、高脂血症、头痛、慢性便秘。

（2）首乌蜂蜜饮

【原料】何首乌 15～25 克，蜂蜜 20～30 毫升。

【制作】先将首乌煎水，取其汁约 100 毫升，冲入蜂蜜即成，每天早晚各服 1 次。

【功效】滋阴养血，润肠通便。主治便秘，尤其适用于血虚肠燥便如羊屎者。

【适应证】据药理研究，首乌含蒽醌衍生物，能促进肠蠕动而起缓泻作用。

（3）猪血菠菜汤

【原料】菠菜 500 克，猪血 250 克。

【制作】菠菜洗净切段，猪血切块，加水适量，煮汤。

【食法】调味后，吃饭时当菜。每日或隔日一次。

【适应证】用于治疗大便秘结、痔疮便秘、习惯性便秘、老年人肠燥便秘。

（4）芝麻杏仁饮

【原料】黑芝麻 10 克，甜杏仁 8 克，冰糖适量。

【制作】将黑芝麻拣去杂质，洗净。用小火烘干；杏仁洗净，晾干表面水分，共捣烂。用沸水冲泡。加入冰糖，即可饮用。每天 1～2 次。

【功效】润肠通便，润肺止咳。用于便秘及肺阴不足之久咳少痰等。

【适应证】黑芝麻润五脏。甜杏仁润肺，止咳。以芝麻、杏仁一同服用，有润肠通便，治疗老年性便秘的作用。对肺阴不足，燥性虚性之咳嗽等也有辅助治疗作用。

（5）百合蜂蜜饮

【原料】百合 50 克，蜂蜜、白糖适量。

【制作】百合加水煮至熟透，加入蜂蜜、白糖。

【食法】调匀后食用。

【适应证】该食疗方具有滋阴润肠的功效。适用于阴虚便秘，症见大便干结如羊粪、手足心热、咽干口燥者。

（6）菠菜粥

【原料】新鲜菠菜 200 克，粳米 150 克。

【制作】粳米煮成粥。菠菜洗净，用沸水烫至半熟，切碎，放入煮好的粥锅内，拌匀后煮沸。

【食法】根据个人口味调味后食用，每日 2 次。

【适应证】该食疗方具有调中润肠、清热通便的功效。适用于习惯性便秘、痔疮出血。

调理腹泻的药膳与食疗如下。

（1）茯苓白术饮

【原料】茯苓 15 克，白术 20 克。

【制作】将茯苓、白术洗净，放入砂锅中，加水适量，煎煮 20 分钟。

【食法】取汁饭前饮用。

【功效】健脾利湿。用于湿盛泄泻。

（2）鸡内金饼

【原料】白术 30 克，干姜 6 克，红枣 250 克，鸡内金 15 克，面粉 500 克。

【制作】将干姜用纱布包扎紧，同白术、红枣放入锅内，加水适量，先用武火煮沸，后改用文火熬煮 1 小时左右，除去药包和枣核，把枣肉搅拌成枣泥待用。将鸡内金压成细粉，入面粉、枣泥，加水适量，和面，以常法烙成薄饼即成。

【食法】随量食用。

【功效】益气去湿。

（3）豆豉鲫鱼汤

【原料】鲫鱼 1 条（300 克），豆豉 50 克，橘皮 20 克，胡椒、干姜各 10 克，黄酒 20 毫升，香菜末、精盐各适量。

【制作】①将鲫鱼剖杀，去鳞、内脏、鳃，洗净切块；橘皮、胡椒、干姜用干净纱布包好，备用。②锅内加水适量，放入纱布袋，煮沸 10 分钟，加入鲫鱼块、豆豉、黄酒、精盐，大火烧沸，撇去浮沫，改用文火炖 30 分钟，拣出纱布袋，撒上香菜末即成。

【食法】每日 1 剂。

【功效】温中益气，利湿止泻。适用于脾胃虚寒所致的腹泻。

（4）豆腐米醋汤

【原料】豆腐300克，米醋150毫升，红糖30克。

【制作】将豆腐切块，与米醋共煮沸15分钟，加入红糖，再煮数沸即成。

【食法】每日1剂，2次分服。

【功效】补中益气，宽中，收敛止泻。适用于脾虚久泻。

（5）莲子山药酒

【原料】莲子、山药（炒）各80克，白酒1250毫升。

【制作】将莲子去皮、心，与山药共洗净，晾干，浸入白酒内，密封贮存，每日摇荡1次，15日后即成。

【食法】每服15～20毫升，每日2次。

【功效】养心补脾，益肾涩精。适用于脾虚泄泻、遗精、带下等。

（6）莲子扁豆粥

【原料】莲子12克，白扁豆9克，薏苡仁12克，大枣10枚，糯米30克。

【制作】加水适量，煮粥服食。

【食法】每日1次，14天为一疗程。

【功效】该方具有健脾和中、化湿止泻的作用，适用于脾虚湿困引起的泄泻。

（7）人参大枣粥

【原料】人参3克研粉，大枣10枚，粳米100克，冰糖适量。

【制作】将大枣、粳米洗净放入砂锅内，加水2000毫升，慢火煮至米开粥稠即可。再放入人参粉和冰糖。

【食法】每日晨起空腹服用。

【适应证】适用于气血不足的慢性腹泻。

（8）桃核红糖汤

【原料】核桃仁25克，红糖10克。

【制作】核桃仁加红糖同炒成炭，加水煎汤。

【制作】每日1次。

【功效】适用于腹泻。

调理风湿性关节炎的药膳与食疗如下。

（1）三七鸡肉汤

【原料】鸡肉120克，三七12克，生黄芪30克，枸杞子15克。

【制作】把全部用料洗净，一齐放入瓦锅内，加清水适量，文火煮2小时，调味即可。

【食法】随量饮用。

【功效】补气活血，化瘀定痛。

【适应证】外伤性关节炎属于气虚血瘀者，症见关节肿痛，痛有定位，入暮痛甚，日久不愈，足软无力，不耐劳累，舌淡黯，脉大无力。

（2）九香虫炒丝瓜

【原料】九香虫60克，鲜嫩丝瓜250克，花椒粉少许，米酒少许。

【制作】将九香虫洗净，丝瓜刮去青皮、切块。起油锅，下九香虫炒熟，先后放下花椒、米酒、丝瓜，至丝瓜炒熟为度，调味即可。

【食法】随量食用。

【功效】祛湿热，通经络。

【适应证】风湿性关节炎、肩周炎等属于湿热痹阻者，症见关节疼痛，屈伸不利，身重倦怠，胃纳呆滞，舌脉如常。

（3）双桂粥

【原料】肉桂2~3克，桂枝10克，粳米50~100克，红糖适量。

【制作】将肉桂、桂枝煎取浓汁去渣，再用淘洗净的米，加适量水煮粥，待粥煮沸时，放入桂汁和红糖，同煮成粥。

【食法】每日早晚温热服。3~5日为1疗程。

【功效】温经散寒，通络止痛，补阳气，暖脾胃。适用于寒湿腰痛，风寒湿痹，及肾阳不足，畏寒怕冷，四肢发凉，阳痿，小便频数清长，脉微弱无力，脾阳不振，脘腹冷痛，饮食减少，大便稀薄，呕吐，肠鸣腹胀，消化不良，妇人虚寒痛经。热痹忌用。实证、热证、阴虚火旺的病人忌食。

（4）薏苡仁粥

【原料】薏苡仁90克，粳米30克，黄鳝1条，生姜、红枣少许。

【制作】将黄鳝去肠杂、洗净，薏苡仁、粳米、生姜、红枣（去核）洗净，一齐放入瓦锅内，加水适量，文火煮2小时，至薏苡仁烂熟为度，调味即可。

【食法】随量食用。

【功效】祛湿除痹，缓和拘挛。

【适应证】类风湿性关节炎属于湿滞经络者，症见四肢拘挛，关节痠痛，身重倦怠，小便短少，舌苔白滑，脉濡缓。

（5）黑豆蛇肉羹

【原料】黑豆90克，蛇（有毒蛇或无毒蛇均可）1条，生姜、红枣少许。

【制作】取蛇，去其头、皮、内脏（蛇胆另服），黑豆、生姜、红枣（去核）洗净。把全部用料一齐放入瓦锅内，加水适量，文火煮2小时，至黑豆熟烂，并成汁状为度，调味即可。

【食法】随量食用。

【功效】养血祛风，通络除湿。

【适应证】类风湿性关节炎、风湿性坐骨神经痛属于血不养筋者，症见肢节挛痛，屈伸不利，麻木不仁，夜卧尤甚，伴心悸气短，健忘眩晕，舌淡白苔白薄，脉细弱。

（6）核桃酪

【原料】核桃仁150克，大米60克，小枣45克，白糖240克。

【制作】核桃仁用开水稍泡片刻，剥去外皮，用刀切碎，同淘净的大米用500克清水泡上。小枣洗净，上蒸笼蒸熟，取出去掉皮核，也和核桃仁泡在一起。将以上三样东西磨成细浆，用纱布过滤去渣。锅洗净上火，注入清水500克，把核桃仁浆倒入锅内搅动，在即将烧开时加入白糖，待煮熟后即成。

【食法】早晚作点心食。

【功效】活血止瘀。

（7）葡萄生姜蜜茶

【原料】鲜葡萄150克，鲜生姜汁50毫升，蜂蜜15毫升，绿茶5克。

【制作】将鲜葡萄洗净，榨汁。绿茶放入茶杯内，倒入沸水泡成浓汁，过滤取汁。在茶汁中加入鲜葡萄汁50毫升、生姜汁和蜂蜜，搅匀即成。

【食法】上、下午分饮。

【功效】强壮筋骨，补益气血，滋阴养胃。适用于风湿性关节炎、眩晕症、慢性胃炎、营养不良性水肿等病症。

调理颈椎病的药膳与食疗如下。

（1）川乌米仁粥

【原料】生川乌末12克，米仁30克。

【制作】将米仁与川乌一同加水煮粥，先用大火煮沸，再改用小火慢煨成稀薄粥，加入姜汁 5 毫升，蜜 10 克，搅匀。

【食法】空腹温热服下，每日 1 剂。

【功效】祛风散寒，除湿解痹止痛。适用于颈椎病风寒湿型。

（2）桃仁决明蜜茶

【原料】桃仁 10 克，草决明 12 克。

【制作】将桃仁打碎，与草决明同煎取汁。

【食法】兑入白蜜调服。

【功效】该食疗方具有活血通络，清肝熄风的功效。适用于脊髓型颈椎病肝阳上亢，口渴烦热，大便干结者。

（3）胡椒根蛇肉

【原料】胡椒根 100 克，蛇肉 250 克。

【制作】将胡椒根洗净，切成 3 厘米的段；蛇剖腹除去内脏，洗净，切成 2 厘米长的段。蛇肉、胡椒根放入锅内，加葱、姜、盐、黄酒、清水适量，用武火烧沸后，转用文火烧熬至蛇肉熟透。

【食法】分次服食。

【功效】祛风除湿，舒筋活络。适用于颈椎病，风寒湿痹，颈项疼痛，活动不灵，遇寒或阴雨天加重者。

调理贫血的药膳与食疗如下。

（1）当归生姜羊肉汤

【原料】当归 25 克，生姜适量，羊肉 500 克，适量的味精、盐、料酒。

【制作】将羊肉放在铁锅内，再放入当归、生姜、调味品加水适量，置武火上烧沸，再用文火煨炖，直至羊肉烂熟即成。

【食法】吃肉、喝汤。

【功效】可治各种贫血。

（2）阿胶冰糖羹

【原料】阿胶 250 克，黄酒半杯，冰糖 200 克。

【制作】阿胶放大碗内，加水半杯及黄酒，放锅内隔水炖，待溶化时加入冰糖，用筷子搅拌，使冰糖和阿胶充分混合溶化。

【食法】冷却后分成 20 份，每天早晚空腹各吃一份。

【功效】治疗各种贫血。

（3）鸡血藤煲鸡蛋

【原料】鸡血藤 30 克，鸡蛋 2 个。

【制作】鸡血藤洗净，加清水两碗与鸡蛋同煮，待蛋熟后去壳再煮片刻，加白糖少许调味。

【食法】饮汤吃蛋。

【功效】活血补血。

（4）归参炖母鸡

【原料】当归、党参各 15 克，母鸡 1 只。

【制作】将母鸡宰杀，去毛和内脏，洗净。将当归、党参放入鸡腹内，放进砂锅，加入调料，用文火炖烂即成。

【食法】食用时，可分餐吃肉喝汤。

（5）糯米小麦粥

【食法】糯米 50 克，小麦米 50 克。

【制作】将上两料共煮粥，加适量红糖或白糖。

【食法】当饭服用，常食。

【功效】糯米和小麦米含铁量丰富，同用能补脾胃、益心肾、增力气、安心神，可用于缺铁性贫血患者。

（6）山药大枣饮

【原料】山药 50 克，紫荆皮 15 克，大枣 20 枚。

【食法】水煎服，每日 1 次，可长期服用。

【功效】用于表现为头晕目眩、心悸气短、四肢无力、声音低微、唇色淡红、舌质淡红、脉弱无力、妇女经少。

（7）草莓冻

【原料】鲜草莓 250 克，猪肉松 50 克，脱脂奶粉、白糖、柠檬汁各适量。

【制作】将脱脂奶粉放入碗中，用温开水冲开，晾凉后，加入猪肉松、柠檬汁、洁净草莓、白糖搅匀。将搅匀的草莓置容器内，入冰箱冷冻即成。

【食法】上、下午分食。

【功效】健脾开胃，清热凉血。适用于贫血、慢性胃炎、吸收不良综合征、咽炎、习惯性便秘、痔疮出血等病症。

（8）羊骨粥

【原料】羊骨 1000 克左右，粳米 100 克。

【制作】先将羊骨洗净打碎，加水煎汤，然后取汤代水，同米煮粥，待粥将成时，加入细盐、生姜、葱白、稍煮二三分钟即成。

【食法】作早晚餐。

【功效】健脾补血。

（9）八宝锅蒸

【原料】大米粉45克，面粉45克，蜜瓜片、蜜枣、核桃仁各10克，蜜樱桃18克，莲子、扁豆各15克，橘红6克，白糖、熟猪油各120克。

【制作】将蜜瓜片、蜜枣、橘红、核桃仁均切成绿豆大的粒。发好的莲子去心，扁豆去皮，一同上蒸笼蒸烂。锅置旺火上，下油90克，烧至6成熟，下米粉、面粉炒至呈浅黄色，加沸水150克搅匀，然后下白糖、果粒、猪油、莲子、扁豆，炒至呈沙粒状盛入盘内，将樱桃摆在上面即成。

【食法】作早、晚餐或点心。

【功效】养血强身。

【禁忌】对贫血患者，宜供给足够造血原料的膳食，脂肪要适量，忌食烈性酒。

（10）枸杞羊脊骨

【原料】生枸杞根1000克，白羊脊骨1具。

【制作】将生枸杞根切成细片，放入锅中，加水5000毫升，煮取1500毫升，去渣。将羊脊骨锉碎，放入砂锅内，加入熬成的枸杞根液，以微火煨炖，浓缩至500毫升，入瓶中密封，备用。

【食法】每日早、晚空腹用绍兴黄酒对服浓缩药液30毫升。

（11）姜枣龙眼蜜饯

【食法】龙眼肉、大枣、蜂蜜各250克，姜汁适量。

【制作】将龙眼肉、大枣洗净，放入锅内，加水适量，置武火上烧沸，改用文火煮至七成熟时，加入姜汁和蜂蜜，搅匀，煮熟。起锅待冷，装入瓶内，封口即成。

【食法】日服3次，每次吃龙眼肉、大枣各6~8粒。

调理低血压的药膳与食疗如下。

（1）补血饭

【原料】黄芪50克，当归10克，红枣100克，龙眼肉100克，白扁豆200克，粳米500克，砂糖适量。

【制作】黄芪、当归煎浓汁备用。红枣洗净去核，龙眼肉、白扁豆洗净，先将白扁豆入锅，加水煮至半熟时，加入洗净的粳米和红枣、龙眼肉、砂糖，同时加入黄芪、当归的浓汁，拌匀，用文火煮成饭。

【功效】益气补血。

（2）复元汤

【原料】淮山药 50 克，肉苁蓉 20 克，菟丝子 10 克，核桃仁 2 枚，羊肉汤 500 克，羊脊骨 1 具，粳米 100 克，葱、姜适量。

【制作】将羊脊剁成数节，用清水洗净；羊瘦肉洗净后，余去血水切成块；将淮山药、肉苁蓉、菟丝子、核桃肉用纱布袋装好扎口，生姜、葱白拍烂。将以上原料和粳米同时放入砂锅内注清水适量，大火烧沸，打去浮沫，再放入花椒、八角、料酒，移到文火上继续煮，炖至肉烂，加入调味品即成。

【食法】饮汤食肉。

【功效】温补肾阳。

（3）莲子枸杞酿猪肠

【原料】莲子、枸杞各 30 克，猪小肠两小段，鸡蛋两个。

【制作】先将猪小肠洗净，然后将浸过的莲子、枸杞和鸡蛋混合后放入猪肠内，两端用线扎紧，加清水 500 克煮，待猪小肠煮熟后切片服用。

【食法】佐餐。

【功效】补血益气。

调理神经衰弱的药膳与食疗如下。

（1）远志枣仁粥

【原料】远志、炒酸枣仁各 10 克，粳米 50 克。

【制作】先将粳米煮成粥，然后放入洗净的远志、枣仁，再煮 20 分钟。

【食法】晚间睡前做夜餐吃。

【功效】本方有宁心安神，健脑益智之功效，可治疗老年人血虚所致之惊悸、健忘、失眠等症。

（2）灵芝粉蒸肉饼

【原料】灵芝 3 克，猪瘦肉 100 克。

【制作】先将灵芝洗净，稍烘干后研末；猪瘦肉洗净，剁烂，上碟，放灵芝粉末拌匀，加酱油调味，隔水蒸熟即可。

【食法】随餐食用。注意：外感发热者不宜食用。

【功效】该药膳具有益气养血、安神定志的功效。它主治神经衰弱属气血不足、神不守舍者。症见心悸易惊，失眠健忘，或梦多浅睡，或气短痰多等。

（3）椰子红枣鸡肉糯米饭

【原料】椰子肉 100 克，鸡肉 60 克，红枣 30 克，糯米 500 克。

【制作】先将椰子肉（取白肉）洗净，切小块；红枣（去核）、糯米洗净；鸡肉洗净，切粒，用调味料拌匀。把糯米、椰子、红枣放入锅内，加清水适量煮饭，饭水将干时，放鸡肉粒，微火焗至饭熟。

【食法】随餐食用。

【功效】该药膳具有补中益气、健脾养血的功效。它主治神经衰弱属气血两虚者。症见面色苍白或萎黄，头晕眼花，四肢倦怠，气短懒言，心悸怔忡，食欲减退，精神不振等。

（4）清蒸葡萄枸杞

【原料】葡萄干 60 克，枸杞子 30 克。

【制作】把葡萄干、枸杞子放碗内，隔水蒸熟。

【食法】1 次食用，每日 1 次，连续服食。

【功效】该药膳具有补气养血、强身益智的功效。它主治神经衰弱属气血不足者。症见体弱健忘，动作缓慢，反应迟钝，视物不清等。

（5）花生焖牛筋

【原料】牛蹄筋 60 克，花生米 100 克。

【制作】将花生米洗净；牛蹄筋洗净、稍浸切短段。然后把全部用料放入锅内，加清水适量，武火煮沸后，文火焖至花生、牛筋熟稔，调味即可。

【食法】随餐食用或佐餐。

【功效】该药膳具有补中和胃、益气强筋的功效。适用神经衰弱属气血不足者。症见精神不振，容易疲劳，腰膝乏力，或时有筋急，或妇女哺乳期间乳汁缺乏等。

调理头痛的药膳与食疗如下。

（1）归参鳝鱼

【原料】鳝鱼 500 克，当归 15 克，党参 15 克，料酒少许。

【制作】将鳝鱼剖去背脊骨、内脏、头、尾，制成鱼片后切丝，当归、党参装入纱布袋中封口。将鱼丝、药袋一同放入锅中，加入料酒，食盐，注入适量清水用大火烧沸撇去浮沫后，再改文火煮 1 小时，捞出药袋加味精。

【食法】食鱼饮汤。

【功效】补气养血，通脉止痛。

（2）气虚头痛汤

【原料】鹌鹑蛋5个，鲜山药15克，胡萝卜30克，荷叶200克，大枣10枚，菊花15克，红糖适量。

【制作】共入砂锅加水煮至蛋熟。

【食法】吃蛋喝汤连服6次。

【功效】适用于气虚头痛。

（3）川芎白芷炖鱼头

【原料】鳙鱼头1个，川芎3~9克，白芷6~9克。

【制作】将川芎、白芷用纱布包扎，与鱼头共煮汤，文火炖至鱼头熟透，调味。

【食法】饮汤，食鱼头。

【功效】疏风散寒。适用于偏头痛，风寒侵袭，头痛连颈，遇风寒加重者。

（4）桑菊薄竹饮

【原料】桑叶10克，竹叶15~30克，菊花10克，白茅根10克，薄荷6克。

【制作】将以上五味洗净，放入茶壶内，用开水浸泡10分钟。

【食法】每日1剂，代茶饮。连服3~5日。

【功效】疏风散热。适用于偏头痛，风热上攻，头痛发热，口渴咽干者。

（5）水仙花菊花茶

【原料】水仙花5克，菊花15克。

【制作】将上两味混匀，分2次放入杯中，用沸水冲泡。

【食法】代茶饮用。每日1剂。

【功效】疏风清热，除湿消肿。适用于风热型头痛。

（6）枸杞子炖羊脑

【原料】枸杞子50克，羊脑1具。

【制作】枸杞子、羊脑洗净，一同放入锅内，加入适量清水，放少许食盐、料酒、葱、姜，隔水炖熟。

【食法】佐餐，饮汤食羊脑。

【功效】益脑安神。

（7）牛奶冲鸡蛋

【原料】牛奶250毫升，鸡蛋1个。

【制作】鸡蛋磕入杯内，搅拌均匀，再倒入煮沸的牛奶。

【制作】每日喝 1 次，每次 1 杯，1 周为 1 个疗程。

【功效】适用于偏头痛。

（8）桑椹豆腐鸡

【原料】桑椹子 10 克，山药 10 克，大枣 16 个，大豆 20 克，胡萝卜 15 克。

【制作】将鸡切成块与上物共煮至鸡熟，煮时将豆腐切块置于笼上蒸，加严盖子，致使诸物之气透于豆腐。

【食法】待温后，吃鸡和豆腐，最后喝其汤。一般 3 剂有效。

【功效】适用于肾虚头痛。

（9）玫瑰蚕豆花茶

【原料】玫瑰花 5 朵，蚕豆花 10 克。

【制作】玫瑰花与蚕豆花放入茶缸内，用开水冲泡 15 分钟。

【食法】代茶频饮。

【功效】舒肝解郁、祛风止痛。适用于头痛肝郁气滞，头痛阵作，因情志不畅诱发之。

调理失眠的药膳与食疗如下。

（1）远志莲子羹

【原料】远志 15 克，莲子 30 克，粳米或玉米渣 50 克，调味品适量。

【制作】将远志泡去心皮，焙干，与莲子一起研成粉末备用。粳米或玉米渣淘洗干净后煮粥。粥将熟时，加入远志与莲子粉，边加边搅拌，继续煮一二沸。

【食法】调味后食用。

【功效】补中益气、定志安神。适用于神经衰弱所致的心悸、失眠、健忘。

（2）核桃茯苓粥

【原料】核桃仁 50 克，茯苓 25 克，粳米 100 克。

【制作】将核桃仁用热水泡软备用。粳米淘洗干净，与茯苓同入砂锅中，加适量清水，旺火煮开后，文火焖煮 30 分钟，加入核桃仁，再煮 15 分钟，根据个人口味调味（喜甜食者加入适量蜂蜜，喜咸味者加入少许精盐和香油）。

【食法】分早晚两次食用。

【功效】益脑增智、健脾安神。适用于因心脾两虚所致的失眠、健忘、多梦。

（3）白鸭冬瓜煲

【原料】白鸭 1 只，冬瓜 500 克，茯神、麦冬各 30 克，精盐适量，味精少许，香菜 2 根。

【制作】香菜洗净切段备用。白鸭去毛及内脏，洗净切成小块。砂锅里加足量清水，放入鸭块、茯神和麦冬，旺火煮开，文火煲至鸭肉将熟时加入冬瓜，中火继续煮至鸭肉熟透、冬瓜烂熟，加入适量精盐、少许味精和香菜段。

【食法】吃鸭肉和冬瓜，喝汤汁，分 2～3 次食用。

【功效】滋阴清热、宁心安神。适用于阴虚火旺，症见心烦，失眠，多梦者。

（4）归参山药猪腰片

【原料】猪腰 500 克，当归、党参、山药各 10 克。

【制作】将猪腰剔去筋膜、臊腺，洗净，加入当归、党参、山药清炖至熟烂。将猪腰取出用冷开水漂一下，切成薄片装盘，浇酱油、醋，加姜丝、蒜末、麻油等调料即可。

【食法】佐餐随量食。

【功效】益气安神。

（5）桂圆童子鸡

【原料】童子鸡 1 只约 1000 克，桂圆肉 30 克。

【制作】把鸡挖去内脏洗净，放入沸水锅中氽一下，捞出后放入蒸钵或汤锅，再加桂圆、料酒、葱、姜、盐和清水，上笼蒸 1 小时左右，取出葱、姜即可。

【食法】佐餐食。

【功效】补血安神。

（6）葱枣安神汤

【原料】大红枣 20 枚，葱白（连须）7 根。

【制作】红枣洗净，用水泡发，入锅内加水用文火烧 20 分钟，再加入洗净的葱白，继续用文火煎煮 10 分钟即成。

【食法】吃枣喝汤。

【功效】安心神，益心气。

【饮食原则】少食热性食物以免烦躁。

（7）赤豆花生叶汤

【原料】赤小豆30克，鲜花生叶15克，蜂蜜2匙。

【制作】先将花生叶水煎去渣，再入赤小豆煎汤，兑入蜂蜜即成。

【食法】每晚睡前1剂。

【功效】清热利尿，除烦安神。适用于失眠。

（8）猪心芹菜汤

【原料】猪心1只，芹菜150克，食用油、姜丝、葱末、料酒、精盐、味精、胡椒粉、香菜末各适量。

【制作】将猪心洗净煮熟，切成薄片，备用。芹菜洗净，切成小段，备用。炒锅上火，放入食用油烧热，投入姜丝、葱末炝锅，下入芹菜略炒，烹入料酒，加水适量，煮沸后下入猪心片，再煮3~5分钟，调入精盐、味精、胡椒粉，撒上香菜末即成。

【食法】每日1剂，连服10~15天。

【功效】适用于失眠。

（9）龙眼肉粥

【原料】龙眼肉15克，糯米100克。

【制作】糯米加水煮至半熟，加入龙眼肉搅匀，煮熟即可。

【食法】晨起与睡前空腹食。

【功效】安神补脾。

调理痤疮的药膳与食疗如下。

（1）夏枯草蜜粥

【原料】夏枯草20克，粳米50克，蜂蜜适量。

【制作】先煎夏枯草取汁，然后下粳米煮成粥。

【食法】加蜂蜜调服，每日一剂。

【功效】该方有凉血通腑的作用。

（2）双仁粥

【原料】薏苡仁30克，甜杏仁、海藻、海带各9克。

【制作】将后三味加水适量煎煮，弃渣后加薏苡仁同煮粥食用。

【功效】具有清热解毒、化痰散淤之功效。

（3）薏米绿豆汤

【原料】绿豆20克，薏米50克。

【制作】两物同煮成粥，加适量冰糖调和。

【食法】每日分两次服。

【功效】该方有清热利湿的作用。

（4）枇杷叶石膏粥

【原料】枇杷叶 10 克，菊花 6 克，生石膏 15 克，粳米 50 克。

【制作】先将前三物水煎取汁，再放入粳米煮成粥后服食。

【食法】每天一剂。

【功效】该方有清除肺胃积热之功。

（5）海带绿豆杏仁汤

【原料】海带 15 克，绿豆 10 克，甜杏仁 9 克，玫瑰花 6 克（用纱布包上），红糖适量。

【制作】将以上诸物同煮，去玫瑰花。

【食法】喝汤，食绿豆、海带、甜杏仁，每日一剂。

【功效】该方有解淤散结的功效。

（6）桃仁荷叶粥

【原料】桃仁、山楂、贝母各 9 克，荷叶半张。

【制作】加水 1000 毫升，煎至 600 毫升。

【食法】去渣后入粳米 60 克煮粥服食。

【功效】具有升清阳活血化瘀功效。

（7）萝卜芹菜汁

【原料】大胡萝卜 1 个，芹菜 150 克，小洋葱 1 个。

【制作】将芹菜、胡萝卜、小洋葱洗净后放入搅拌器中榨汁。

【食法】每日早晨空腹饮汁。

【功效】清热解毒，凉血利尿。

【饮食原则】痤疮是由于皮脂分泌过多，继发细菌感染而致，患者在饮食上宜选用清淡、富含纤维素之食品，忌食油腻、煎炸及辛辣刺激性食物。

调理湿疹的药膳与食疗如下。

（1）双花苦参汤

【原料】野菊花、苦参各 20 克，凌霄花 15 克。

【制作】将上 3 味加水煎沸 15 ~ 20 分钟，候温，滤取煎液，浸洗患处。

【制作】每日 1 剂。

【功效】清热泻火，凉血解毒。适用于热盛型湿疹。

（2）薏苡冬瓜车前饮

【原料】车前草 15 克，冬瓜皮 30 克，薏苡仁 30 克。

【制作】加水煎汤后，饮汤吃薏苡仁。

【食法】每日一次，具有清热利湿功效。

（3）桑椹百合果枣羹

【原料】桑椹子 30 克，百合 30 克，青果 9 克，大枣 10 枚。

【制作】共同煎汤饮用。

【食法】每日一次。

【功效】具有养血、祛风、润燥功效，适用于慢性湿疹。

（4）薏苡玉须红豆粥

【原料】玉米须 15 克，红豆 15 克，薏苡仁 30 克。

【制作】玉米须加水煎煮 35 分钟后，去渣，加红豆、薏苡仁煮成稀粥食用。

【食法】每日一次。

【功效】具有清热解毒功效。适用于急性、亚急性湿疹。

调理肾病的药膳与食疗如下。

（1）山药汤圆

【原料】生山药 150 克，糯米粉 250 克，白糖适量，胡椒粉少许。

【制作】将生山药洗净蒸熟去皮，加白糖、胡椒粉，压拌调匀成泥馅；用清水调糯米粉，做成粉团作汤圆皮，包成汤圆，煮熟即可。

【食法】随餐食用。

【功效】补肾益阴。

【适应证】肾病日久属精亏肾寒者，症见面色苍白，腰膝乏力，精神倦怠，头晕目眩，或遗精滑泄等。

（2）玉米蚌肉汤

【原料】新鲜玉米 1 条，蚌肉 60 克。

【制作】将玉米去皮，留须、洗净切 3 段，蚌肉洗净。然后把玉米放入锅内，加清水适量，武火煮沸后，文火煮 20 分钟，放入蚌肉，煮半小时，调味即可。

【食法】随餐饮汤。食玉米粒。

【功效】健脾益肾，通利水道。

【适应证】急、慢性肾炎水肿，尿路感染，泌尿系结石等属脾虚湿盛，尿道不畅者，症见水肿、小便不利，或尿痛，尿频尿少，尿中断等。

（3）大蒜焖花生

【原料】大蒜 100 克，花生米 120 克。

【制作】将大蒜去皮洗净、花生米洗净，一起放入锅内，加清水适量，武火煮沸后，文火焖至花生稔，调味即可。

【食法】随餐食用或佐餐。

【功效】健脾祛湿退肿。

【适应证】肾病浮肿属脾虚湿盛者，症见四肢困重，下肢浮肿，饮食无味，神疲乏力，小便不利，大便溏薄等。

（4）花生红枣焖猪尾

【原料】花生米 60 克，红枣 4 个，猪尾 1 条。

【制作】先将花生洗净，猪尾刮净毛，洗净斩小段。然后把全部用料放入锅内，加清水适量，武火煮沸后，文火焖至花生稔，调味即可。

【食法】随餐食用或佐餐。

【功效】健脾和胃，益肾利水。

【适应证】各种肾病日久不愈属脾肾两虚者，症见面色苍白，腰痛无力，下肢浮肿等。

调理阳痿的药膳与食疗如下。

（1）鹿茸山药酒

【原料】鹿茸 5 克，山药 15 克，白酒 600 克。

【制作】将以上前两味置容器中，加入白酒，密封，浸泡 7 天即成。

【食法】日服 2 次，每次服 15～20 克。

【功效】补肾壮阳。适用于早泄、阳痿、遗精、遗尿、久泻、贫血等症。

（2）鸡肝粥

【原料】雄鸡肝 1 具，菟丝子末 15 克，粟米 100 克，葱白 2 茎，食盐、胡椒粉各适量。

【制作】将鸡肝切细，与菟丝子、粟米同煮为粥；粥将熟，加入葱白、盐及胡椒粉调和，再煮一二沸即成。

【食法】空腹食用。

【功效】养肝肾，壮阳事。适用于肝肾不足、筋骨痿弱、阳痿、早泄、泄泻等。

（3）板栗猪肾酒

【原料】板栗 90 克，猪肾 1 具，白酒 1000 克。

【制作】先将猪肾洗净，用花椒盐水腌去腥味，切成小碎块；板栗洗净拍碎，与猪肾同置容器中，加入白酒，密封，浸泡 7 天后去渣，即成。

【食法】日服 2 次，每次服 10～20 克。

【功效】补肾助阳，益脾胃。适用于阳痿、滑精、精神不振、不思饮食、体倦等。

（4）芝麻核桃酒

【原料】黑芝麻 25 克，核桃仁 25 克，黄酒 500 克。

【制作】将以上前两味洗净，置容器中，加入白酒，密封，浸泡 15 天后即成。

【食法】日服 2 次，每次服 20 克。

【功效】补肾，纳气，平喘。适用于阳痿、肾虚咳喘、腰痛脚弱、遗精，大便干燥等。

（5）紫菜枸杞粥

【原料】紫菜 25 克，枸杞子 30 克，大米 100 克。

【制作】将紫菜撕成小片；大米淘洗干净，备用。锅内加水适量，放入枸杞子、大米煮粥，八成熟时加入紫菜片，再煮至粥熟即成。

【食法】每日 2 次，连服 15～20 天。

【功效】紫菜性寒，味甘、咸，有化痰软坚、清热利水、补肾养心等功效。枸杞子有滋阴养血、补益肝肾、润肺明目等功效。适用于肾阴虚阳痿，症见腰膝酸软、头晕目眩等。

调理早泄的药膳与食疗如下。

（1）巴戟枸杞羊肉汤

【原料】羊肉 750 克，巴戟天、枸杞子各 30 克，肉苁蓉 60 克，生姜 5 片，大蒜末 20 克，精盐适量。

【制作】将羊肉洗净切块，用开水除去膻味。巴戟天、枸杞子、肉苁蓉洗净，与羊肉、姜一齐放入锅内，加清水适量，武火煮沸后，文火煲 3 小时，放入大蒜末、精盐即成。

【食法】每日 1 次，以愈为度。

【功效】补益肝肾，益精助阳。适用于肝肾不足，症见腰膝酸软、头晕眼花、夜尿频多、阳痿、精液稀冷、年老体弱等。

（2）泥鳅虾仁汤

【原料】泥鳅 250 克，虾仁 50 克，调料适量。

【制作】将泥鳅去肠杂洗净，与虾仁共煮汤，调味食用。

【食法】每日 1 剂，两次分服。

【功效】温补肾阳。适用于肾气不固型早泄。

（3）核桃仁炒韭菜

【原料】核桃仁 50 克，韭菜适量。

【制作】将核桃仁以香油炸黄，后入洗净、切成段的韭菜翻炒，调以食盐。

【食法】佐餐。

【功效】助阳固精。

【饮食原则】注意选用滋补肾阴的食物。

调理遗精的药膳与食疗如下。

（1）芡实粥

【原料】芡实 120 克，糯米 120 克。

【制作】将芡实洗净捣碎与糯米一同放入锅中，加水煮烂即成。

【食法】早晚空腹温热食。

【功效】补脾益肾。

（2）冬虫夏草鸭

【原料】雄鸭 1 只，冬虫夏草 5～10 枚。

【制作】雄鸭去毛及内脏，洗净，放在砂锅内加冬虫夏草、食盐、姜、葱等调料加水以小火煨炖，熟烂即可。

【食法】佐餐食。

【功效】补虚固精。

（3）鸡蛋三味汤

【原料】鸡蛋 1 个，去心莲子、芡实、淮山药各 9 克，白糖适量。

【制作】先将莲子、芡实、淮山药入砂锅，加适量水熬成汤，再将鸡蛋放入煮熟，于汤内加入适量白糖即可。

【食法】吃蛋，喝汤。每日 1 剂。

【功效】补脾、益精、固精、安神。适用于肾虚遗精。

（4）羊肉大蒜汤

【原料】羊肉 250 克，大蒜 50 克，精盐适量。

【制作】将羊肉洗净，切块；大蒜去皮，备用。砂锅内加水适量放入羊肉块、大蒜瓣，大火烧沸，再用文火煮至羊肉烂熟，调入精盐即成。

【食法】每日 1 剂，2 次分服，连服 10～15 天。

【功效】羊肉性热，味甘、咸，有补中益气、安心止痛、固肾壮阳等功效；大蒜性温，味甘，有温中消食、解毒祛湿之效。适用于身体虚弱、肝肾不足所致之早泄、遗精、阳痿、性冷淡等。

（5）苦瓜猪肚粥

【原料】苦瓜120克，猪肚100克，大米120克。

【制作】将苦瓜洗净，切片；猪肚洗净，放入沸水锅内焯2分钟，捞出，沥干水分，切成细丝；大米淘洗干净，备用。锅内加水适量，放入大米煮粥，八成熟时加入苦瓜片、猪肚丝，再煮至粥熟即成。

【食法】每日1～2次，连服15～20天。

【功效】苦瓜味苦，生则性寒，熟则性温；生则有清热解毒，泻心明目、消暑止渴等功效；熟则有补脾固肾、养血滋肝等功效。猪肚有补脾益胃、固精、止带等功效。适用于肾阴虚遗精，症见腰膝酸软、精神萎靡、面色苍白、夜尿频多等。

调理月经不调的药膳与食疗如下。

（1）荸荠茅根汁

【用料】荸荠500克，鲜茅根500克

【制作】荸荠洗净、去皮，切粒，搅拌机搅烂榨取汁液，鲜茅根洗净，切小段，每段长约1厘米，搅拌机搅烂，榨汁。将荸荠汁与茅根汁混匀，放入炖盅内，文火隔开水炖5分钟，即可。

【食法】随量饮用。

【功效】滋阴降火，凉血止血。

【适应证】月经不调属血热者，症见月经色深红、质稠，先期而至且量多，伴颧红潮热，五心烦闷，失眠多梦，口干舌燥，大便秘结，或经行口舌糜烂疼痛等。

（2）牡丹花粥

【原料】牡丹花（阴干者）6克（鲜者可用10～20克），粳米50克，白糖少许。

【制作】先以米煮粥，煮一二沸后，加入牡丹花再煮，粥熟后加入白糖调匀即可。

【食法】空腹服食。

【功效】该食疗方具有养血调经、治妇女月经不调、经行腹痛等功效。

（3）酥炸月季花

【原料】鲜月季花瓣100克，面粉400克，鸡蛋3个，牛奶200克，白糖100克，精盐一撮，色拉油50克，发酵粉适量。

【制作】将鸡蛋清、蛋黄中加入糖、牛奶，搅匀后抖入面粉、油、盐及发酵粉，轻搅成面浆；蛋白用筷子搅打至起泡后兑入面浆。花瓣加糖渍半小时，和入面酱。用汤勺舀面浆于五成热的油中炸酥即成。

【功效】疏肝解郁、活血调经。适用于血淤之经期延长。

【禁忌】孕妇忌服。

（4）芝麻红糖饮

【原料】黑芝麻 50 克，红糖 50 克，米酒 20 毫升。

【制作】将黑芝麻洗净去沙，炒熟，乘热冲入米酒，然后加糖研碎拌匀即可。

【食法】每日 1 剂，连服 7 天。

【功效】补中健脾、养血调经。适用于脾胃虚寒，月经延期患者及产后虚寒、血虚患者。

（5）红糖姜汤

【原料】红糖 50 克，生姜 20 克，大枣 10 枚。

【制作】将红糖、大枣煎煮 20 分钟后，加入生姜盖严，再煎 5 分钟即可。

【食法】空腹服用，日服 2 次。

【功效】补气养血，温经活血。适用于胞宫虚寒、小腹冷痛、量少色黯者。

（6）黑木耳煲红枣

【原料】黑木耳 40 克，红枣 20 枚。

【制作】将木耳、红枣洗净放入锅内，加水适量，文火煎煮 30 分钟即可。

【食法】每日 2 次，连服 7 天。

【功效】凉血止血。主治血淋、崩漏、痔疮。

调理痛经的药膳与食疗如下。

（1）姜艾薏苡仁粥

【原料】干姜、艾叶各 10 克，薏苡仁 30 克。

【制作】先将干姜、艾叶煎水取汁，然后加入洗净的薏苡仁煮粥。

【食法】每日 2 次，温热食。

【功效】温经化瘀，散寒除湿。适用于寒湿凝滞型痛经，症见经前或行经期少腹冷痛，得热痛减，经行量少，色暗有块，恶寒肢冷，大便溏泻，苔白腻，脉沉紧。

（2）山楂桂枝红糖汤

【原料】山楂肉 15 克，桂枝 5 克，红糖 30～50 克。

【制作】将山楂肉、桂枝装入瓦煲内，加清水 2 碗，用文火煎剩 1 碗时，加入红糖，调匀，煮沸即可。

【功效】温经通脉、化瘀止痛。适用于妇女寒性痛经症及面色无华者。

（3）姜枣红糖水

【原料】干姜、大枣、红糖各 30 克。

【制作】将前两味洗净，干姜切片，大枣去核，加红糖煎。

【食法】喝汤，吃大枣。

【功效】温经散寒。适用寒性痛经及黄褐斑。

（4）姜枣花椒汤

【原料】生姜 25 克，大枣 30 克，花椒 100 克。

【制作】将生姜去皮洗净切片，大枣洗净去核，与花椒一起装入瓦煲中，加水 1 碗半，用文火煎剩大半碗，去渣留汤。

【食法】饮用，每日一剂。

【功效】温中止痛。适用于寒性痛经，并有光洁皮肤作用。

（5）韭汁红糖饮

【原料】鲜韭菜 300 克，红糖 100 克。

【制作】将鲜韭菜洗净，沥干水分，切碎后捣烂取汁备用。红糖放铝锅内，加清水少许煮沸。

【食法】至糖溶后兑入韭汁内即可饮用。

【功效】有温经、补气。适用于气血两虚型痛经，并有使皮肤红润光洁的功效。

（6）山楂酒

【原料】山楂干 300 克，低度白酒 500 毫升。

【制作】将山楂干洗净，去核，切碎，装入带塞的大瓶中，加入白酒，塞紧瓶口。

【食法】浸泡 7～10 日后饮用。每次 15 毫升。浸泡期间每日摇荡1～2 次。

【功效】有健脾、通经。适用于妇女痛经症，并可促进身材和皮肤健美。

（7）山楂葵子红糖汤

【原料】山楂、葵花子仁各 50 克，红糖 100 克。

【制作】以上用料一齐放入锅中加水适量同煎或炖，去渣取汤。

【食法】此汤在月经来潮前 3～5 日饮用。

【功效】中益气、健脾益胃，和血悦色。适用于气血两虚型痛经症。

（8）月季花茶

【原料】夏秋季节摘月季花花朵，以紫红色半开放花蕾、不散瓣、气味清香者为佳品。

【制作】将其泡之代茶。

【食法】每日饮用。

【功效】有行气、活血、润肤。适用于月经不调、痛经等症。

调理白带异常的药膳与食疗如下。

（1）白果鸡蛋

【功效】健脾益气养血，收敛固摄。

【主治】脾虚带下，肾虚带下亦可用。

【原料】白果肉 4 粒，鸡蛋 1 个

【制作】将白果去皮心。将鸡蛋小头打一洞口，白果填入蛋内，用纸打湿糊好洞口，将蛋煮熟或蒸熟即成。

【食法】每天晨起服吃 1 个，连服 5～10 天。病程长者，服 20 天亦可。

（2）小米黄芪羊肉粥

【原料】小米、黄芪各 50 克，羊肉 100 克，调料适量。

【制作】将黄芪布包，羊肉洗净，切细，同入锅中，加清水适量煮沸后，下调味品，煮至粥熟。

【食法】去药包服食，每日 1 剂。

【功效】温肾止带。适用于白带脾肾阳虚者。

（3）莲米芡实荷叶粥

【原料】莲米、芡实各 60 克，鲜荷叶 1 张，糯米 30 克，猪肉 50 克，红糖适量。

【制作】将芡实去壳，荷叶剪块，将诸药与糯米同放锅中，加清水适量煮至粥成。

【食法】红糖调服，每日 2 剂。

【功效】健脾止带。适用于带下色白或黄，四肢不温者。

（4）鱼肚炖猪蹄

【原料】鱼肚 15 克，猪蹄 1 只，调料适量。

【制作】将鱼肚发开，洗净；猪蹄去毛杂，剁块，加清水同炖至猪蹄烂熟。

【食法】为加入料酒、米醋、葱、姜、食盐、味精适量调服。

【功效】温肾止带。适用于白带清冷量多，质稀薄脾肾阳虚者。

调理乳腺增生的药膳与食疗如下。

（1）天冬红糖水

【原料】天门冬（连皮）50克，红糖适量。

【制作】天门冬洗净，入砂锅，加水3碗，煎成一碗半，再加入红糖煮开。

【食法】糖水温服。

【功效】该食疗方有利湿消肿的功效。

（2）豆腐锅巴煮鲫鱼

【原料】豆腐锅巴30克，淡水鲫鱼120~140克。

【制作】鲫鱼剖腹除内脏，保留鱼鳞，豆腐锅巴炒成黄色，加水两碗，与鲫鱼一起放在锅中同煮至鱼熟透，加适量红糖。

【食法】饮汤食鱼肉。

【功效】该食疗方有宽中益气功效。

（3）金针菜炖瘦肉

【原料】金针菜30克，猪瘦肉60克。

【制作】金针菜洗净，猪瘦肉洗净切成薄片，一同倒入陶瓷锅内用旺火隔水炖熟透，加少许食盐调味。

【食法】吃金针菜、猪肉，喝汤。

【功效】该食疗方有活血通乳的功效。

（4）桃仁爆鸡丁

【原料】鸡脯肉150克，桃仁50克，青豆十几粒。

【制作】将鸡脯肉去皮，切成3分的方丁，桃仁用开水烫一下，剥去外皮。用蛋清、干淀粉加精盐调成糊，把鸡丁放糊中拌匀。勺内加油，烧至五六成熟时，把鸡丁放入油中，用铁筷子滑开，待鸡丁浮起时捞出，当油达八九成熟时，把桃仁放入油中略炸后立即捞出。勺内加油，油熟时加入青豆、料酒、精盐、葱、姜、蒜，兑入清汤。待汤开后调好口味，把鸡丁、桃仁下勺翻数下，用湿淀粉勾芡即成。

【食法】佐餐食。

【功效】该食疗方有活血祛瘀的功效。

【禁忌】忌食辛辣、刺激食物。

调理子宫肌瘤的药膳与食疗如下。

（1）消瘤蛋

【原料】鸡蛋1只，壁虎5只，莪术9克。

【制作】将以上3味一同加水煮至蛋熟。

【食法】去药食蛋。

【功效】该食疗方具有活血化瘀、消积祛瘤的功效。适用于子宫肌瘤。

（2）香附鱼鳞胶

【原料】香附100克，鲤鱼或鲫鱼鳞甲100克。

【制作】将香附焙干研末，鱼鳞用文火熬成鱼鳞胶，入香附末即可。

【功效】该食疗方具有解郁散结的功效。适用于子宫肌瘤肝郁气滞、症瘕积聚。

（3）白术猪肚粥

【原料】白术60克，槟榔10克，生姜5克，猪肚1只，粳米50克。

【制作】将前3味药研为末，猪肚如常法洗净，把药物放入肚中，缝口，用水适量，煮至肚熟，取汁入粳米及调味品同煮为粥。

【食法】空腹食用。

【功效】该食疗方具有健脾益胃，行气散结的功效。适用于子宫肌瘤气滞湿阻，腹部肿块，质地不硬，呕吐，腹胀腹痛。

第三篇　营养与食物篇

一、各类营养对人体的作用

现代医学认为，营养是机体摄取、消化、吸收和利用食物或养料，转变为可供给人体能量的整个过程的总称。从营养科学来说，就是要供给人体所必需的营养素。所谓营养素指的则是维护机体健康以及提供生长发育和体力需要的各种饮食物所含的营养成分。

蛋白质、脂肪、碳水化合物、矿物质、维生素、精纤维和水，这七类营养素在人体内各司其职。了解各类营养素的科学搭配、对于生命健康至关重要。

蛋白质：构成生命的基本物质。蛋白质是构成人体一切组织细胞的基本物质，生命的产生、存在和消亡，无一不与蛋白质有关。可以这样认为，没有蛋白质便没有生命。

蛋白质是一大类由氨基酸组成的高分子有机化合物，含有氮、碳、氢、氧等主要元素和少量的硫、磷、铁等元素。食物蛋白质中有20多种氨基酸，其中有8种是机体不能合成而必须由食物供给的，称为必需氨基酸，它们分别是异亮氨酸、亮氨酸、赖氨酸、蛋氨酸、苯丙氨酸、色氨酸、苏氨酸、缬氨酸。富含必需氨基酸、品质优良的蛋白质统称完全蛋白质，如奶、蛋、鱼、肉类等属于完全蛋白质，植物中的大豆亦含有完全蛋白质；缺乏必需氨基酸或者含量很少，不能维持机体正常健康的蛋白质称不完全蛋白质，如谷、麦类、玉米所含的蛋白质和动物皮骨中的明胶等；一些所谓的高级滋补品如鱼翅、阿胶的蛋白质以白明胶为主，也属于不完全蛋白质。

（1）蛋白质对人体的生理作用

在人体中，蛋白质的主要生理作用表现在六个方面。

①构成和修复身体各种组织细胞的材料。人的神经、肌肉、内脏、血

液、骨骼等，甚至包括体外的头皮、指甲都含有蛋白质，这些组织细胞每天都在不断地更新。因此，人体必须每天摄入一定量的蛋白质，作为构成和修复组织的材料。

②构成酶、激素和抗体。人体的新陈代谢实际上是通过化学反应来实现的，在人体化学反应的过程中，离不开酶的催化作用，如果没有酶，生命活动就无法进行，这些各具特殊功能的酶，均是由蛋白质构成。此外，一些调节生理功能的激素，如胰岛素，以及提高机体抵抗力而保护机体免受致病微生物侵害的抗体，也是以蛋白质为主要原料构成的。

③维持正常的血浆渗透压，使血浆和组织之间的物质交换保持平衡。如果膳食中长期缺乏蛋白质，血浆蛋白特别是白蛋白的含量就会降低，血液内的水分便会过多地渗入周围组织，造成临床上的营养不良性水肿。

④供给机体能量。在正常膳食情况下，机体可将完成主要功能而剩余的蛋白质，氧化分解转化为能量。不过，从整个机体能量而言，蛋白质的这方面功能是微不足道的。

⑤维持机体的酸碱平衡。机体内组织细胞必须处于合适的酸碱度范围内，才能完成其正常的生理活动。机体的这种维持酸碱平衡的能力是通过肺、肾脏以及血液缓冲系统来实现的。蛋白质缓冲系统是血液缓冲系统的重要组成部分，因此说蛋白质在维持机体酸碱平衡方面起着十分重要的作用。

⑥运输氧气及营养物质。血红蛋白可以携带氧气到身体的各个部分，供组织细胞代谢使用。体内有许多营养素必须与某种特异的蛋白质结合，将其作为载体才能运转。例如，运铁蛋白、钙结合蛋白、视黄醇结合蛋白等都属于此类。

（2）蛋白质的主要食物来源

人们每日从饮食中摄取的蛋白质分为植物性蛋白质和动物性蛋白质两大类。各类食物所含的蛋白质在数量上与质量上有着很大的差别。一般说来，动物性蛋白质在数量和质量上都优于植物性蛋白质。目前，我国人民的膳食蛋白质仍以植物蛋白质为主，因此，应该提高动物性蛋白质在食物蛋白质中的比例。来自于肉、奶、蛋、鱼和大豆中的蛋白质为优质蛋白质。

①植物性蛋白——谷物。谷类是我国人民膳食蛋白质的主要来源，一般含蛋白质6%～10%。谷类蛋白质的共同缺点是缺乏赖氨酸，所以谷类蛋白质的营养价值不是很高。

豆类。豆类蛋白质含量较高，大豆含蛋白质达 35% ~40%，其他豆类蛋白质含量为 20% ~30%。豆类蛋白质所含的赖氨酸较丰富，但其不足之处是蛋氨酸略显缺乏。如果将谷类和豆类混合食用，则可使两者的利用率均得到提高。

坚果类。如花生、核桃、葵花子、莲子等含有 15% ~25% 的蛋白质。

②动物性蛋白——肉类。肉类含蛋白质 10% ~20%，所含的必需氨基酸种类齐全，数量充分，属优质蛋白质。

禽类。禽类蛋白质含量为 15% ~20%，其氨基酸构成近似人体肌肉组织，利用率较高。

鱼类。鱼类蛋白质含量为 15% ~20%，因鱼类肌肉组织的肌纤维较短，加之含水量较丰富，所以容易被消化吸收。

蛋类。蛋类含蛋白质 10% ~15%，主要为卵白蛋白，其次是卵磷蛋白。

奶类。牛奶中蛋白质平均含量为 3.3%，主要是酪蛋白、乳白蛋白和乳球蛋白。

脂肪：供给人体的热能脂肪分为中性脂肪和类脂两类，由脂肪酸构成，脂肪酸可分为饱和脂肪酸和不饱和脂肪酸，有的不饱和脂肪酸如亚油酸、亚淋油酸和花生四烯酸在体内不能合成，必须由摄入的食物供给，又称为必需脂肪酸。

（1）中性脂肪对人体的生理作用

由 1 个分子甘油和 3 个分子脂肪酸结合而成的甘油酯，是日常膳食中主要的脂肪来源，如动物油和植物油，也是人体内脂肪的主要成分。在体内绝大部分存在于脂肪组织中如皮下脂肪、大网膜和肠系膜等部位。人体中性脂肪含量与营养状况及活动量有关，所以也称可变脂。正常人体内含脂肪量平均为 13% ~14%，如一个 65 公斤体重的人体内含脂肪约 9 公斤。

中性脂肪对人体的生理作用。

①供给机体热能。1 克脂肪可以产生 9 千卡热能。人体饥饿时先氧化脂肪供热，以此节省蛋白质。

②促进脂溶性维生素的吸收。脂肪可提供脂溶性维生素，是脂溶惟维生素的携带者；脂肪还刺激胆汁分泌，帮助脂溶性维生素吸收。动物性油脂富含维生素 A、维生素 D，植物性油脂富含维生素 E。

③提供人体必需的脂肪酸。亚油酸是人体必需脂肪酸。

④在人体内脂肪起到保温、防震作用。中性脂肪可以对人体进行保

温、防震作用，并且对重要脏器起到固定、衬垫作用。

⑤构成身体组织和生物活性物质。如细胞膜的主要成分，形成磷脂、糖脂等。

⑥能改善食物的感官性状，具有饱腹感的作用。烹调时，适当放油可以让食物颜色外观漂亮，引起食欲，同时油脂多的食物在胃内消化慢、停留时间长。

（2）类脂对人体的生理作用

类脂是构成人体组织细胞的重要成分，是组成细胞膜和原生质的成分，尤其是在神经组织细胞内含量丰富，对生长发育非常必要。类脂可以在体内合成，它受膳食、活动量等影响小，故称"基本脂"或"固定脂"。类脂占人体重量的5%，主要包括磷脂、糖脂、固醇。

①磷脂。除体脂外，磷脂属于含量最多的脂类。主要在细胞膜和血液中，包括脑磷脂、卵磷脂、神经鞘磷脂。磷脂来源于牛奶、大豆、蛋黄等食品。

磷脂对人体的生理作用如下：作为细胞膜结构最基本的原料，是多种组织和细胞膜的组成成分，尤其在大脑和周围神经细胞都含有大量鞘磷脂，对人体生长发育和神经活动有良好作用。

卵磷脂有强乳化作用，促进脂肪和胆固醇颗粒变小，被机体利用。其与蛋氨酸、胆碱均有抗脂肪肝作用。

磷脂中的不饱和脂肪酸与胆固醇结合形成胆固醇酯，使胆固醇不易沉积于血管壁，可使血管壁上胆固醇进入血液，然后排出体外，有降胆固醇作用。

②糖脂。糖脂含有碳水化合物、脂肪酸、氨基醇的化合物，也是细胞膜的组成成分，不含磷酸。糖脂包括脑苷脂、神经节苷脂等，是大脑白质和神经细胞的重要成分。

③固醇。固醇包括来源于动物性组织的胆固醇和来源于植物性食物的植物固醇。它们的生理作用不同。

胆固醇：是细胞膜的重要组成部分，在体内可以合成类固醇激素，是合成维生素D、胆汁酸的原料；在血液内是维持吞噬变形细胞、白细胞生存所不可缺少的物质，因此有一定抗癌作用。松花、蛋黄，动物脑、肝、肾中含量较高。

植物固醇：是植物细胞的重要组成成分，主要是麦芽中β-谷固醇、大豆中豆固醇和蕈类及酵母中的酵母固醇。它们不能被人体吸引，反而阻碍胆固醇的吸收。临床上用谷固醇作为降血脂剂。

（3）脂肪的食物来源

食物中脂肪的主要来源为各种植物油和炼过的动物脂肪。除此之外，各种常用食物中都含有不同数量的脂肪或类脂。植物中以油料作物如大豆、花生等含油量最为丰富；动物性食品中如肥肉、瘦肉、鱼、禽等，视其部位不同各异；谷物、蔬菜、水果中脂肪量小。

碳水化合物：提供热能，保肝解毒。碳水化合物即糖类物质，因其含有碳、氢、氧三种元素，而氢、氧比例又和水相同，故名之碳水化合物。碳水化合物分为单糖、双糖、多糖等三类。

单糖是最常见、最简单的碳水化合物，有葡萄糖、果糖、半乳糖和甘露糖，易溶于水，不经过消化液的作用可以直接被机体吸收利用。人体中的血糖就是单糖中的葡萄糖；双糖常见的有蔗糖、麦芽糖和乳糖，由两分子单糖组合而成，易溶于水，需经分解为单糖后，才能被机体吸收利用；多糖主要有淀粉、糊精和糖元，其中淀粉是膳食中的主要成分，由于多糖是由成百上千个葡萄糖分子组合而成，不易溶于水，因此须经过消化酶的作用才能分解成单糖而被机体吸收。

碳水化合物在人体内主要以糖元的形式储存，量较少，仅占人体体重的2%左右。

（1）碳水化合物对人体的生理作用

在人体中，碳水化合物的主要生理作用表现在五个方面。

①提供热能。人体中所需要的热能60%～70%来自于碳水化合物，特别是人体的大脑，不能利用其他物质供能，血中的葡萄糖是其惟一的热能来源，当血糖过低时，可出现休克、昏迷甚至死亡。

②构成机体和参与细胞多种代谢活动。在所有的神经组织和细胞核中，都含有糖类物质，糖蛋白是细胞膜的组成成分之一，核糖和脱氧核糖参与遗传物质的构成。糖类物质还是抗体、某些酶和激素的组成成分，参加机体代谢，维持正常的生命活动。

③保肝解毒。当肝脏贮备了足够的糖元时，可以免受一些有害物质的损害，对某些化学毒物如四氯化碳、酒精、砷等有较强的解毒能力。此外，对各种细菌感染引起的毒血症也有较强的解毒作用。

④帮助脂肪代谢。脂肪氧化供能时必须依靠碳水化合物供给热能，才能氧化完全。糖不足时，脂肪氧化不完全，就会产生酮体，甚至引起酸中毒。

⑤节约蛋白质。在某些情况下，当膳食中热能供给不足时，机体首先要消耗食物和体内的蛋白质来产生热能，使蛋白质不能发挥其更重要的功能，影响机体健康。而膳食中碳水化合物供给充足时，膳食中热能也相应增加，这样就可以使蛋白质得到节省。

（2）碳水化合物的主要食物来源

食物中碳水化合物的主要来源是粮谷类和薯类食物，粮谷类一般含有碳水化合物为60%～80%，薯类为15%～29%，豆类一般含碳水化合物为40%～60%，大豆含碳水化合物较少，为25%～30%。饮食中的单糖、双糖主要来自蔗糖、糖果、甜食、糕点、甜味水果、含糖饮料和蜂蜜等。一般认为，纯糖的摄入不宜过多，成人以每日25克为宜。

矿物质：构成人体组织，维持水电平衡矿物质也叫无机盐，是指构成人体的除氨、氮、氢、碳以外的其他各种化学元素。已发现的大约有60余种，其中含量较多的元素称宏量元素，有钙、镁、钠、钾、磷、硫、氯7种。多数含量甚微，其含量小于体重的0.01%的铁、碘、铜、锌、锰、钴、钼、硒、铬、氟、镍、锡、硅、钒等14种称为人体必需的微量元素。矿物质在体内尽管量很小，但对于人体的营养和功能却有很大影响。

（1）矿物质对人体的生理作用。

在人体中，矿物质的主要生理作用表现在7个方面。

①构成人体组织。如骨骼、牙齿的主要成分是钙和磷，肌肉中含有硫，神经组织中含有磷，血红蛋白中含有铁等。另外，无机盐也是某些具有重要生理功能的酶和激素的成分，如细胞色素、过氧化氢酶及过氧化物酶都含有铁，碳酸酐酶和胰岛素含有锌等。

②维持水电平衡。钠和钾是维持机体电解质和体液平衡的重要阳离子。体内钠正常含量的维持，对于渗透平衡、酸碱平衡以及水、盐平衡有非常重要的作用。

③维持组织细胞渗透压。矿物质中钾、钠、氯等正负离子在细胞内外和血浆中分布不同，其与蛋白质、重碳酸盐一起，共同维持各种细胞组织的渗透压，使得组织保留一定水分，维持机体水的平衡。

④维持机体的酸碱平衡。细胞活动需在近中性环境中进行，氯、硫、磷等酸性离子和钙、镁、钾、钠等碱性离子适当配合，以及重碳酸盐、蛋白质的缓冲作用，使得体内的酸碱度得到调节和平衡。

⑤维持神经、肌肉的兴奋性和细胞膜的通透性。镁、钾、钙和一些微量元素（如硒）对维持心脏正常功能、保持心血管健康有着十分重要的

作用。

⑥构成体内生物活性物质，参与酶系统的激活。如铁是血红蛋白、肌红蛋白及细胞色素系统中的成分等。

⑦参与人体代谢。磷是能量代谢不可缺少的物质，它参与蛋白质、脂肪和糖类的代谢过程；碘是构成甲状腺素的重要成分。而甲状腺素有促进新陈代谢的作用。

当然，矿物质在人体中的作用还远远不止以上这些。

（2）矿物质的主要食物来源

①钙的主要食物来源。钙是中国人易缺乏的矿物质之一，临床上，婴幼儿主要表现为佝偻病，牙齿发育不全；成年人表现为骨质软化；老年人表现为骨质疏松症。乳和乳制品是钙的最好食物来源，不但其钙的含量丰富，而且人体容易吸收利用，是婴幼儿最理想的补钙食品。500 克鲜牛奶含钙达 600 毫克。水产品中小虾皮含钙也特别多，其次是海带。豆类和豆制品以及油料种子和蔬菜含钙也不少，特别突出的有黄豆及其制品，还有黑豆、红小豆、各种瓜子、芝麻酱等。海带、紫菜、发菜等钙含量很高，此外，骨粉、蛋壳粉也是钙的良好来源，可以利用。在补充钙的同时应注意补充维生素 D 或多晒太阳，以促进钙的吸收利用。

②铁的主要食物来源。铁是人体必需微量元素中含量最多的一种。铁的缺乏可引起缺铁性贫血，多见于婴幼儿、儿童、少年、孕妇、乳母和老年人。含铁丰富食品有动物内脏、动物全血、肉鱼禽类、豆及蔬菜等。下列食物每 100 克含铁量（毫克）为：猪肝 25，猪血 15，瘦猪肉 2.4，羊肝6.6，蛋黄 7.0，海带 150，芝麻酱 58，腐乳 12，黑木耳 185，芹菜 8.5，黄豆 11，大白菜 4.4，桂圆 44，稻米 2.4，富强粉 2.6，小米 4.7，红小豆5.2。在选择含铁丰富食品摄入的同时，应注意补充维生素 C，以促进铁的吸收。

③锌的主要食物来源。锌缺乏会导致自发性味觉减退，食欲不振，厌食、异食癖，生长发育迟缓，严重者为侏儒，性器官和机能不发育，伤口不愈合，抵抗力下降等。动物性食品是锌的主要来源，其中内脏、肉类和一些海产品是锌含量最丰富的来源。虽然全谷类总含锌量相当高，但大部分存在于麦麸和胚芽中，而且在磨面中丢失相当多的锌。锌摄入过量会产生毒性。

④硒的主要食物来源。我国部分农村地区发生的克山病与硒的缺乏有关。食物含硒量随地理化学条件的不同而异，不同地区土壤和水中的含硒

量差异较大，因而食物的含硒量也有很大差异，一般来讲，肝、肾、海产品及肉类为硒的良好来源，谷类含硒随产地土壤含量而异，蔬菜和水果一般含量较少。但如果硒摄入过多，也可引起硒中毒。

⑤碘的主要食物来源。碘缺乏在成人可引起甲状腺肿，在胎儿期和新生儿期可引起呆小病。含碘量较高的食物有海产品，如每百克干海带含碘24000微克，干紫菜1800微克，干淡菜1000微克，干海参600微克。海盐中含碘一般在30微克/公斤以上。碘摄入过多，也可引起高碘性甲状腺肿。

⑥铬的主要食物来源。人体的铬不足易引起糖尿病、高脂血症，继而引起冠心病、动脉硬化等疾病。富含铬的食物有牡蛎、啤酒酵母、干酵母、蛋黄和肝，其次为肉制品、海产品、奶酪和粗粮，而米、面和菜中，特别是精制食品中含铬低或几乎不含铬。

维生素：维持生命机体的健康维生素有"维持生命的元素"之意，它是维持机体健康所必需的一类低分子有机化合物。这类物质在体内既不构成人体组织的原料，也不是能量的来源，但是对体内物质代谢起着重要的调节作用。人体对其需求量很少，每日仅以毫克或微克计算，但维生素不能在体内合成，或合成量不足，必须由食物供给。

维生素种类很多，通常分为脂溶性和水溶性两大类，脂溶性维生素有维生素A、维生素D、维生素E、维生素K，水溶性维生素有B族维生素和维生素C。

脂溶性维生素只能溶解于脂肪和有机溶剂，不溶于水。因此当膳食中脂肪过少时则不利于此类维生素的吸收。脂溶性维生素在体内排泄速度较慢，如果摄入过多，可在体内蓄积，甚至可造成中毒。

水溶性维生素只能溶于水，不溶于脂肪和有机溶剂。绝大多数水溶性维生素进入人体后以辅酶或辅基的形式发挥作用。人体不能大量储存水溶性维生素，大量摄入后，多余的部分或其代谢产物均从尿中排出，部分可以随汗液排出体外。所以人体必须每日从膳食中摄取，以满足机体的需要。

（1）各种维生素对人体的生理作用

①维生素A对人体的生理作用——合成视紫红质。维生素A是视色素的组成成分，与维持正常视觉功能有极密切关系。如果机体缺乏维生素A，会造成视紫红质合成减少，对光暗适应能力降低，终将导致夜盲症。

维持上皮组织健全。缺乏维生素A时，眼睛、呼吸道、消化道及泌尿生殖系统的上皮组织最易受到影响，可使角膜及结膜干燥，引起干眼病，甚至发生角膜软化、穿孔，导致失明；出现皮肤干燥、角化和毛囊丘疹，头发干燥，无光泽而且容易脱落。

促进生长发育。缺乏维生素 A 会引起食欲减退，骨骼成长不良，生长发育受阻，睾丸发生退行性变化。

②维生素 D 对人体的生理作用。维生素 D 中重要的有维生素 D（麦角钙化醇）和维生素 D（胆钙化醇）。麦角或酵母中所含的麦角固醇经紫外线照射可以转变成维生素 D。维生素 D 则是人和动物皮肤中所含的 7－脱氢胆固醇经日光或紫外线照射后生成的产物，是人体维生素 D 的重要来源。

调节钙磷代谢，促进钙磷吸收。维生素 D 的活性形式能够参与调节钙磷代谢，可促进小肠钙的吸收和肾脏对钙的再吸收，从而使血钙浓度增加，有利于骨中钙的沉积。对于正在生长中的新骨，可促进其钙盐沉积，对于已成熟的骨组织可使其钙盐溶解入血。这两种相反的作用有利于钙盐在新老骨组织间的平衡，以满足骨骼生长的需要。当维生素 D 缺乏时，儿童会患佝偻病，成年人则可发生骨质软化症。

活性维生素 D 有成骨作用。一是，促进钙沉积于新骨形成部位；二是，促进骨钙化；三是，促进成骨细胞的功能和骨样组织成熟。

③维生素 E 对人体的生理作用——与性器官的成熟、胚胎发育有关。动物如缺乏维生素 E，其生殖系统会发生退行性变化。雄性大鼠的睾丸退化，精细胞停止发育；雌性大鼠出现死胎、胚胎吸收、流产等现象。人类缺乏维生素 E 是否会发生不孕或不育，尚待进一步证实，虽然临床用生育酚进行治疗，效果并未肯定。

维持肌肉细胞的结构与功能。维生素 E 对肌肉细胞的营，保持细胞的完整性方面起着重要作用。

与营养性原红细胞贫血有关。缺乏维生素 E 的早产儿，其红细胞脆性增加，容易发生贫血。

抗氧化作用。延缓机体组织老化，因而维生素 E 有抗衰老作用。

④维生素 B 对人体的生理作用。促进糖代谢，增进神经组织活性：当维生素 B 缺乏时，会导致糖代谢不能正常进行。在正常情况下，神经组织主要靠糖氧化来供给能量。维生素 B 缺乏则神经组织的能量供应发生障碍，加之正常的氧化脱羧反应不能进行，致使丙酮酸和乳酸在神经组织中大量蓄积，因此可发生多发性神经炎，即脚气病。

⑤维生素 PP 对人体的生理作用。维生素 PP 主要构成辅酶 I 和辅酶

Ⅱ，这两种辅酶作为不需氧脱氢酶的辅酶在生物氧化过程中起着递氢体的作用。维生素 PP 在维持皮肤、神经和消化系统正常功能方面起重要作用。人体缺乏烟酸可引起癞皮病，严重者会出现皮炎、舌炎、腹泻，甚至痴呆。

⑥维生素 B 对人体的生理作用。参与体内生物氧化体系，构成黄酶的辅酶成分：维生素 B 具有可逆的氧化还原特性，在体内可作为多种黄酶的辅酶参与生物氧化，在能量代谢中起着氢传递体的作用。与蛋白质、脂肪、碳水化合物的代谢均有密切联系。

人体维生素 B 的缺乏常与其他 B 族维生素同时出现。维生素 B 缺乏时会导致唇炎、口角炎、舌炎、脂溢性皮炎、阴囊皮炎、角膜炎等。

⑦维生素 C 对人体的生理作用。一是，与细胞间质形成有关：促进胶原蛋白的合成，胶原蛋白是细胞间质的重要组成部分。

二是，促进叶酸还原成四氢叶酸：叶酸在机体内需要在维生素 C 和还原型辅酶的参与下，由叶酸还原酶催化还原成为四氢叶酸方可发挥其生物活性。

三是，抗氧化作用：有助解毒、保护疏基酶。

四是，促进铁的吸收和储备，预防贫血。

五是，在体内阻亚硝胺的合成，具有防癌作用。

六是，促进胆固醇变为胆酸，预防胆结石。

（2）各种维生素的主要食物来源

①维生素 A 的主要食物来源。维生素 A 的食物来源主要为动物性食品，动物肝脏、奶类、禽蛋黄及鱼肝油等均含丰富的维生素 A。胡萝卜素主要来自植物性食品，红黄色及绿色的水果与蔬菜中均含丰富的胡萝卜素，如胡萝卜、辣椒、红薯、油菜、杏和柿子等。

长期过量地摄入维生素 A 可引起体内蓄积，成人每天摄入 2.25 万～15微克以上视黄醇当量，3～6 个月后会出现中毒现象。中毒者如停止服用维生素 A，其中毒症状可逐渐消失。

②维生素 D 的主要食物来源。在正常生活条件下，如能经常接触阳光，体内合成的维生素 D 即可满足需要，人体一般不会发生维生素 D 的缺乏。当机体因生理状况对维生素 D 的需要增高或因工作条件关系不能经常接触日光，造成内源性的维生素 D 不能满足需要时，应由食物给予补充。少数的动物性食品如动物肝脏、鱼肝油和禽蛋等。含有维生素 D，可作为维生素 D 的食物来源植物性食品不能作为维生素 D 的食物来源，例如水果

和坚果类食物不含有维生素 D。

维生素 D 长期大量摄入，可引起钙盐吸收增加，血钙浓度升高，钙在软组织内沉积，形成多发性的异位钙化灶。还可以表现为骨化过度、骨骼异位钙化以及骨质疏松等现象。患者食欲减退，体重减轻，皮肤苍白，烦渴多尿，便秘与腹泻交替出现。严重者可出现肾功能衰竭。

③维生素 E 的主要食物来源。维生素 E 广泛分布于动植物组织中，例如，谷类、绿叶菜、牲畜肉、禽蛋、鱼类和奶类。另外，莴苣叶及柑橘皮中也含有丰富的维生素 E。维生素 E 含量最丰富的食物是麦胚油、棉籽油、玉米油和芝麻油等植物油。

维生素 E 是脂溶性维生素，可以在体内蓄积。若每日摄入 300 毫克以上时，可引起胃肠道不适、恶心、呕吐、腹泻等不良反应。

④维生素 B 的主要食物来源。富含维生素 B 的食物有酵母、花生、黄豆、猪肉、动物内脏和粗杂粮等，作为我们日常膳食中维生素 B 的主要来源仍然是粗杂粮和黄豆，精白面中维生素 B 含量较少，米、面中加碱或油炸可使维生素 B 大量损失破坏。

⑤维生素 B 的主要食物来源。核黄素存在于多种食物中。动物性食物一般含量较高，尤其动物内脏含量最丰富，奶类、蛋黄中也较丰富。植物性食品中豆类含量较多，谷类和一般蔬菜含量较少。

⑥维生素 PP 的主要食物来源。人体所需要的烟酸除大部分由食物直接提供外，另一部分可由食物中所含的色氨酸在体内转化而来，平均每 60 毫克色氨酸可以转变为 1 毫克烟酸。酵母、花生、豆类和瘦肉中富含维生素 PP，可作为主要的食物来源。应该注意的是：玉米中含有一定数量的烟酸，但大部分是以结合型的形式存在，结合型烟酸不能被机体吸收利用。此外，玉米中还缺乏色氨酸，所以以玉米为主食而且副食品种较单调的地区人们易患癞皮病。玉米如用碱（碳酸氢钠）处理后，结合型的烟酸可转化为游离型的烟酸，从而增加了吸收利用率。故在以玉米为主食的地区应推广加碱处理玉米的方法。

⑦维生素 C 的主要食物来源。缺乏维生素 C 可发生坏血病，成人表现为出血，婴儿表现为骨骼变化。

维生素 C 的食物来源主要为新鲜的蔬菜和水果。柑橘、柠檬、石榴、山楂和鲜枣均含有丰富的维生素 C。一般膳食中仍以蔬菜为主要来源，如柿子椒、菠菜、韭菜、番茄、油菜、菜花等都是维生素 C 的良好来源。此外，野生的苋菜、沙棘、猕猴桃和酸枣中的含量尤其丰富，可作为维生素

C 的补充来源。

食物纤维：利于通便，利于消化。食物纤维是一种特殊的营养素，其本质是碳水化合物中不能被人体消化酶所分解的多糖类物质。食物纤维有数百种之多，其中包括了纤维素、半纤维素、果胶、木质素、树胶和植物黏胶、藻类多糖等。

（1）食物纤维对人体的生理作用

①利于通便。膳食纤维有很强的吸水能力，可以增加肠道中粪便的体积，促进肠蠕动，使粪便能很快排出体外，防止便秘，缩短了粪便中含有的有害物质与肠壁接触的时间，从而可以减少结肠炎、直肠炎、和结肠癌、直肠癌的发生。膳食纤维摄入少的国家人群中，上述疾病的发病率较高，他们正试图改进膳食结构，学习中国的膳食组成，增加粮谷类和蔬菜的摄入量。

②利于食物的正常消化吸收。膳食纤维由于在口腔中咀嚼时间较长，因此可以促进肠道消化液的分泌；同时，由于能加速肠内容物的排泄，还有利于食物的消化过程。

③降低血清胆固醇和防治动脉硬化及胆石形成。在膳食纤维中以木质素结合的胆酸最多，其次为果胶和树胶，纤维素结合胆酸很少。由于膳食纤维与胆囊排入肠道中的胆酸结合，限制了胆酸的吸收，这样，机体就要消耗体内的胆固醇来合成胆汁，使血中胆固醇浓度降低，也减少了胆固醇在血管壁上的沉积，防止动脉硬化的形成。同时，由于不断合成新的胆汁，加速胆汁的周转，也就避免了胆石形成，而且减少了次级胆汁酸的促癌作用。

④调节热能摄入、控制体重、防治糖尿病。膳食纤维能增加饱腹感，使单位重量膳食中的热能值下降。一个中等程度膳食纤维的摄入可使膳食总热能减少 5%，这样可减少总热能的摄入量，防止热能过剩使体重超重。此外，膳食纤维可减少胃肠道对单、双糖的吸收，延迟胃排空时间。这样，可以使葡萄糖在小肠黏膜表面的弥散速率减慢，使餐后血糖逐渐增加，而不是骤然升高，对糖尿病人非常有利。

⑤阳离子交换作用。由于膳食纤维中含有糖醛酸的羧基，其具有阳离子交换作用，可在胃肠道中结合无机盐如钙、铁、镁、锌等阳离子。因此，膳食纤维摄入过多，可造成体内钙、铁、镁、锌的缺乏，应该引起人们的注意。

（2）食物纤维的主要食物来源

食物纤维的来源，主要为植物性食品。粮谷类、豆类的麸皮、糠、豆皮含有大量的纤维素、半纤维素和木质素；燕麦和大麦含有多量的粗纤维；柠檬、柑橘、苹果、菠萝、香蕉等水果和卷心菜、苜蓿、豌豆、蚕豆等蔬菜，含有较多的果胶。除了来源如此丰富的膳食纤维外，近几年较多的果胶。除了来源如此丰富的膳食纤维外，近几年又出现许多从天然食物中提取的缮食纤维食品可供食用。

水：人体生命的源泉。水是人体不可缺少的组成部分，占成人体重的2/3，它维持人体正常的生理活动，与生命息息相关，人体可以几天乃至1~2周不进食物，但不能几天缺水，一旦机体失去20%的水分，就无法维持生命。

（1）水对人体的生理功能

①体液的主要组成部分。人体内的水液统称为体液，它集中分布在细胞内、组织间和各种管道中，是构成细胞、组织液、血浆等的重要物质。

②运输的媒介。水作为体内一切化学反应的媒介，是各种营养素和物质运输的介质。

③参与机体的各种代谢。水可以帮助机体消化食物、吸收营养、排除废物、参与调节体内酸碱平衡和体温，并在各器官之间起润滑作用。

④作为各种营养成分的溶质。在饮用水中，含有许多丰富的矿物质，如钙、镁、铁、铜、铬、锰等元素，这些元素含量适当则对人体健康有益。

总之，水是人体生命的源泉，人们天天接触的最主要的外环境物质之一就是水。只有重视水的卫生并随时合理调整，加以利用，才能发挥水对人体的最佳生理作用。

（2）水的主要食物来源

水广泛存在于日常食物中，尤以蔬菜和水果含量高。当然，饮用水也是日常食物的组成部分。

各种营养素之间的相互作用：各种营养素在人体内既相互配合，相互为用，又相互制约，相互颉颃，共同维持人体的正常生理活动。因此，寻求各种营养素的适量配合，使各营养素之间的关系协调平衡，是营养的一项重要课题。

（1）营养素相互作用的方式

营养素相互作用的方式主要有以下几种：各种营养素之间的直接作用，如钙、镁、锌、铜、钾、钠等离子之间相互配合和颉颃。

某些营养素是另一些营养素的前提，如色氨酸可以转变为尼克酸。

一些营养素参与或影响另一些营养素代谢的酶系统，如硫酸素、核黄素、尼克酸对生热营养素和能量代谢的影响，维生素和无机盐都常作酶的辅酶或辅因子影响其他营养素的代谢，无机离子还可激活或抑制某些酶类。

相互对吸收和排泄的影响，例如，脂肪可促进脂溶性维生素的吸收，维生素 C 促进铁的吸收，维生素 D 促进钙、磷的吸收和调节钙、磷代谢，蛋白质缺乏可增加核黄素的排泄。

通过激素的影响而间接影响其他营养素的代谢，如碘通过甲状腺素而影响物质代谢。

（2）生热营养素之间的相互作用

蛋白质、脂肪、碳水化合物三者都可以生产热能，但如前所述，各自对供能所起的作用不同。

碳水化合物和脂肪能提供足够的热能，则可以减少用于供能所消耗的蛋白质，有利于维持体内氮平衡和增加体内氮的储留。若热能供给不足，供给足量的蛋白质也不能有效地维持氮平衡，因为用于供给热量所消耗的蛋白质增加，会造成蛋白质的浪费。但是，仅有足量的热能，而蛋白质的供给不足，也不可能改善体内氮平衡。因此，只有在蛋白质满足生理需要的条件下，碳水化合物和脂肪才对蛋白质有节约作用。如果仅强调某一种营养素的作用，势必会造成片面的观点。

碳水化合物和脂肪在体内代谢中，有着密切的关系，在一定条件下二者可以相互转化。糖供给不足时，脂肪可代替碳水化合物供给能量维持血糖恒定；在碳水化合物供给充裕时，它可转变为脂肪在体内贮存，糖和脂肪的最终氧化供能大多数都要经过三羧酸循环。

（3）维生素与生热营养素之间的相互作用

维生素 B 在体内以辅羧酶的形式参与糖代谢过程中 A-酮酸的氧化脱羧反应；核黄素作为黄素酶的辅基在体内生物氧化过程中，发挥递氢的作用；尼克酸以辅酶 I 和辅酶 II 的形式参与生物氧化的递氢作用。这三者都与能量代谢密切相关，它们的需要量随热能需要量的变化而变化。高脂膳食对核黄素的需要量增加，高蛋白膳食则有利于核黄素的利用。泛酸构成辅酶 A 也与生热营养素的代谢密切相关。

维生素 B 与氨基酸的转氨基和脱羧基作用有关，而维生素 B 和叶酸与蛋白质的合成或代谢有关，维生素 C 也与体内芳香族氨基酸的代谢有关。维生素主要是作为某些重要酶类的辅酶作用于生热营养素的代谢。而脂肪则可以促进脂溶性维生素的吸收。

（4）无机盐与生热营养素之间的相互作用

碘通过甲状腺素、锌通过胰岛素而间接作用于生热营养素，铬对胰岛素的功能也有影响。钠、钾则对氨基酸和葡萄糖的吸收起作用。铁参与生物氧化过程，磷参与体内的磷酸化，对生物氧化过程有十分重要的意义，镁也与氧化磷酸化有关。

（5）无机盐和维生素的相互作用

无机盐和维生素相互作用的关系表现得十分突出，钴与维生素 B 的这种不可分割的联系便是无机盐和维生素相互作用的一种表现。

硒通过谷胱甘肽过氧化物酶与维生素 E 有着相似的功能，即清除体内的过氧化物，保护细胞膜不受过氧化物损害。维生素 C 促进铁的吸收，维生素 D 对于钙、磷吸收和排泄的影响，也说明了维生素和无机盐是互相配合的。

维生素和无机离子还对某些酶的活性同时起作用，它们作为酶的辅酶或辅基影响酶的活性，如核黄素和二价铁离子都是琥珀酸脱氢酶的辅因子，再如二价锰离子和尼克酸都是异柠檬酸脱氢酶的辅因子。

（6）氨基酸之间的相互作用

蛋白质质量的高低主要取决于其氨基酸的种类和构成比例，尤其必需氨基酸的种类、数量和相互比例，是决定蛋白质质量的关键。强调蛋白质中必需氨基酸的重要，并不意味着非必需氨基酸不重要，因为还有数量的影响。膳食中的总氮量要能满足机体的最低生理需要，这不能单纯由必需氨基酸供给，还必须有非必需氨基酸供给一定的氮量。非必需氨基酸的酪氨酸和胱氨酸可由必需氨基酸苯丙氨酸和蛋氨酸转变而成，膳食中酪氨酸和胱氨酸的含量丰富时，可节约苯丙氨酸和蛋氨酸。

（7）维生素之间的相互作用

维生素 E 可保护维生素 A 不被氧化破坏；硫氨素缺乏，可影响核黄素的利用；而硫氨素和核黄素又会影响维生素 C。核黄素的缺乏常伴有尼克酸的缺乏；维生素 C 有利于叶酸的利用；而维生素 C 与维生素 B 在一起时，二者都不稳定。

二、各种食物的营养成分及作用

不同的食物含有丰富的不同营养成分，人体所需要的各种营养素养均来自各类食物。因此，为了生命的健康，我们有必要了解各种食物所包含的营养。

五谷类食物的营养成分及作用如下。

（1）小麦

小麦，别名麦米，是我国主要粮食作物之一。

小麦具有较高的营养价值和食疗价值，每百克小麦中含蛋白质 9.9 克、脂肪 1.8 克，碳水化合物 75 克、钙 38 毫克、磷 268 毫克、铁 4.2 毫克、粗纤维 0.6 克、还含有谷甾醇、卵磷脂、尿囊素、精氨酸、淀粉酶、麦芽糖酶，蛋白分解酶及多种维生素等成分，可增强人体的抗病能力，防治包括癌症在内的多种疾病。麦麸皮中含有丰富的维生素 B 和蛋白质，有和缓神经的功能，可治脚气病及末梢神经炎；小麦胚芽油中含有丰富维生素 E，可抗老防衰，宜老年人食用。

（2）大米

粳米，又称大米、精米。粳米含有人体必需的淀粉、蛋白质、脂肪、维生素 B_1、维生素 B_2、烟酸、维生素 C 及钙、磷、铁等营养成分，可以提供人体所需的营养、热量。糙米中的蛋白质、脂肪、维生素含量都比精白米多，米糠层的粗纤维分子有助于胃肠蠕动，对胃病、便秘、痔疮等消化道疾病有一定治疗效果。用粳米煮粥来养生延年已有 2000 多年历史。粳米粥最上一层粥油，能补液填精，对病人、产妇、老人最宜。

粳米具有健脾胃、补中气、养阴生津、除烦止渴、固肠止泻等作用。可用于缓解脾胃虚弱、烦渴、营养不良、病后体弱等病症。

粳米粥有"世间第一补人之物"之美称，应经常适量食用粳米粥。

糙米较之精白米更有营养，能降低胆固醇，减少心脏病发作和中风的几率。

（3）玉米

玉米有利尿消肿、降压作用。日本民间用玉米 1 份，加水 3 份煎汤代茶，早晚饮服，治疗慢性肾炎水肿。如用玉米须利尿降压，作用会更好。我国著名中医岳美中就用玉米须消退肾炎尿蛋白。

降脂作用明显。玉米油含不饱和脂肪酸，是胆固醇吸收的抑制剂。

玉米须含有维生素 K、谷固醇、木聚糖、有机酸等，有促进胆汁分泌、增加血中凝血酶原和加速血液凝固等作用。

据日本最近研究报告，从玉米中提取的磷酸钙型不饱和脂肪酸，具有很强的抗癌性，并已经动物实验证实。

玉米中含大量 B 族维生素，能促进食欲，保护脾胃功能。

随着科学研究的进展，发现玉米还有不少新的保健作用：由于玉米中蛋白质、卵磷脂等营养成分的含量高于大米，因此以玉米为主要原料制成的膨化儿童食品已畅销全国各地。

据上海科研部门测定，每 50 克玉米成品所提供的能量相当于 2 只鸡蛋，儿童食后，可以促进生长发育，健脑益智。

近年来检测，玉米油富含维生素 E，有明显地溶解、降低胆固醇和防治高血压、冠心病等心血管系统疾病的功能。玉米油更适用于中、老年人长期食用，有抗衰老作用。

研究表明，玉米中所含的谷胱甘肽具有抗癌作用，它可与人体内多种致癌物质结合，能使这些物质失去致癌性。玉米中所含纤维素是一种不能为人体所吸收的碳水化合物，可降低人的肠道内致癌物质的浓度，并减少分泌毒素的腐质在肠道内的积累，从而减少结肠癌和直肠癌的发病率。

玉米所含的本质素，可使人体内的"巨噬细胞"的活力提高 2～3 倍，从而可抑制癌瘤的发生。

玉米中还含有大量的镁，食物中的镁具有显著的防癌效果。日本的遗传学家确认，玉米糠可使二硝基苯致癌物质及煎烤鱼、肉时形成的杂环胺的诱癌变作用降低 92%。

（4）小米

小米，又名粟米。现代研究表明，每 100 克小米中含脂肪 1.68 克、蛋白 2.78 克、淀粉 77.5 克、钙 29 毫克、磷 240 毫克、铁 4.7 毫克以及硫胺素、胡萝卜素、尼克酸等。小米的蛋白质有谷蛋白、醇溶蛋白、球蛋白及谷氨酸、脯氨酸、色氨酸等。色氨酸能促使大脑神经细胞分泌使人昏昏欲睡的 5－羟色胺，同时不含抗血清素的酪蛋白，加之能促使胰岛素分泌，进一步提高脑内色氨酸含量，所以睡前半小时进食小米粥，可以帮助入睡。小米的茎含瑞香苷，有抗菌作用，对金黄色葡萄球菌、大肠杆菌、绿脓杆菌等有效。

小米是五谷中最硬的，但遇水易化，其营养作用比大米高，并含有维生素 A 原和烟酸，因而对小儿、产妇尤宜。

小米不宜与杏仁同食，否则会令人呕吐腹泻。

杂粮类食物的营养成分及作用。

（1）大豆

大豆，是豆类中营养价值最高的品种，在百种天然食品中，它名列榜首，含有大量的不饱和脂肪酸、多种微量元素、维生素及优质蛋白质。大豆经加工可制作出很多种豆制品，是高血压、动脉硬化、心脏病等心血管病人的有益食品。大豆富含蛋白质，且所含氨基酸较全，尤其富含赖氨酸，正好补充了谷类赖氨酸不足的缺陷，所以应以谷豆混食，使蛋白质互补。

大豆具有健脾益气宽中、润燥消水等作用，可用于脾气虚弱、消化不良、疳积泻痢、腹胀羸瘦、妊娠中毒、疮痈肿毒、外伤出血等症。

大豆中所含钙、磷对预防小儿佝偻病、老年人易患的骨质疏松症及神经衰弱和体虚者很相宜。

大豆中所含的铁，不仅量多，且容易被人体吸收，对生长发育的小孩及缺铁性贫血病人很有益处。

大豆中所富含的高密度脂蛋白，有助于去掉人体内多余的胆固醇。因此，经常食用大豆可预防心脏病、冠状动脉硬化。

大豆中所含的染料木因（异黄酮）能抑制一种刺激肿瘤生长的酶，阻止肿瘤的生长，预防癌症，尤其是乳腺癌、前列腺癌、结肠癌。

大豆中所含的植物雌激素，可以调节更年期妇女体内的激素水平，防止骨骼中钙的流失，可以缓解更年期综合征、骨质疏松症。

大豆对男性的明显益处是可以帮助克服前列腺疾病。

（2）黑豆

黑豆，又名乌豆、黑大豆。

黑豆含丰富的蛋白质、脂肪和碳水化合物、胡萝卜素、维生素 B_1、维生素 B_2、烟酸等。黑豆还含有异酮类如大豆黄酮甙、染料大甙，以及皂甙、胆碱、叶酸、生物素等。黑豆中的大豆黄酮和染料木素有雌激素作用，食入过多可对生理功能产生某些影响。另外，大豆黄酮甙对小肠有解痉作用，其效力约为罂粟碱的37%。

（3）绿豆

绿豆营养丰富，每百克中含蛋白质21.8克、脂肪0.8克、糖类5.9克、胡萝卜素0.18毫克、维生素 B 0.14毫克、尼克酸2.4毫克、钙155毫克、磷417毫克、铁6.3毫克。绿豆所含蛋白质的氨基酸较完全，特别是赖氨酸和苯丙氨酸的含量较高。绿豆所含的磷脂成分中有磷脂酰胆碱、磷脂酸等。绿豆清暑开胃，夏令时节备受居民欢迎，绿豆汤、绿豆稀饭、绿豆糕、线粉、粉皮等均为食中佳品。

绿豆不仅营养丰富，还有广泛的医疗功能。中医认为绿豆性味甘寒，有清热解毒、消暑、利尿作用。据现代医学研究，绿豆能降低血液中的胆固醇和防治动脉粥样硬化，同时有较明显的解毒保肝作用。高血压、冠心病、肝脏病人常吃绿豆对恢复健康很有好处。碰伤、击伤、撞伤、红肿瘀血，用绿豆粉加鸡蛋清调敷患处，可消肿止痛。

夏日酷热，熬夜上火，咽喉肿痛、大便燥结、小便淋沥不畅、心中烦渴等情况，饮服绿豆汤，效果显著。在高温作业的情况下，绿豆汤更是必不可少的保健饮料。

对有机磷农药中毒，可用绿豆200克、甘草50克水煎服；治六六六中毒，用绿豆、黄豆各120克，混合捣碎，加水饮服；治1059农药中毒，绿豆浆200~300克，饮服也有一定效果；治煤气中毒、恶心呕吐，用绿豆粉30克，沸水冲服均有疗效。所以，绿豆又是一种常用的解毒食物。目前临床上用于铅中毒治疗，也有显著效果。

中医还认为，绿豆衣可以"明目退翳"，绿豆芽也有解热毒、酒毒的功效。中药附子食量过多中毒后，出现头肿、唇裂、流血，也可以绿豆煎汤来解救。

(4) 赤小豆

赤小豆名红豆、红小豆，现代实验证实赤小豆含有蛋白质、脂肪、碳水化合物、粗纤维、钙、磷、铁以及维生素 B_1、维生素 B_2 等营养成分。每百克赤豆含蛋白质21.7克、脂肪0.8克、碳水化合物60.7克、粗纤维4.6克、钙76毫克、磷386毫克、铁4.5毫克。

若将赤小豆配上适当的滋养性食物，如鸡、鲤鱼、鲫鱼、粳米、红枣等，调成汤、粥、糕等食品，则不仅可强身补虚，而且还能利尿消肿、祛病除邪，对于多种水肿性疾病有明显的治疗作用，尤其是对营养不良性水肿有其独特的疗效。

(5) 豌豆

豌豆又名青豆、寒豆、雪豆。据现代营养学测定，每百克新鲜豌豆内含蛋白质7.2克、脂肪0.3克、碳水化合物12.0克、粗纤维1.3克、钙13毫克、磷90毫克、铁0.8毫克、胡萝卜素0.15毫克及多种维生素、微量元素。其富含的各种营养物质，可为人体提供多种营养成分，增强机体的抗病能力，起到营养防癌的作用。本品还含有抗病毒、抑制细菌生长的物质。

(6) 蚕豆

蚕豆的营养比较丰富，某些成分含量仅次于大豆而高于其他豆类品种。据测定，每百克蚕豆中，含蛋白质 28.2 克、碳水化合物 48.6 克、脂肪 0.8 克、粗纤维 6.7 克、钙 71 毫克、磷 340 毫克、铁 7 毫克、维生素 B_1 0.39 毫克、维生素 B_2 0.27 毫克、烟酸 2.6 毫克。此外，还含有磷脂，胆碱及其他谷物中缺乏的微量元素。蚕豆是一种低热量食物，对减肥、防治高血脂症、高血压和心血管系统疾病有利。如其他某些豆类品种，蚕豆也含有植物凝集素，能够抑制肿瘤细胞增生，起到防癌抗癌的作用。

（7）高粱

高粱为禾本科植物蜀黍的种仁，又名蜀黍。高粱含碳水化合物、蛋白质、脂肪、磷、铁、钙、硫胺素、核黄素等，高粱的幼芽和果实含羟基扁桃腈——葡萄糖，水解产生 A－羟基苯甲醛，HCN 葡萄糖。高粱的糠皮含大量鞣酸蛋白，有较好的止泻收敛作用。高粱谷壳浸水色红，是酿酒用的红色素。

（8）大麦

大麦为禾本科植物大麦的种子，含蛋白质、脂肪、碳水化合物、钙、磷、铁、核黄素，尼克酸和尿囊素等。尿囊素以 0.4%～4% 的溶液外用，能促进化脓性创伤及顽固性溃疡的愈合，可用于慢性骨髓炎及胃溃疡。

（9）荞麦

荞麦面中含蛋白质 7%～10%，比大米、白面的含量高。它的氨基酸的组成成分，例如，赖氨酸和精氨酸的含量，都比大米、白面丰富。根据日本学者研究，小麦面粉的营养效价指数为 59，大米为 70。而荞麦面粉则为 80。荞麦中含有 3% 的脂肪，这些脂肪含有 9 种脂肪酸，其中最多的是油酸和亚油酸。在荞面的胚乳中所含的糖分，比一般粮食的淀粉更容易消化。它含有的微量元素也是出类拔萃的。有资料报道，它的维生素 B_1、B_2 的含量比小麦面粉多三至四倍。更突出的是，还含有其他食品所不具有的芳香甙（芦丁）成分。烟酸和芳香甙成分，有降低人体血脂和胆固醇的作用，所以多食本品，能预防冠心病和动脉硬化。荞麦面中含有的矿物质，为精白面和小麦面粉的两倍，它能促进人体凝血酶的生成，具有抗栓塞的作用，也有利于降低血清胆固醇。对于急性贫血性心脏病和高血压有一定的疗效。

（10）糯米

糯米为禾本科植物糯稻的种仁，又名江米。糯米中含有蛋白质、脂肪、糖类、钙、磷、铁、维生素（B_1、B_2）、多量淀粉等营养成分，可煮粥、酿酒，常食之对人体有滋补作用。

（11）红薯

红薯为旋花科植物番薯的根块，又名红苕、地瓜、甘薯、山薯、番薯、山芋、番芋，有红、白两种。

根据现代营养学分析，每100克红薯中含糖29克、蛋白质2克、钙18毫克、磷20毫克、维生素C150毫克、胡萝卜素、尼克酸，以及赖氨酸、矿物质等。500克红薯产生的热量比同重量的玉米高2.5%，比同重量的小米高9%，比同重量的大米或白面高45%。红薯含较多的纤维素，可以刺激肠蠕动，减少粪便中细菌和代谢产物吲哚、酚等有毒物质在肠内停留时间，以免影响健康和诱发癌症。同时纤维素与饱和脂肪酸结合，有助于防止血液中胆固醇的形成。红薯中含有一种黏蛋白，这是一种多糖和蛋白质的混合物，属胶原和黏液多糖类物质，能防止疲劳，提高人体免疫力，减少皮下脂肪，避免肥胖，防止肝肾结缔组织萎缩，保持人体动脉血管的弹性，预防胶原性疾病，并保持呼吸道、消化道、关节腔，浆膜腔的滑润。红薯中的胶原和多糖类物质还与无机盐结合形成骨质，使软骨保持一定的弹性。红薯能促进胆固醇排泄，防止心血管脂肪沉积，维护动脉血管弹性，从而降低心血管病的患病率。红薯还可以作为驻颜美容食品，因此，国外许多想保持苗条身材的女性，热衷于吃红薯。

据美国史华兹教授研究，红薯中确含有一种类似女性激素的物质，这种物质对保持身体健美是有益的。红薯中还含有微量元素硒，因而有预防癌症的作用。

蔬菜类食物的营养成分及作用。

（1）白菜

白菜又称为大白菜、黄芽白菜、结球白菜，四时常见，冬季尤胜，被誉为"百菜之王"。

据测定，每百克白菜中含蛋白质0.9克、碳水化合物1.7克、维生素C37毫克、钙140毫克、磷50毫克、锌4.2毫克，还含有铁、胡萝卜素、维生素B等。一杯熟的白菜几乎能提供1杯牛奶同样多的钙，可减少某些肿瘤发生的条件。白菜所含微量元素锌高于肉和蛋类，锌有促进幼儿的生长发育、促进男子精子活动、促进外伤愈合等作用；白菜里含较多粗纤维，能促进肠蠕动，增进食欲；所含微量元素"钼"可抑制体内对亚硝胺的吸收、合成和积累，有一定的抗癌作用。白菜中所含的维生素A、B_1、B_2、C，比一些水果的含量都高，对增强抗癌能力有益。

白菜除了多种营养物质之外，还含有活性成分吲哚-3-甲醇，每棵白菜（干品）含量约为1‰。实验证实，这种物质能帮助体内分解与乳腺癌发生相关的雌激素，如果妇女每天吃500克左右的白菜，就能获得500毫克的这种物质，它可使雌激素分解酶增加，所以乳腺癌发生率就减少。

（2）菠菜

菠菜含有比较丰富的营养成分，如蛋白质、叶绿素、铁、钙、磷、维生素A、维生素B、维生素C等，而维生素C的含量为苹果含量的6倍。

菠菜质滑而润肠，凡久病大便不通，及痔漏关塞之人，均宜食用。《本草纲目》中记："通血脉，开胸膈，下气调中，止渴润燥，根尤良。"

临床实践证明：缺铁性贫血病人常吃菠菜可使血色素增高；高血压、便秘患者吃麻油拌菠菜可使症状减轻、大便通畅；菠菜根可治疗糖尿病，也可配合药物一起治疗；患皮肤瘙痒的人多吃菠菜可减轻症状；用菠菜根煎水还可解酒；菠菜炒猪肝可治疗夜盲。

经分析，菠菜所含的酶，对胃和胰腺的分泌功能有良好作用。缺点是菠菜所含的草酸较多，吃起来带涩味，但可先用开水烫一下，可以去掉80%以上的草酸，味道也会好了。另外，患肾炎及尿路结石、肾结石者，菠菜不宜多吃。儿童正处在骨骼、牙齿生长的时期，菠菜中的草酸可把钙质结成难溶性草酸钙，久而会影响到儿童骨骼及牙齿的健康生长，故亦不宜多吃。

另有报道，菠菜作为治疗黄褐斑的保健饮食，也有一定治疗作用。

（3）韭菜

韭菜为百合科植物韭菜的叶，又名起阳草，为我国特有的一种蔬菜。

韭菜芬芳，含有多种营养物质。每百克韭菜含蛋白质2.1克、脂肪0.6克、碳水化合物3.2克，还含有胡萝卜素、维生素C、钙、磷、铁、硫化物、甙类、挥发油、纤维素等成分，所含的胡萝卜素、维生素C在蔬菜中处领先位置，有助于增强机体免疫功能，可防治多种疾病。韭菜中的粗纤维能增强胃肠蠕动，治疗便秘，对预防肠癌有积极作用。挥发性油和含硫化合物可降低血脂。韭菜对血压有降压作用，对心脏先抑制后兴奋，对血管有扩张作用，对痢疾杆菌、大肠杆菌、变形杆菌、伤寒杆菌、金黄色葡萄球菌有抑制作用。韭菜还可以提高吞噬细胞活力和促进肠蠕动而减少致癌物的滞留。韭菜根、叶有消噎、止痛之功，可防治噎膈反胃（包括食管癌、贲门癌、胃癌）。

韭菜，对于阴虚内热、疮疡、目疾者应忌食。

（4）芹菜

芹菜为伞形科植物芹的全草，有两种，生于沼泽地带的叫水芹，又名水英、野芹菜；生于旱地的叫旱芹（又名药芹、香芹）。全国各地都有栽培。

研究表明，芹菜以纤维素、钙、磷、铁、钾和维生素 A、维生素 C 的含量较高。每百克叶柄含蛋白质 2.2 克、脂肪 0.3 克、钙 160 毫克、磷 61 毫克、铁 8.5 毫克、胡萝卜素 0.11 毫克、尼克酸 0.3 毫克、维生素 C6 毫克，其钙和铁的含量比西红柿高 20 倍，还含有芹菜甙、佛手柑内酯、挥发油、甘露醇、环己六醇等。因为芹菜是高纤维食物，它经肠内消化作用产生一种木质素或肠内脂的物质，这类物质是一种抗氧化剂，高浓度时可抑制肠内细菌产生的致癌物质，并可以加快粪便在肠内的运转时间，减少致癌物与结肠黏膜的接触。因此，常吃芹菜有预防结肠癌的效果。另外，芹菜含有芹菜碱有降压作用，对早期高血压患者有一定疗效。

（5）卷心菜

卷心菜又名包心菜、洋白菜、甘蓝、莲花白菜。

据分析，每百克卷心菜中含维生素 C 60 毫克，含量高的可达 200 多毫克，还含有丰富的维生素 E，二者都有增强人体免疫功能的作用。卷心菜中含有较多的微量元素钼，能抑制亚硝酸胺的合成，因而具有一定的抗癌作用，还含有人体必需元素锰，这是人体中酶和激素等活性物质的主要成分，能促进物质代谢。卷心菜中的果胶、纤维素能够结合并阻止肠内吸收毒素，促进排便，防治肠癌。另外，常食卷心菜对人体骨骼的形成和发育，促进血液循环有很大好处；可治胃痛、食欲减退、腹胀满等症，有明显的止痛和促进溃疡愈合的作用；可用于辅助治疗胃及十二指肠溃疡病腹痛，并可缓解胆绞痛，对慢性胆囊炎和慢性溃疡病患者有效。

（6）扁豆

扁豆，亦称匾豆、娥眉豆。扁豆可分为白扁豆、黑扁豆、青扁豆和紫扁豆。扁豆的营养价值较高，蛋白质含量是青椒、番茄、黄瓜的 1~4 倍；维生素 C 含量较高；还富含人体所必需的微量元素锌，它能促进智力和视力发育，提高人体的免疫力。扁豆钠含量低，是心脏病、高血压、肾炎患者的理想蔬菜。

白扁豆具有补脾和胃、消暑化湿之功效，可治疗脾虚呃逆、食少久泄、暑湿吐泻、小儿疳积、糖尿病、赤白带下等症。

紫褐色扁豆有清肝消炎的作用，可治眼生翳膜。

扁豆花也有健脾和胃、消暑化湿之功用。

扁豆中含有植物酸的成分，可防止细胞发生癌变。

扁豆中的可溶性纤维可降低胆固醇，防治糖尿病及心血管疾病。

扁豆中的非可溶性纤维，可降低结肠癌的发病几率。

由于扁豆中含有胰蛋白酶和淀粉酶的抑制物，这两种物质可以减缓各种消化酶对食物的快速消化作用，所以食之过多可引起胃腹胀满，脾胃虚寒者应少食。

扁豆中含有皂素和植物血凝素两种有毒物质，必须在高温下才能被破坏，如加热不彻底，在食后 2~3 小时会出现呕吐、恶心、腹痛、头晕等中毒性反应。

（7）洋葱

洋葱，又叫玉葱、球葱。洋葱含有蛋白质、碳水化合物、挥发油、苹果酸、钙、磷、铁、维生素 A、维生素 B_1、维生素 B_2、烟酸、维生素 C 等营养成分。

洋葱中不含脂肪，但含有挥发油，而挥发油中又含有可降低胆固醇的物质，洋葱中还含有前列腺素样物质及能激活血溶纤维蛋白活性的成分，这些物质均为较强的血管舒张剂，能减少外周血管和心脏冠状动脉的阻力，有对抗人体内儿茶酚胺等升压物质的作用。

洋葱能促进钠盐的排泄，从而使血压下降，对高血脂、高血压等心血管病患者尤益。

洋葱还具有杀菌作用，可用于创伤、溃疡、阴道炎的治疗。

洋葱含有丰富的维生素，可用于维生素缺乏症，特别是维生素 C 缺乏者。

洋葱还有提高胃肠道张力、增加消化道分泌的作用。

洋葱能使人体内产生一定数量的化学物质——谷胱甘肽，而人体内谷胱甘肽成分增多，癌的发生机会就会减少，因此洋葱具有防癌作用。

洋葱含有大量的类黄酮，能消除强致癌物及肿瘤刺激物的作用，能抑制恶性肿瘤的生长。

洋葱中的硫磺成分，可治疗并预防呼吸道疾病。

洋葱可提高体内高密度脂蛋白，降低血压，降低胆固醇，是预防中风及心脏病的佳品。

（8）油菜

油菜为十字花科植物油菜的叶，古称芸苔，种籽榨油，春初的嫩茎味道鲜腴。

油菜含有丰富的蛋白质和多种维生素，矿物质。每百克油菜中含蛋白质 1.2 克、脂肪 0.3 克、胡萝卜素 1.28～3.15 毫克、维生素 C37～51 毫克、钙 140 毫克、磷 26 毫克、铁 0.7～7 毫克。油菜含大量胡萝卜素（比豆类多 1 倍，比西红柿、瓜类多 1 倍）和维生素 C，有助于增强机体免疫能力。油菜滑肠，所含的纤维素可促进大肠蠕动，增进大便的排出量，适合习惯性便秘患者食用，有利于预防结肠癌和直肠癌。

（9）菜花

菜花也叫花椰菜、花菜，为引进品种，是人们喜爱的一种蔬菜。

菜花内含的营养物质甚为丰富，每百克含蛋白质 2.4 克、脂肪 0.4 克、碳水化合物 3 克、钙 18 毫克、磷 53 毫克、铁 0.7 毫克、胡萝卜素 0.08 毫克以及维生素 A、维生素 B、维生素 C 等。特别是维生素 C 含量较高，每百克中含有 88 毫克，是大白菜的 4 倍，西红柿的 8 倍，芹菜的 15 倍。丰富的维生素 C 不但有利于人的生长发育，更重要的是，它能提高人体的免疫机能，从而增强人们的抗癌能力和防癌功能，尤其是在防治胃癌、乳腺癌方面效果更好。研究表明，患胃癌时，人体血清硒的水平明显下降，胃液中的维生素 C 的浓度也显著低于正常人。菜花不但能给人补充一定量的硒和维生素 C，同时也供给丰富的胡萝卜素，起到阻止癌前病变细胞形成的作用，抑制癌肿的生长。

（10）土豆

马铃薯，又名土豆、洋芋头、山药。马铃薯的主要营养成分有蛋白质、脂肪、碳水化合物、钙、磷、钾、铁、镁及维生素 B_1、维生素 B_2、烟酸、维生素 C。

马铃薯有健脾益气、和胃调中、益肾壮骨、消炎解毒等功效，可用于神疲乏力、胃肠溃疡、筋骨损伤、烧烫伤、腮腺炎等。对治疗胃及十二指肠溃疡、慢性胃痛、胃寒、习惯性便秘、皮肤湿疹等症都有很好的效果。

马铃薯中维生素 C 及钾含量丰富，可预防痛症和心血管疾病。

马铃薯中维生素 B 含量丰富，可帮助增强免疫系统功能。

脾胃虚寒易腹泻者应少食。

霉烂或生芽较多的马铃薯均含过量龙葵碱，极易引起中毒，不能食用。

(11) 黄瓜

黄瓜，又名王瓜、胡瓜。黄瓜富含蛋白质、钙、磷、铁、钾、胡萝卜素、维生素 B、维生素 C、维生素 E 及烟酸等营养素。

黄瓜中含有精氨酸等必需氨基酸，对肝脏病人的康复很有益处。

黄瓜所含的丙醇二酸，有抑制糖类物质在机体内转化为脂肪的作用，因而肥胖症、高血脂症、高血压、冠心病患者，常吃黄瓜既可减肥、降血脂、降血压，又可使体形健美、身体康复。

黄瓜汁有美容皮肤的作用，还可防治皮肤色素沉着。

黄瓜顶部的苦味中富含葫芦素 C 的成分，具有抗癌作用。

黄瓜所含的钾盐十分丰富，具有加速血液新陈代谢、排泄体内多余盐分的作用，故肾炎、膀胱炎患者生食黄瓜，对机体康复有良好的效果。

黄瓜性凉，慢性支气管炎、结肠炎、胃溃疡病等属虚寒者宜少食为妥。

(12) 莴苣

莴苣为菊科植物莴苣的茎、叶，又名莴笋。

据分析，莴苣富含钙、胡萝卜素、维生素 C，叶中的含量要高于茎。每百克莴笋中含蛋白质 0.6 克、脂肪 0.1 克、钙 7 毫克、磷 31 毫克、铁 2 毫克、胡萝卜素 0.02 毫克、维生素 C1 毫克。而每百克莴笋叶中，含钙高达 110 毫克、胡萝卜素可达 2.24 毫克、维生素 C 为 31 毫克。因此，在食莴笋时，不要将绿叶丢弃。日本研究发现，莴笋的热水提取物对 JTC – 26 癌细胞有 90% 的抑制率。

(13) 竹笋

为禾本科植物淡竹的嫩芽，又名竹肉，竹胎，竹萌。

现代营养学测定，在每百克竹笋中，含蛋白质 4.1 克、脂肪 0.1 克、碳水化合物 5.7 克、钙 22 毫克、磷 50 毫克、铁 0.1 毫克，以及一定量的各种维生素，竹笋中的蛋白质则可分解成多种人体必需的氨基酸。竹笋所具备的各种特点都很适合营养防癌的需要。比如，竹笋有低脂肪、低碳水化合物、多纤维等特点，食后可促进肠道蠕动，帮助消化，防止便秘，减降多余的脂肪，这对于预防癌症，尤其是消化道癌症和乳腺癌的发生是十分有益的。

(14) 藕

为睡莲科植物莲的肥大根茎。

研究发现，藕含淀粉、蛋白质、天门冬素、含糖量也很高（19.8%），能产生较多热量（84千卡/100克），含维生素C也较多（25毫克/100克）。藕的营养非常丰富，且具有防癌抗癌功能。

（15）胡萝卜

胡萝卜为伞形科植物胡萝卜的根，俗称黄萝卜、红萝卜或称丁香萝卜。

胡萝卜含 α、β、γ、ε 胡萝卜素和多种类萝卜素、维生素、脂肪油、多种挥发油、有机酸、胡萝卜碱及多种降糖成分。每100克胡萝卜中含胡萝卜素17毫克。胡萝卜素是维生素A的半成品，为脂溶性物质，只有溶解在油脂中，才能在人体小肠黏膜作用下转变为维生素A，为人体所吸收，因此，胡萝卜最好用食用油或肉类烹调。如果生吃胡萝卜，大约90%的胡萝卜素会因不能利用而被排泄掉。因为胡萝卜含维生素A丰富，可作为治疗和补充人体维生素A的不足。维生素A及其衍生物能使向癌细胞分化的细胞恢复正常功能而预防癌症。特别是对老年人能起到明目养神、防治呼吸道感染、调节新陈代谢、增强抵抗力等作用。胡萝卜含有明显的降血糖成分，可以用于糖尿病的治疗。胡萝卜能帮助消化，消化不良、食欲不振的人可经常食用。胡萝卜还可以用于肾炎病人的饮食治疗。胡萝卜含琥珀酸钾盐，因而还有降低血压的作用。近年来，胡萝卜还有加速排出人体内汞离子的功能。胡萝卜的花也有降压和消炎的作用。

（16）茄子

茄子为茄科植物茄的果实，又名酪酥、昆仑瓜、落苏。

虽然茄子口味一般，但营养价值却非同寻常。每百克含蛋白质2~3克、脂肪0.1克、碳水化合物3.1克、钙22毫克、磷31毫克、铁0.4毫克、维生素 B_1 0.03毫克、维生素 B_2 0.04毫克、维生素C 3毫克，还含有多种生物碱。在紫色茄子中，含有丰富的维生素P和皂甙等物质，其中维生素P高达7.2克，能增强微血管的韧性和弹性，保护微血管，提高微血管对疾病的抵抗力，保持细胞和毛细血管壁的正常渗透性，增强人体细胞间的黏着力，可以预防小血管出血，为心血管病患者的食疗佳品，尤其对动脉硬化症、高血压、冠心病和咯血、紫癜及坏血病患者，有很好的辅助治疗作用；常吃茄子可以预防高血压所致的脑溢血、糖尿病所致的视网膜出血，对急性出血性肾炎等有一定疗效。茄子所含的皂草甙、葫芦巴碱、小苏碱及胆碱等成分，又能降低血液中的胆固醇含量，常食具有预防冠心病的作用。

（17）西红柿

西红柿又名番茄、番柿、洋柿子、六月柿等。西红柿被称为"维生素仓库"，因为它含有几乎维生素的所有成分，同时它还含有蛋白质、脂肪、碳水化合物、铁、钙、磷等营养成分。西红柿营养丰富，每人每天若吃2~3个西红柿，就可以补偿其维生素和矿物质的消耗。

西红柿中所含的维生素 P 可以保护血管。

西红柿中所含的黄酮类等物质有显著止血、降压、利尿作用。

西红柿中所含烟酸能维持胃液的正常分泌，促进红细胞的形成，可以保护皮肤健康。

西红柿中所含番茄碱能抑制某些对人体有害的真菌，可用于预防口腔炎等。

西红柿中所含一定量的维生素 A 可以防治夜盲症和眼干燥症。

西红柿还含有一种抗癌、抗衰老的物质——谷胱甘肽，使体内某些细胞推迟衰老及使癌症率下降。

西红柿因含有大量的番茄红素而有预防宫颈癌、膀胱癌和胰腺癌的作用。

风湿性关节炎患者多吃西红柿可能使病情恶化。

（18）冬瓜

冬瓜又叫东瓜、白瓜、枕瓜、水芝，为葫芦科植物冬瓜的果实。

研究表明，每百克冬瓜含蛋白质0.4克，碳水化合物24克、钙19毫克、磷12毫克、铁0.03毫克，胡萝卜素0.01毫克、维生素C16毫克、尼克酸0.3毫克，对人体有很好的营养作用。它无脂低钠，能利尿，能防止糖类转化为脂肪而达到减肥。冬瓜皮含蜡质甙、树脂，口服冬瓜皮有利尿作用。有人试验，非肾性水肿恢复期患者，服冬瓜皮煎剂60毫升，排尿量显著增加。冬瓜子含尿素分解酶、皂甙、脂肪油、蛋白质，有祛痰作用。冬瓜子研细如膏作成擦脸油，可除雀斑、蝴蝶斑和酒糟鼻。冬瓜瓤含葫芦巴碱、组氨酸及维生素 B、维生素 C 等。近年来，日本学者发现冬瓜子有诱生干扰素的作用，因而具有抗病毒、抗肿瘤的作用。

（19）丝瓜

丝瓜为葫芦科植物丝瓜的果实，又名天罗、布瓜、绵瓜等。

研究表明，丝瓜含皂甙、黏液质、丝瓜苦味质、瓜氨酸、糖、蛋白质、脂肪、维生素 A、维生素 C、钙、磷、铁等。丝瓜有杀昆虫作用，丝瓜子含喷瓜素，有强心和杀虫作用，丝瓜藤有化痰、止咳、平喘作用。

丝瓜寒滑，多食能滑肠致泻。脾虚便溏者不宜服用。

（20）苦瓜

苦瓜为葫芦科植物苦瓜的果实，又名癞瓜、癞葡萄、锦荔枝。

据测定，每百克苦瓜含蛋白质0.9克、脂肪0.2克、钙18毫克、磷29毫克、铁0.6毫克、胡萝卜素0.08毫克、维生素C84毫克。所含的苦瓜甙和苦味素能健脾开胃，增进食欲。其大量的维生素C有助于增强机体免疫功能。近年来发现，苦瓜中还含有类似胰岛素的物质，可降低血糖，是糖尿病患者的理想食品。苦瓜汁中含有类似奎宁的蛋白成分，能加强巨噬细胞的吞噬能力，提高人体对疾病的抵抗能力，临床上对淋巴肉瘤和白血病有效。苦瓜素体外实验，能使人的舌、喉、口腔底部、鼻咽部癌细胞的生长受到抑制。

日本医生曾用苦瓜全植株的浸出液输给一位淋巴细胞性白血病患者，使其血红蛋白明显增加，在实验动物和试管中，确认可以抑制肿瘤细胞的生长。台湾台大医学院从苦瓜种子中成功地提炼出一种胰蛋白酶抑制剂，可以抑制癌细胞所分泌出来的蛋白酶，以阻止恶性组织的扩大，阻遏恶性肿瘤的生长。这一切都说明苦瓜对于防治癌症有重要的作用和积极的意义。

（21）南瓜

南瓜为葫芦科植物南瓜的果实，又名倭瓜、番瓜、饭瓜等。

每100克南瓜中含瓜氨酸20.9毫克，以及精氨酸、天门冬酸、葫芦巴碱、腺嘌呤、维生素、脂肪、糖分等。南瓜子含瓜子氨酸，其脂肪油约40%，其他尚有尿素分解酶、维生素B族、维生素C等。南瓜能降低血糖，对糖尿病有较好疗效，并对高血压及肝脏的一些病变有预防和治疗作用；所含的甘露醇又有通大便的作用，可减少粪便中毒素对人体危害，可防止结肠癌的发生，故被称为"防癌食物"。南瓜中胡萝卜素含量较高，它是维生素A的前体，被人体摄取后，很快转化成维生素A而被吸收利用，对保护眼睛视力具有重要作用。它还含有一种"钴"的成分，食用后有补血作用。南瓜子除驱蛔虫、蛲虫外，还有杀灭血吸虫幼虫的作用。

水果类食物的营养成分及作用。

（1）苹果

苹果为蔷薇科植物苹果的果实，又称频婆、天然子。

苹果主要含碳水化合物，其中大部分是糖。有机酸约0.5%，主要为苹果酸，其次为奎宁酸、柠檬酸、酒石酸等。其芳香成分中，醇类含

92%，羟的化合物为6%。每100克苹果中含钾100毫克，维生素C的含量也比较多，而钠仅为14毫克。苹果对高血压病的防治有一定作用。妇女妊娠反应期间食用苹果，一方面可补充碱性物质及钾和维生素，另一方面可调节水盐及电解质平衡，防止因频繁呕吐导致酸中毒症状出现。苹果中所含果胶是一种较好的血浆代用品，苹果酸可抑制癌细胞的扩散；所含维生素C可以滋养皮肤，使其保持光润和弹性，并可增强人体的抵抗能力，保护微血管，预防坏血病，促进伤口的愈合。苹果中的钾，能与体内过剩的钠结合，并使之排出体外，所以食入过多盐分时，可吃苹果来帮助排除；平日饭后进食苹果，可补充糖、有机酸、维生素C等营养物质，保持健康，且可预防癌症。水肿病人服用中西利尿药物后，宜进食苹果，有利于补钾；又因其含钠量少，也不会引起水肿的加重。

（2）梨

梨，北方叫梨子，南方叫生梨。

梨的味道甘酸适宜，营养成分非常丰富。在每100克鲜品中，含蛋白质0.7克、脂肪0.1克、碳水化合物13克、钙68毫克、磷13毫克、铁2.9毫克、胡萝卜素2.9毫克、维生素$B_1$0.05毫克、维生素$B_2$0.03毫克、维生素C585毫克、维生素D800毫克、维生素P6000毫克、维生素E3毫克等。梨能降低血压，保护肝脏，帮助消化，促进食欲。

（3）桃

桃为蔷薇科植物桃的果实，俗称桃子。

桃所含的营养成分也非常丰富。每100克桃肉中，含蛋白质0.8克、脂肪0.1克、碳水化合物10.7克，其糖类都是易于人体消化吸收的果糖、葡萄糖、蔗糖。在桃肉中，还含有各种维生素、果胶、果酸及钙、磷、铁等矿物质，尤其是铁的含量较多，是苹果和梨的4~6倍。这些物质对补充人体的营养素和健康防癌有明显好处。

据日本医学家报告，桃果中的桃仁含苦杏仁甙，其水解产物氰氢酸和苯甲醛对癌细胞有协同破坏作用；苦杏仁甙能帮助体内胰蛋白酶消化癌细胞的透明样黏蛋白被膜，使白细胞能够接近癌细胞，以致吞噬癌细胞；桃仁含苦杏仁甙，有抗凝血、镇咳和轻微的溶血作用；桃树胶能降血糖。

（4）香蕉

香蕉为芭蕉科植物香蕉的果实，又名甘蕉、蕉子、蕉果。

据测定，每100克香蕉含蛋白质4.4克、脂肪0.8克、糖分以及维生素A、维生素B、维生素C、维生素E，钾、铁等，每100克香蕉中约含钾

400 毫克，含铁也比其他水果高，香蕉还有少量 5 - 羟色胺，去甲肾上腺素及二羟基苯乙胺，这些成分有治疗胃溃疡及抑菌作用。其抑菌成分以果皮为多，果肉次之。香蕉中的果糖与葡萄糖的比例为 1：1，这一比例适合脂肪痢和中毒性痢疾患者。香蕉中含矿物质较多，对水盐代谢失常的恢复也很有利，香蕉中的 5 - 羟色胺能使胃酸降低，因而能缓和对胃黏膜的刺激，促使人变得安宁，甚至可减少疼痛。不久前，有关部门还证实香蕉有防癌作用。另有报道，香蕉挤汁揉搓头发，然后用清水洗掉，可使黄发变黑而有利美容。香蕉中还含有噻苯哒唑，具有广谱驱肠寄生虫作用，食用大量香蕉能清除肠寄生虫。香蕉含钾量为水果之冠，而钾对维持人体细胞功能和体内酸碱平衡以及改进心肌功能均是有益的，因此高血压、心脏病患者，常吃香蕉，有益无害；而且，糖尿病人进食香蕉后尿糖并不见升高。

（5）橘子

橘含橙皮甙、苹果酸、柠檬酸，葡萄糖、果糖、蔗糖，维生素等。

经研究证明，含丰富维生素的水果有明显的抗癌作用，而橘中含大量多种维生素，尤其富含维生素 A、维生素 C、维生素 E，不仅能中和危险的氧化剂，且可使肠道与食物中潜在的致癌物质接触减少。

烂橘中含橘霉素，有较强的抗菌作用，故可将烂橘储于深色玻璃瓶中，同时涂擦患部，每日数次，可治一般烫伤。

橘性凉，风寒咳嗽及痰饮者不宜食用。

（6）葡萄

葡萄含葡萄糖、果糖、蛋白质、有机酸类，钙、磷、铁，胡萝卜素、维生素、尼克酸等。

据报道，葡萄、葡萄酒、葡萄汁和葡萄干，均有杀灭病毒的作用，而葡萄和葡萄汁又比葡萄酒的作用强。

葡萄含很多糖分，主要为葡萄糖，易为人体直接吸收，每100 克葡萄约可供给人体 3768.3 千焦耳热量。

葡萄具有某种维生素 P 的活性，有研究表明，口服葡萄的种子油15 克可降低胃酸度；12 克能利胆；40～50 克则致泻。

（7）西瓜

西瓜为葫芦科植物西瓜的果实，又称寒瓜。

西瓜含蛋白质、葡萄糖、果糖、苹果糖、瓜氨酸、丙氨酸、谷氨酸、磷酸、苹果酸、甜菜碱、腺嘌呤、盐类、维生素 B 族、维生素 C、胡萝卜素、钙、磷、铁、乙醛、丁醛等。西瓜是瓜果中果汁最丰富的，含水量高达90.6%，营养价值也很高，治疗范围也很广泛。果汁和瓜皮都含有配糖体和酶，有强心、利尿、消炎、降压作用，而且对肾炎、心脏病、高血压、慢性胃炎有特殊疗效。在夏天，多吃点西瓜，不仅补充身体营养，清凉解暑，而且能增进食欲，清除疲劳。

（8）甜瓜

甜瓜为葫芦科植物甜瓜的果实，也叫香瓜、甘瓜、果瓜。

据测定，甜瓜含水分达85%以上，每100克甜瓜含球蛋白2.68克，以及维生素、胡萝卜素、有机酸等。每100克甜瓜子中含脂肪油27克、主要为亚油酸、油酸、棕榈酸、肉豆蔻酸及硬脂酸等。另外甜瓜尚含有谷蛋白和葡萄糖、半乳糖等。甜瓜子有驱虫作用，亦可抑制霉菌。甜瓜蒂含甜瓜素，口服甜瓜素，有强烈的催吐作用。甜瓜蒂含四环三萜类苦物质，其中分离出葫芦素B、葫芦素E、葫芦素D、异葫芦素B、葫芦素B葡萄糖甙，此外，还含有甾醇、皂甙及氨基酸等。抗癌的主要成分是葫芦素类化合物，它能抑制某些癌细胞的生长，如对人鼻咽癌细胞及子宫癌细胞均有直接抑制作用。葫芦素还能提高机体细胞免疫功能。实验说明，葫芦素B、葫芦素E和B葡萄糖甙能明显保护对四氯化碳所致的动物肝脏的急慢性损害，有效地控制肝细胞的变性、坏死，使谷丙转氨酶活力下降，增加肝糖元积蓄。葫芦素B还能加速组织的修复，抑制脂肪肝及肝纤维组织的增生，可能有促进纤维组织重吸收的作用。

（9）杏

据测定，每100克杏含水分85克、蛋白质1.2克、钙20毫克、磷24毫克、铁0.8毫克、维生素A1.7毫克，除此外尚含有糖、柠檬酸、苹果酸、β-胡萝卜素，少量γ-胡萝卜素和番茄烃。其挥发油成分为桂烯、柠檬烯等。杏仁含苦杏仁甙、脂肪油、蛋白质和各种游离氨基酸，苦杏仁甙可被水解为剧毒物质氢氰酸，大量杏仁内服可引起中毒，小量内服不会引起中毒，可起到镇静呼吸中枢及平喘止咳作用。

（10）猕猴桃

猕猴桃生长于深山野林之藤蔓上，又称藤梨、藤桃、金梨、木子、猕猴梨等。

据测定，猕猴桃内含的营养素极为丰富，被誉为水果之王，每百克桃肉中含碳水化合物12～18克（主要是葡萄糖和果糖）、果酸1.4～2.0克、蛋白质1.6克、脂肪0.3克、磷42.2毫克、钠3.3毫克、钾320毫克、钙56.1毫克、铁5.6毫克、胡萝卜素0.035毫克，还含有人体不可缺少的微量元素碘、锰、锌、铬等。猕猴桃中维生素 C 的含量名列果中前茅，每百克桃肉达 300～420 毫克，约为柑橘的 51 倍、蜜桃的 70 倍、鸭梨的 100 倍、苹果的 200 倍，真不愧为"水果金矿"。猕猴桃不仅能补充人体营养，所含的果酸还可以促进人的食欲，帮助消化，增强人体免疫功能，提高人体对疾病的抵抗力。更重要的是，猕猴桃果汁能阻断致癌物质 N-亚硝基吗啉在人体内合成，预防多种癌症的发生。

(11) 樱桃

樱桃又名含桃、米桃、樱株等。

据测定，每 100 克樱桃含碳水化合物 8 克、蛋白质 1.2～1.6 克、钙 6 毫克、磷 31 毫克、铁 6 毫克。此外，樱桃所含的胡萝卜素比苹果、橘子、葡萄高 4～5 倍，维生素 C 的含量也很可观。鉴于樱桃含大量多种营养素，能提高机体免疫机制，具有抗肿瘤的作用，故人们将它列为防癌果品。樱桃含铁量特高，可谓百果之冠，饮服鲜樱桃汁有利于缺铁性贫血的恢复。

(12) 菠萝

菠萝，又名凤梨。菠萝中蛋白质、脂肪、碳水化合物、粗纤维、钙、磷、铁、胡萝卜素、维生素 B_1、维生素 B_2、烟酸、维生素 C 等含量较丰富。

菠萝有生津解渴清暑、补脾胃、固元气、益气血、强精神、消食、祛湿等功效，可用于伤暑、伤食、脾胃两虚、神疲乏力、腰膝酸软、肾炎水肿、高血压、咳嗽痰多等症。

菠萝中含有菠萝蛋白酶，能溶解导致心脏病发作的血栓，能防止血栓的形成，并有能加速溶解组织中的纤维蛋白和蛋白凝块的功能，从而改善局部血液循环，达到消炎、消肿的作用。

治疗咽喉肿痛可食用菠萝。

(13) 荔枝

荔枝又名离支、丹荔、勒荔等。

营养学研究发现，每 100 克荔枝果肉含葡萄糖 17 克（其中 5% 为蔗糖）、蛋白质 1.5 克、脂肪 1.4 克。荔枝还含有维生素 A、维生素 B、维生素 C、维生素 D，磷、钙、铁、柠檬酸，多量游离精氨酸和色氨酸。荔枝核含皂甙，鞣质，可使血糖下降，肝糖元降低。

(14) 桂圆

桂圆又名龙目、圆眼、龙眼肉等，是我国特有的果品。

桂圆几乎含有人体所需要的各种营养素。每 100 克干品中含碳水化合物 65 克，包括大量葡萄糖、蔗糖、果酸等，含蛋白质 5 克、磷 118 毫克、铁 4.4 毫克、钙 30 毫克，还有多种含氮物质、维生素 C 及 B 族维生素。这些成分都是防癌保健的必需物质，可以增强机体的免疫能力。对脑细胞有一定补养作用，对大脑皮质有镇静作用，因而对增强记忆、减轻大脑紧张疲劳特别有效；桂圆中含铁量较高，维生素 B 也很丰富，可以减轻宫缩及下垂感，起到保胎作用；对神经性心悸有一定疗效；还具有延年益寿的作用。

各种调料的营养成分及作用。

（1）白糖

白糖，古称石蜜、糖霜，直接由甜菜或甘蔗糖汁提炼而成。白糖含糖类 99% 以上，以葡萄糖和果糖为主，此外还含有多种氨基酸、钙、磷、铁和维生素 B 等成分。

白糖具有润肺生津、补中益气、清热燥湿、化痰止咳、解毒醒酒、降浊怡神之功效，可用于治疗肺燥咳嗽，口干燥渴、中虚脘痛、脾虚泄泻以及盐卤中毒、脚气、疥疮、阴囊湿疹等病症。

白糖还有抑菌防腐的作用。

但是，糖不宜多食，多食久食则助热，有损齿、生虫之弊。老年人及高血压、肥胖、动脉硬化、冠心病患者不宜多食，多食则留湿生痰。

（2）红糖

红糖，又名赤砂糖、紫砂糖，是由甘蔗制成的含糖蜜的糖。红糖营养价值优于白糖，其中铁、钙比白糖高出 3 倍，还含有锰、锌、铬等微量元素，所以红糖更适用于产妇、儿童及贫血患者食用。红糖还有一定数量的维生素 B、烟酸和胡萝卜素。

红糖具有补中舒肝、止痛益气、和中散寒、活血祛淤、调经、和胃、降逆的作用，可用于治疗脘腹冷痛、风寒感冒、妇人血虚、月经不调、痛经、产后恶露不尽、喘嗽烦热、食即吐逆等病症。

红糖作为调料，还可增进人的食欲。红糖中含有较为丰富的铁质，有良好的补血作用。

（3）冰糖

冰糖，是冰块状的蔗糖结晶体。

冰糖具有补中益气、和胃润肺、止咳化痰、清热降浊、养阴生津、止汗解毒等功能，可用于治疗中气不足、肺热咳嗽，阴虚久咳，口燥咽干、咽喉肿痛、小儿盗汗、口疮、风火牙痛等病症。

（4）食盐

食盐是含有氯和钠的化合物，可使人体的渗透压、酸碱度、水盐代谢得以平衡，人体对盐分须臾不可离，必须保持在一定的水平才能—生存。

夏天喝浓度为0.5%的盐水能预防中暑。盐水也可消炎、杀毒等功效。

咳嗽消渴之人不宜多食食盐。水肿病人忌服。高血压、肾脏病、心血管疾病患者宜适当限制食盐摄入量，可用代盐（氯化钾）或无盐酱油代替食盐以促进食欲。

不同地区的人要根据本地区情况，选择加碘盐、加锌盐、低钠盐，可防治某些病症。

（5）酱油

酱油是由大豆和小麦发酵制成的，在东西方都是普遍应用的调味品。酱油的盐分含量较高，但也具有一些豆类的营养成分，还具有解热除烦、解毒的作用。

酱油可用于治疗暑热烦闷、疔疮初起、妊娠尿血等病症。此外，还能解一切鱼肉、蔬菜、药物、虫兽之毒，可治疗食物、药物中毒及汤火灼伤、虫兽咬伤。

国外研究者认为，酱油有抗癌成分。

但是患高血压、心脏病的人要少用酱油。常人食用时也要适当，不宜过多，容易引起色素沉着。

（6）醋

醋有米醋、香醋、糖醋、白醋、酒醋、熏醋等，主要成分是醋酸，还含有丰富的钙、氨基酸、琥珀酸、乳酸、B族维生素及盐类等，既有肠道杀菌作用，还能促进对食物中钙、磷、铁的溶解吸收。

由于醋有杀菌作用，所以可用醋熏空气预防流感、上呼吸道感染。醋浸大蒜更添杀菌效力，防治肠道感染，对防治癌症也有助益。

适当饮醋，既可杀菌，又可促进胃消化功能，还可降低血压、防治动脉硬化。炒菜加醋，可使青菜中维生素C少受损失，还可以增加对矿物质的溶解利用。煮排骨肉或烧鱼时放醋，可将骨中钙、磷质溶解于汤中，有利于人体吸收。

（7）酒

酒有白酒、黄酒、啤酒、果酒等。白酒具有通血脉、御寒气、行药势的作用。适量饮酒有兴奋作用，使大脑抑制功能减弱，血管扩张，血液循环加强，故有解除疲劳、兴奋精神的作用，并使人增加食欲，促进消化吸收。

黄酒被用于烹调时的调味剂，因其含有糖类、糊精、醇类、氨基酸、酮类而富有营养。

果酒中的葡萄酒，含有醇类，糖类、鞣酸、蛋白质、果胶、芳香油等，尤以氨基酸，维生素含量全面而丰富，适量、经常饮用能软化血管、保护心脏。

啤酒中含有 17 种氨基酸，还有糖类、醇类、维生素，有"液体面包"之称，有活血、开胃、利尿作用。啤酒中的树脂有杀死葡萄球菌、抑制结核杆菌的作用，患有高血压、心脏病、肠胃病、肺病、脚气病、消化不良、神经衰弱的人，喝啤酒还有一定的辅助治疗作用。

但是白酒不可经常饮，每次饮酒也不可过量。长期过量饮酒不但影响肠胃吸收功能，而且对肝脏伤害最大，对心、脑、肾、神经系统也有伤害。另外，消化道溃疡病人、泌尿系统结石病人，不宜饮啤酒。

（8）菜籽油

菜籽油中主要脂肪酸为油酸、亚油酸，还含有多种维生素。

由于菜籽油具有调味、清热，解毒、通便等作用，可用于治疗便秘、痈疽肿毒，烫伤等病症。

菜籽油含多数不饱和脂肪酸，因此，患有心脏病、高血压、高血脂症者宜用。

（9）花生油

花生油，又名落花生油。花生油中含有不饱和脂肪酸、亚油酸、多种氨基酸、多种维生素。

花生油中的不饱和脂肪酸可降低胆固醇，维生素 E 可维持人体生理功能、延长细胞寿命。花生油具有补中、润燥、滑肠、下积作用，用于治疗肺热燥咳、蛔虫性肠梗阻、胃痛、胃酸过多、胃及十二指肠溃疡等病症。

需要注意的是，服花生油治病时，若服后有呕吐现象，则应停止。

（10）葵花子油

葵花子油 90％是不饱和脂肪酸，其中亚油酸占 66％左右，还含有维生素 E、植物固醇、磷脂，胡萝卜素等营养成分。

葵花子油含的亚油酸是人体必需脂肪酸，它是构成各种细胞的基本成分，具有调节新陈代谢、维持血压平衡、降血中胆固醇的作用。葵花子油含较多的维生素 E，可以防止不饱和脂肪酸在体内过分氧化，有助于促进毛细血管的活动，改善循环系统，从而防止动脉硬化及其他血管疾病。葵花子油含有微量的植物固醇和磷脂，这两种物质能防止血清胆固醇升高。葵花子油含的胡萝卜素被人体吸收后可能化为维生素 A，它可防止夜盲症、皮肤干燥等症，而且还有抗癌作用。

需要特别提醒：肝病患者不宜多吃葵花子油。

（11）大豆油

大豆油，属半干性油，含有油酸、亚油酸等不饱和脂肪酸及维生素 A、维生素 B、维生素 B、胡萝卜素、维生素 E、钙，磷，铁、卵磷脂、固醇等成分。

大豆油具有驱虫、润肠、解毒、杀虫的功效。大豆中的亚油酸能够预防包括乳腺癌、结肠癌、直肠癌在内的许多癌症。常食用大豆油能促进胆固醇分解与排泄，可降低血液中胆固醇在血管壁的沉积，对治疗肠梗阻、大便秘结有特效。

（12）葱

葱，又叫菜伯、和事草、四季葱。葱含有蛋白质、糖类、脂肪、碳水化合物、胡萝卜素，还含有苹果酸、磷酸糖、维生素 B、维生素 B、维生素 C、铁、钙、镁及挥发性的"葱素"等成分。

葱具有利肺通阳、发汗解表、通乳止血、定痛疗伤的功效，用于痢疾。腹疼痛、关节炎、便秘等症。葱有一种独特的香辣味，来源于挥发性硫化物——葱素，能刺激唾液和胃液分泌，增进食欲。葱所含的苹果酸和磷酸糖能兴奋神经、改善促进循环、解表清热。常吃葱可减少胆固醇在血管壁上的堆积。葱还可杀菌，预防感冒。

但是生葱也是一些疾病的禁忌，如心脏病等。

（13）姜

姜主要含有挥发油、姜辣素、树脂、淀粉等成分。

姜有发表散寒、温肺止咳、温胃止呕、解毒止泻、调味等功效，可用于风寒感冒、呕吐泄泻、痰饮喘咳等症，并可用于鱼蟹、禽兽肉等食物和药物中毒。姜可使肠管张力、节律及蠕动增加，制止因胀气所致肠绞痛。姜对大脑皮质、心脏、延髓的呼吸中枢和血管运动中枢均有兴奋作用。热姜汤可治疗流行感冒。姜外用对癣菌、阴道滴虫有抑制和杀灭作用。孕期反应的妇女食姜，既可消除恶心，又不会伤及胎儿。姜汤加红糖还可治疗痛经。

需要特别提醒：若食用姜过多，生热损阴，可致口干、喉痛、便秘等症。姜阴虚内热、血热及痔疮患者均忌服姜。

（14）蒜

蒜有紫皮蒜、门皮蒜之分、蒜含有挥发性蒜辣素、蛋白质、脂肪、多种维生素、多种矿物质。蒜可用作调味品，更可用作防病、保健、治病良药。

蒜辣素具有杀灭大肠杆菌、痢疾杆菌、霍乱病菌或病毒作用及防癌、防治心血管疾病等多种疾病的作用，被称为"地里生长的青霉素"。蒜还可以抑制亚硝酸等致癌物在人体中的合成和吸收，减少癌症发生几率。

蒜中杀菌成分遇热会被破坏，因此尽可能生食。眼病、痔疮、胃肠道出血、肝病、肾病患者，不宜食用。

（15）胡椒

胡椒又名浮椒、玉椒等。胡椒的辣味来自胡椒辣碱和胡椒辣脂碱，它还含有挥发油、脂肪等。

胡椒具有温中下气、燥湿消痰、解毒、和胃的作用，可用于治疗脘腹冷痛、反胃呕吐、宿食停积、寒湿泄泻、寒疝腹痛以及痄腮、睾痛、食物中毒、疮肿、毒蛇咬伤、犬咬伤等病症。

胡椒所含胡椒辣碱、胡椒辣脂碱、挥发油等物质，内服可作驱风、健胃之剂，并有微弱的抗疟作用。胡椒辣碱还有抗惊厥作用，可用于治疗癫痫。

胡椒不宜过食久食，对于胃热、阴虚有热较重者尤不宜食用，以免助火伤身。胡椒小剂量食用可增进食欲，但大剂量食用则刺激胃黏膜，引起充血性炎症的改变。

（16）八角茴香

八角茴香，又名大茴香、八角香、大料等，其芳香气味来源于挥发性茴香醛。

八角茴香具有温阳散寒、理气止痛、温中健脾的功能。可用于治疗胃脘寒痛、恶心呕吐、腹中冷痛、寒疝腹痛、腹胀如鼓以及肾阳虚衰、腰痛、阳痿、便秘等病症。

茴香油具有刺激胃肠血管、增强血液循环的作用。

肉、禽、蛋类的营养成分及作用。

（1）猪肉

猪肉的肉质细嫩，可任意烹饪，或烧或炒，或蒸或煮，均有鲜美的口感，是我国人民最常用的一种肉食。

猪肉以瘦肉质优，以含脂肪和维生素 B 见长。在每百克猪肉中，含蛋白质 9.5～16.4 克、脂肪 32～60 克、维生素 B 0.53 毫克，另还有部分碳水化合物、钙、磷、铁和维生素 B、尼克酸等有益物质。显然，当一个人由于多种原因缺乏营养，出现身体虚弱，面如菜色，机体抵抗力下降时，适当地摄入猪肉，则可以补充多种营养素，达到增强体质防癌抗病目的。倘若本身已经是大腹便便，面泛油光，则应该控制肉类饮食，否则适得其反。

（2）牛肉

牛肉是一种大众化的肉食，补益作用较强，营养成分容易为人体所吸收，有一定的食疗价值。

牛肉以含蛋白质为主，人体必需氨基酸甚多。每百克牛肉含蛋白质 20.1 克、脂肪 10.2 克、尼克酸 6 毫克、钾 378 毫克，还含有维生素 B_1、维生素 B_2、维生素 A 和钙、磷、铁等，特殊成分为肌酸、黄嘌呤、次黄质、牛磺酸。如体质虚弱，胃口不好，难以进补者，适量地进食牛肉，可以提供机体多种营养物质，有助于增强防病抗癌的能力。

（3）羊肉

羊肉是我国北方地区的主要肉食之一。其肉质细嫩，常作为冬令滋补佳品。

据分析，每百克羊肉中，含脂肪 28.8 克、优质蛋白 11.1 克、碳水化合物 0.8 克、尼克酸 4.9 毫克，还含有钙、磷、铁等无机盐和维生素 A、B。身体虚寒、阳气不足者，食羊肉能增强体质，提高机体的耐寒、抗病和防癌能力。

（4）狗肉

狗肉为冬季常用的滋补食品，营养丰富，食之有御寒作用。

现代研究表明狗肉除含蛋白质、脂肪、灰分、维生素外，尚含嘌呤类、肌肽、肌酸、钾、钠、氯等成分，其营养作用与牛肉类似，另外，狗肉能增添热量，对恢复人体健康颇有助益。

（5）兔肉

兔肉肌纤维细嫩，易于消化吸收，味道也是肉食品中的佼佼者。

兔肉的蛋白质含量高达 21.2%，高于牛肉、羊肉和猪肉，为完全蛋白质食品。兔肉含的必需氨基酸完全，蛋白质的生物学价值达 40.15%，名列肉类之冠。兔肉中脂肪含量却只有 3.8%，仅为牛肉的 1/5、羊肉的 1/

7、猪肉的1/17。兔肉含磷脂多，胆固醇少。鲜兔肉仅含胆固醇0.05%，牛肉为0.14%，猪肉为0.15%。当血液中含胆固醇少，磷脂多时，胆固醇沉积在血管壁上的数量和血管发生粥样硬化的机会就减少。所以，长期食用兔肉代替猪肉、羊肉可防治高血压、冠心病和动脉硬化症等。兔肉中的尼克酸、矿物质和碳水化合物的含量较之其他肉食也是独占鳌头。尼克酸又叫烟酸，有助于酶的呼吸作用，参与体内蛋白质、脂肪和碳水化合物的消化和吸收，利于产妇、儿童、老弱病残人的健康。

（6）鸡肉

鸡肉为禽类中最常见的食物，历来被人们当作滋补之品。

鸡肉的营养价值为人熟知。每百克鸡肉中，含蛋白质21.5克，脂肪仅有2.5克，而且多为接近人体需要的不饱和脂肪酸。鸡肉还含有钙、磷、铁及丰富的维生素E、维生素B_1、维生素B_2、尼克酸。鸡肝中维生素A的含量特别高，每百克中含量达10900国际单位，约为猪肝的6倍，简直就是维生素A仓库。因此鸡肉是人们理想的营养食物，经常食用可以增强体质，提高抗病能力。

近年来，有人研究运用鸡皮移植治疗烧伤创面有较好效果。证明鸡皮可防治感染、消除局部给予全身的不良影响。此外，鸡肉味鲜气清香，可促进食欲。

（7）鸭肉

鸭肉肥嫩色白，油而不腻，鲜美可口，是人们常食用的一种滋补佳品。

研究表明，每百克鸭肉蛋白质含量为16.5克，略低于鸡肉，而脂肪及碳水化合物含量均高于鸡肉，此外，还含有钙、磷、镁、钾、钠、氯、硫胺素、核黄素、尼克酸和维生素A、维生素B_1、维生素B_2、维生素C等成分，故鸭肉历来为补养食品。

（8）鹅肉

鹅肉鲜嫩味甘，为人们喜食的禽肉。

现代研究表明，鹅肉蛋白质含量低于鸭肉，但脂肪和糖的含量高于鸭肉，并含有钙、磷、铜、锰和维生素A、维生素B_1、维生素B_2、维生素C等，对身体虚弱，营养不良者，有较好的补养作用。

（9）鸡蛋

鸡蛋为动物家鸡所产的卵，是人们常用食物。

鸡蛋含蛋白最高，每500克鸡蛋约含蛋白122克。鸡蛋清中含黏蛋白，约为蛋清的 65%，这是一种混合物，其中有溶酶菌、卵蛋白的抑制物卵糖蛋白、卵黄素蛋白等。鸡蛋清是优良的营养物质，含人体必需的氨基酸，蛋清中还含有碳水化合物、无机盐、维生素等，但胆固醇脂含量极少。每100 克鸡蛋黄中含蛋白质 13.6 克、脂类 3 克（其中磷脂为 10%、油酸为 46% 及亚油酸等），含有碳水化合物、无机盐，每 100 克鸡蛋黄中含钙为 134 毫克、磷为 522 毫克、铁为 7 毫克。鸡蛋黄中还含有胆固醇和维生素，以维生素 A 的含量最丰富，每 100 克蛋黄中为 3500 国际单位。鸡蛋壳的主要成分为碳酸钙，约占 90%，其他为磷酸钙、硫酸钙、胶质和有机物，蛋壳能增进体内钙质，促进肠粘膜愈合。日本学者最近研究发现，蛋清中还含有光黄素和光色素，能抑制致癌物和防止正常细胞癌变。

（10）鸭蛋

鸭蛋味香可口，营养丰富，也是人们常用的蛋类食物之一。

现代研究表明，鸭蛋所含成分与鸡蛋相似，其营养作用亦与鸡蛋相近。每 100 克鸭蛋含蛋白质 12.6 克、脂肪 13.0 克、维生素 A 261 微克、核黄素 0.35 毫克、磷 226 毫克。

（11）鹅蛋

鹅蛋有良好的营养作用，也为常食禽蛋之一。

现代研究表明，鹅蛋营养成分与鸡蛋相近，含有蛋白质、脂肪、糖分、卵磷脂，还有维生素、钙、铁、镁等成分，含脂量高于鸡蛋，而含糖量仅为鸡蛋的 1/4。故此，鹅蛋对人体也有很好的营养作用。

水产类食物的营养成分及作用。

（1）鲤鱼

鲤鱼，是人们非常熟悉的一种鱼类食品。

鲤鱼的营养价值较高。据测定，每百克鱼肉中，含蛋白质 20 克、脂肪 1.3 克、碳水化合物 1.8 克、钙 6.5 毫克、磷 407 毫克、铁 0.6 毫克，并含有多种维生素组织蛋白酶、谷氨酸、甘氨酸、组氨酸等。另外还含有挥发性含氮物质、挥发性还原性物质、组胺以及组织蛋白酶 A、组织蛋白酶 B、组织蛋白酶 C 等成分，因此，鲤鱼营养丰富，颇有药用功能。据临床证明，鲤鱼对门静脉性肝硬化腹水或浮肿、慢性肾炎水肿均有利水消肿的效果。

（2）鲫鱼

鲫鱼又名鱼附鱼，从非洲引进的鲫鱼称黑鲫鱼、罗非鱼，是人们喜爱的水产食品之一。

鲫鱼含蛋白质、脂肪、糖类、无机盐、维生素 A、维生素 B、尼克酸等，据测定，每百克黑鲫鱼中含蛋白质高达 20 克，仅次于对虾，含脂肪达 7 克。鲫鱼的含肉量可达 67%，鱼肉中含有 16 种氨基酸，其中人体所必需的赖氨酸和苏氨酸含量较高，营养价值甚为丰富。鱼油中含有大量维生素 A 等，这些物质均可影响心血管功能，降低血液黏稠度，促进血液循环。近年来临床证明，鲫鱼对慢性肾小球肾炎水肿和营养不良性水肿等病症有较好的调补和治疗作用。

（3）青鱼

青鱼又名黑皖、青鲩、乌鲭，历来被奉为营养上品。

据营养分析，每百克青鱼中含蛋白质 19.5 克、脂肪 5.2 克、钙 25 毫克、磷 171 毫克、铁 0.8 毫克、硫胺素 0.13 毫克、核黄素 0.12 毫克、尼克酸 1.7 毫克，还含有核酸、锌、镁等，有增强体质，延缓衰老等作用。另外，还发现青鱼含硒等微量元素，有助于防癌抗癌。

（4）草鱼

草鱼又名鲩鱼、白皖、鲩鱼、鱼爱鱼，是日常餐桌上的佳品。

营养学表明，草鱼富含蛋白质、脂肪、无机盐、钙、磷、铁、硫胺素、核黄素、烟酸等，其营养价值与青鱼相近。

（5）鲢鱼

鲢鱼又名白脚鲢，其肉柔嫩细腻，为人们常食的鱼类。

鲢鱼富含蛋白质及氨基酸，也含有脂肪、糖类、灰分、钙、磷、铁、硫胺素、核黄素、烟酸等营养成分，均可为机体所利用，其营养价值与青鱼相近。

（6）桂鱼

桂鱼又称鳜鱼、石桂鱼、锦鳞鱼、鱼季鱼、鳜豚等，其肉味鲜美。

桂鱼含蛋白质、脂肪、钙、磷、铁、硫胺素、核黄素、烟酸等，其营养价值胜过鲈鱼、鲤鱼等，故唐代张志和有"桃花流水鳜鱼肥"之赞美诗歌。

桂鱼为补气血，亦虚劳的食疗要品，肺结核病人宜多食之。

（7）黑鱼

黑鱼学名鳢鱼，又名生鱼、乌鱼、乌鳢、蛇皮鱼等。

黑鱼蛋白质含量甚高，还含有多种氨基酸，如组织胺、3—甲基组氨酸等，并含有少量脂肪和人体不可缺少的钙、磷、铁和多种维生素，其营养价值与青鱼相近。

（8）鲳鱼

鲳鱼又称平鱼、银鲳、白鲳等。江浙一带又称叉片鱼。

鲳鱼富含糖类、脂肪、蛋白质及各种维生素，并含少量钙、磷、钾等微量元素，其中糖类和脂肪含量较其他鱼种为高，为补虚健体的佳肴。

（9）鳗鱼

鳗鱼，又名白鳝或白鳗、蛇鱼、青鳝、鳗、鲡、河鳗。

鳗鱼含蛋白质、脂肪、糖、钙、磷、维生素、肌肽、多糖等。每100克鳗鱼中含钙166毫克和磷211毫克。鳗鱼的维生素A也很丰富，每1.5万克鳗鱼中含15000单位。鳗鱼还有抗痨作用。

（10）鳝鱼

鳝鱼又名黄鳝、长鱼、鱼单鱼、鱼旦、无肠子。

鳝鱼蛋白质含量较高，铁的含量比鲤鱼、黄鱼高一倍以上，并含有多种矿物质和维生素，尤其是微量元素和维生素A的含量更丰富，它能促进新陈代谢，使性欲旺盛，有壮阳生精的作用。此外，据报道，鳝鱼血可治面部神经麻痹引起的口眼歪邪和疮癣等症。鳝鱼头可止痢，治食积不消。鳝鱼皮可治妇女乳核硬痛。鳝鱼含有降血糖的成分，是糖尿病患者的理想膳食。

（11）带鱼

带鱼又名鞭鱼、海刀鱼、牙带鱼、鳞刀鱼等。

带鱼富含蛋白质、脂肪，也含较多的钙、磷、铁、碘以及维生素B_1、维生素B_2、维生素A等多种营养成分。带鱼鳞含较多的卵磷脂，卵磷脂可以延缓脑细胞的死亡，可使大脑"返老还童"，故常吃带鱼不去鳞，对老年人大有益处。此外，带鱼鳞的丰富油脂中还含有多种不饱和脂肪酸，它能增强皮肤表面细胞的活力，使皮肤细嫩、光洁，具有美容的效果。由于带鱼肥嫩少刺，易于消化吸收，更是老人、儿童、孕妇和病人的理想食品。

（12）黄花鱼

黄花鱼又名石首鱼、黄鱼等，为鱼中上品。

黄花鱼含蛋白质较高，并含脂肪、灰分、钙、磷、铁、硫胺素、核黄素、烟酸、碘等，其中磷、碘含量尤高。由于其味鲜美，可增进食欲。此外，黄花鱼的白脬，可炒炼成胶，再焙黄如珠，称鱼鳔胶珠，具有大补真元、调理气血的功效，对消化性溃疡、肺结核、肾结核、再生障碍性贫血、脉管炎等均有较好疗效。

（13）银鱼

银鱼又名银条鱼、面条鱼、面丈鱼等。银鱼的可食率为100%，为营养学家所确认的长寿食品之一，被誉为"鱼参"。

银鱼含较高蛋白质和丰富的钙、磷、铁和多种维生素等，特别是经干制后的银鱼含钙量最高，超过其他一般鱼类的含量，为群鱼之冠。近年已有资料证实，食用富钙食品，能有效地预防大肠癌的发生。

（14）乌贼鱼

乌贼鱼为软体动物乌贼科乌贼鱼的肉或全体，原名乌鱼则，又名缆鱼、墨鱼。

乌贼鱼每100克含水分81克，蛋白质17.1克，脂肪、碳水化合物少量，无机盐1.3克、维生素A120国际单位，新鲜乌贼鱼还含有5－羟色胺及多肽物质。其中所含之多肽类物质和5－羟色胺有抗病毒、抗放射线作用。近来发现多食乌贼鱼，对提高机体免疫力、防止骨质疏松、治疗倦怠乏力和食欲不振等有一定的辅助作用。

（15）甲鱼

甲鱼又名鳖、团鱼、元鱼，多生活于湖泊、小河及池塘的泥沙之中，全国各地均有。

每100克甲鱼肉中含蛋白质16.5克、脂肪1克、碳水化合物1.6克、钙107毫克、磷135毫克、铁1.4毫克。鳖尚含维生素及20甲烯戊酸。20甲烯戊酸是抵抗血管衰老的重要物质。甲鱼壳含动物胶、角蛋白、碘及维生素D等。近年来，发现甲鱼肉能抑制肿瘤细胞生长，提高机体免疫力，从而有防癌功能，使得鳖的身价倍增。

（16）乌龟

乌龟又名水龟、金龟，为滋补佳品。

乌龟含有蛋白质、胶质、动物胶、脂肪、糖类、钙、磷、铁、烟酸及维生素 B_1、维生素 B_2 等营养物质，容易被人体吸收，对重病初愈者有很好的补益作用，是大病初愈者的理想佳珍。此外，龟肉能抑制肿瘤细胞S180、EC等，并可增强机体免疫功能，有防癌抗癌的作用。

（17）泥鳅

泥鳅又名黄鳅、鳅鱼，被称为"水中人参"。

泥鳅个头虽小，但营养价值不低。在每百克泥鳅中，含蛋白质18.4克，比一般鱼、肉类食品都要高，尤其以人体必需氨基酸如赖氨酸的含量更为丰富；另外，还含有脂肪3.7克，碳水化合物2.5克、钙38毫克、磷

72 毫克、铁 0.9 毫克，以及大量的维生素和微量元素。其中，维生素 B 的含量比鲫鱼、黄鱼、虾高出 3～4 倍，而维生素 A、维生素 C 和铁的含量也比其他鱼类要高。泥鳅肉中有一种抵抗人体血管衰老的重要物质，它类似于甘碳戊烯酸的不饱和脂肪酸，非常适用于年老体衰者食用。

泥鳅皮肤中分泌的黏液即所谓"泥鳅滑液"，有较好的抗菌消炎作用，民间以之和水饮服可治小便不通和热淋便血，以之拌糖涂抹可治痈肿，以之滴耳可治中耳炎。泥鳅富含的维生素 A、维生素 B、维生素 C 和钙、铁等，都是人体预防癌症的重要物质，故人们已将泥鳅归属于营养防癌的水产珍品。

（18）虾

虾又名"长须公""虎头公"，别号"曲身小子"，其家族庞大，有龙虾、对虾、海虾、白虾、青虾、毛虾等。

虾含蛋白质较高，并含脂肪、碳水化合物、钙、磷、铁、碘、维生素 A、维生素 B_1、B 维生素$_2$、烟酸，还含有丰富的抗衰老的维生素 E 及碘等。虾皮中含钙量很高，据报道孕妇常吃虾皮，可预防缺钙抽搐症及胎儿缺钙症等。

（19）蟹

蟹又称螃蟹，有河蟹、海蟹区别。

据研究，每 100 克蟹中含脂肪 2.6 克、蛋白质 14 克、碳水化合物 5.44 克、磷 191 毫克、铁 0.8 毫克、维生素 A 230 毫克。尚含有 10 种氨基酸，其中谷氨酸、甘氨酸、脯氨酸、精氨酸等含量较多，随着蟹的从淡水入海水，或从海水入淡水而有增减。如蟹从海水进入淡水 3 小时后，肌肉中总氨基酸即见减少，变化最显著的是脯氨酸和甘氨酸。蟹的甲壳，以往都被废弃，近年来科学家从中提取甲壳素，可用作渗析和离子交换材料、胶囊材料，生物功能材料。如果用它处理水，其净水效果优于活性炭。还可以用于制造人工皮肤，制成新型内服药品的载物。同时从蟹甲壳中还可提取一种叫 NACOS-6 的物质，能增强人体细胞活性，进而增强抗癌效果。

（20）海参

海参又名海鼠、海黄瓜、沙参，其种类多达 1000 余种。在我国以梅花参、刺参、瓜参、黑乳参较着名。

营养分析表明，每百克鲜海参含蛋白质 21.5 克、脂肪 0.3 克、碳水化合物 1.0 克、钙 118 毫克、磷 22 毫克、铁 1.4 毫克，还含有海参甙、酸性黏多糖、海参毒素、碘、钒等多种物质。一般认为，常食海参能够降低血脂，延缓衰老，减轻疲劳，强身健体。

海参中所含海参素为一种抗毒剂，能抑制多种霉菌。粗制海参霉素溶液能抑制某些肿瘤；海参中提取的黏多糖经试验能抑制癌细胞的生长和转移；海参亦可提取结构类似皂角甙的毒素，对于中风所致的痉挛性麻痹有较好疗效。近年来还发现，海参煮食可防止宫颈癌放射治疗引起的直肠反应。

（21）海蜇

鲜活的海蜇外观形似一顶降落伞，可以分成为两个部分。"伞盖"部分加工的制品，是海蜇皮；"伞盖"下口腔和触须部分加工的制品则是海蜇头。海蜇入菜滑嫩，清脆耐嚼，是人们喜爱的一道菜肴。

海蜇富含多种营养物质，在每百克海蜇中含蛋白质 12.3 克、碳水化合物 3.9 克、脂肪 0.1 克、钙 182.2 毫克、铁 5.9 毫克、碘 132 毫克，还含有部分 B 族维生素、胆碱、甘露多糖。实验证明海蜇能扩张人的血管，降低血压，防治动脉粥样硬化等，同时也可预防肿瘤的发生，抑制癌细胞的生长。

（22）海带

海带又名昆布、海草，有"海底庄稼"之称。经常食用海带，能够降低患病率，提高平均寿命。

据营养分析，海带所含的许多成分往往为其他食物不可替代。每百克中含蛋白质 8.2 克、碳水化合物 56.2 克、脂肪 0.1 克、钙 1177 毫克、磷 216 毫克、铁 156 毫克、胡萝卜素 0.57 毫克、维生素 B_1 0.09 毫克、维生素 B_2 0.36 毫克、尼克酸 1.6 毫克和钴、氟、纤维素、脯氨酸、褐藻酸、甘露酸等。

海带为"碘菜之王"，其碘的含量高达 3%，是防止甲状腺肿的首选食物。有关调查资料表明，常吃海带可以祛病延年，有些长年食用海带的老人与不食用海带者相比，患病率平均低 5%～8%，寿命平均高 4～8 岁，其原因为海带含碱度较高，多食海带有助于体内的酸碱平衡。海带能使血液中的胆固醇含量显著减少，从而防止心血管疾病和其他一些老年性疾病，海带中的岩藻多糖、可防止因血液粘性增大而引起血压升高、血管栓塞等。同时，流行病学调查发现海带与防癌密切相关，经常食用海带的人患癌症的机会少。

（23）紫菜

紫菜又名索菜，生长在浅海岩壁，薄如纸片，故又有人称之为"纸菜"。

紫菜所含的营养素全面而又丰富。经分析测定，在每百克紫菜中，含蛋白质29～35.6克，可与大豆媲美；此外，含碳水化合物48.5克、脂肪0.2克、钙343毫克、磷457毫克、铁33.2毫克、碘1800微克、维生素B_2.07毫克、维生素C1.0毫克、尼克酸5.1毫克、胡萝卜素1.23毫克、维生素B0.44毫克，还含有一定量的胆碱、维生素A、维生素B、硒、锌、锰、镁等，这些物质对人体骨骼、血液、神经诸系统的生长、代谢均有益处。在保护人体健康和营养防癌方面，其作用则是一般食品不可比拟的，对治疗夜盲症、降低胆固醇和增强记忆力也有一定作用。

三、营养学与"药食同源"

我们研究养生，追求长寿，希望身体健康，百病不侵，所以我们信奉营养学，给自己的生活起居做好了规定。比如，早餐是否吃鸡蛋？吃煎蛋还是煮蛋？吃几个鸡蛋？中午是不是要喝茶？喝什么样的茶？是浓还是淡？诸如此类的情况，在很多人的养生追求中，不胜枚举。我们都期望以此规定，使自己免受疾病的纠缠。可当疾病来临，我们又惶恐不安地转向医学科技寻求帮助，期望高科技能赶走病魔，重拾健康。但事实却非常残酷，无论如今的科技如何发达，死在医院里的人却与日俱增。那些整日与疾病和科技打交道的医生本身，也逃不过疾病的打击。心血管疾病的专家死于心肌梗死，肝病专家倒在脂肪肝下，精神科的医生整夜失眠，依靠安眠药才能入睡。

为什么会有这么讽刺的情况出现？

答案是：我们的营养学完全偏离了原本的正确思路，走进了迷信高科技的歧途。我们以为，人类凭借高科技可以上天入地，无所不能，登月探海，无往不利。然而，从历史的角度看，科技进步至今为止才不过几百年时间。而营养和养生，却在人类出现的时候就开始积累经验了。

如果我们还停留在哪种食物要多吃，哪种食物要少吃，哪种能吃，哪种不能吃，哪些有营养，哪些没营养的阶段，营养学还是裹足不前。因为归根结底，我们忽略了老祖宗留下来的智慧——"药食同源"。

　　深入理解这个理论，我们需要知道它的来源。《淮南子·修务训》称："神农尝百草之滋味，水泉之甘苦，令民知所避就。当此之时，一日而遇七十毒。"可见，神农时代药与食不分，无毒者可就，有毒者当避。

　　随着经验的积累，药食才开始分化。在使用火后，人们开始吃熟食，烹调加工技术才逐渐发展起来。在食与药开始分化的同时，食疗与药疗也逐渐被区分开来。

　　中医学自古就有"药食同源"理论。这一理论认为：许多物品既是食物也是药物，食物和药物一样能够防治疾病。在原始社会中，人们在寻找食物的过程中发现了各种食物和药物的性味和功效，认识到许多食物可以药用，许多药物也可以食用，两者很难严格区分。这就是"药食同源"理论的基础，也是食物疗法的基础。

　　中医药学还有一种中药的概念是：动植物、矿物质等也属于中药的范畴，中药是一个非常大的药物概念。凡是中药，都可以食用，只不过食法与用量上有差异——养生与治病。因此，严格地说，在中医药中，药物和食物是不分的，是相对而言的：药物也是食物，食物也是药物；食物的副作用小，而药物的副作用大。这是"药食同源"的另一种含义。

　　中药的治疗药效强，即人们常说的"药劲大"，用药正确时，效果显著，而用药不当时，易出现明显的副作用；而食物的治疗效果不及中药那样显著和迅速，配食不当，也不至于立刻产生不良的反应。然而，不可忽视的是，药物虽然作用强，但一般不会经常吃，食物虽然作用弱，但天天都离不了。我们的日常饮食，除供应必需的营养物质外，还会因食物的性味功效或多或少地对身体功能产生有利或不利的影响，日积月累，从量变到质变，这种影响作用就变得非常明显。从这个意义上讲，食物的作用并不亚于药物的。因此，科学饮食也会起到药物所不能达到的效果。

　　很多疾病，不是一朝一夕突然出现的，而是日积月累形成的。"病从口入"，我们身体的疾病，很多都是吃出来的。反过来，身体的健康，也是可以通过合理地吃来维持的；许多疾病，也可以用吃来防治。

　　□营养学的基础

　　营养学的基础，就是我们通常所说的七大营养素和植物营养素。营养素是指食物中可给人体提供能量、机体构成成分和组织修复以及生理调节功能的化学成分。凡是能维持人体健康以及提供生长、发育和劳动所必需的物质均可被称为营养素。

□水

水是生命的源泉，人对水的需要仅次于氧气，水是维持生命必需的物质。机体的物质代谢、生理活动均离不开水的参与。人体细胞的主要成分是水，正常成人身体中水分大约占70%，婴儿体重的80%左右是水，老年人身体里55%是水。每天每千克体重需水量约为150毫升。

水的重要性不言而喻，人如果不摄入某一种维生素或矿物质，也许还能继续活几周或带病活上若干年，但人如果没有水的补给，却只能活几天。水有利于体内化学反应的进行，在生物体内还起到运输物质的作用。水对于维持生物体温度的稳定起了很大作用。

□蛋白质

蛋白质是维持生命不可缺少的物质。人体组织、器官由细胞构成，细胞结构的主要成分为蛋白质。机体的生长、组织的修复、各种酶和激素对体内生化反应的调节、抵御疾病的抗体的形成、维持渗透压、传递遗传信息，无一不是蛋白质在起作用。婴幼儿生长迅速，蛋白质需要量高于成人，平均每天每千克体重需要2克以上。肉、蛋、奶、豆类含丰富优质蛋白质，是每日必须提供的。

□脂肪

脂肪是储存和供给能量的主要营养素。每克脂肪所提供的热量为同等重量碳水化合物或蛋白质的两倍。机体细胞膜、神经组织、激素的构成均离不开它。脂肪还有保暖隔热，保护内脏、关节、各种组织，促进脂溶性维生素吸收的作用。婴儿每天每千克体重需要4克脂肪，从动物和植物获取而来的脂肪均为人体之必需，应搭配摄入。

不过现实情况却是，我们对脂肪有些谈虎色变。因为现代人普遍都摄入了太多的热量，而运动量又少，脂肪堆积下来，造成肥胖，带来了一系列的问题。对此，我们归咎于脂肪，总是在控制饮食中的脂肪含量。肥肉不敢吃，油脂也尽量不用。客观地说，其实脂肪是无罪的。

□碳水化合物

碳水化合物是为生命活动提供能源的主要营养素，广泛存在于米、面、薯类、豆类、各种杂粮中。杂粮每日提供的热量应占身体需要总热量的60%～65%。

碳水化合物在体内经生化反应最终均分解为糖，因此亦称之为糖类。除供能外，它还促进其他营养素的代谢，与蛋白质、脂肪结合成糖蛋白、糖脂，组成抗体、酶、激素、细胞膜、神经组织、核糖核酸等具有重要功能的物质。

碳水化合物只有被消化分解成葡萄糖、果糖和半乳糖才能被吸收，而果糖和半乳糖又经肝脏转换变成葡萄糖。血液中的葡萄糖简称为血糖，少部分血糖直接被组织细胞利用与氧气反应生成二氧化碳和水，放出热量供身体需要，大部分血糖则存在于人体细胞中，如果细胞中储存的葡萄糖已饱和，多余的葡萄糖就会以高能的脂肪形式储存起来，多吃碳水化合物会发胖就是这个道理！

□维生素

维生素，根据字面意思理解，就是维持生命的必需品。而事实也的确如此，人体长期缺乏维生素，就会引发疾病。人体犹如一座极为复杂的化工厂，不断地进行着各种生化反应。其反应与酶的催化作用有密切关系。酶要产生活性，必须有辅酶参加。现经过研究，已知许多维生素是酶的辅酶或者是辅酶的组成分子。因此，维生素是维持和调节机体正常代谢的重要物质。可以认为，最好的维生素是以"生物活性物质"的形式存在于人体组织中的。

维生素的种类很多，广泛存在于食物中。大致说来，维生素可分为两种，一种是脂溶性，另一种是水溶性。脂溶性维生素溶解于油脂，经胆汁乳化，在小肠吸收，由淋巴循环系统输送到体内各器官。体内可储存大量脂溶性维生素。维生素A和维生素D主要储存于肝脏，维生素E主要储存于体内脂肪组织，维生素K储存较少。水溶性维生素易溶于水而不易溶于非极性有机溶剂，吸收后体内储存很少，过量的多从尿中排出；脂溶性维生素易溶于非极性有机溶剂，而不易溶于水，可随脂肪为人体吸收并在体内蓄积，排泄率不高。

□矿物质

矿物质是人体主要组成物质，碳、氢、氧、氮约占人体总重量的96%，钙、磷、钾、钠、氯、镁、硫占3.95%，其他则为微量元素，共41种，常被人们提到的有铁、锌、铜、硒、碘等。每种元素均有其重要的、独特的、不可替代的作用，各元素间又有密切相关的联系，在儿童营养学研究中这部分占很大比例。矿物质虽不供能，但有重要的生理功能：是构成骨骼和酶的主要成分，可维持神经、肌肉正常生理功能，维持渗透压，保持酸碱平衡。

矿物质缺乏与疾病相关，比如说缺钙易导致佝偻病；缺铁易导致贫血；缺锌易导致生长发育落后；缺碘易导致生长迟缓、智力落后等，均应引起足够的重视。

□膳食纤维

膳食纤维的定义有两种，一种是从生理学角度将膳食纤维定义为哺乳动物消化系统内未被消化的植物细胞的残存物，包括纤维素、半纤维素、果胶、抗性淀粉和木质素等。另外一种是从化学角度将膳食纤维定义为植物的非淀粉多糖加木质素。

□植物营养素

植物营养素是指存在于天然植物中对人体有益处的非基础营养素，每种植物所含的植物营养素都不相同。研究发现，在植物中有大约25000种植物化学成分。这些特定的化学成分，都是植物用来自我保护的工具。它能帮助植物抵御疾病、害虫、细菌、病毒和紫外线、严寒等。而人在吃了这些植物中的化学成分后，也可以获得类似的保护。举例来说，存在于西红柿、西瓜中的茄红素，可能是最有效的抗氧化剂之一，对于破坏力很强的自由基有很好的抵御效果。茄红素在降低前列腺癌和胃病的患病风险上，有很大的帮助。

□健康危机始于营养断层

许多情况下，我们的身体出现问题，是因为营养断层了。说到这里，肯定有人不相信，每天的每顿饭、每次的饮食都非常讲究的我们，怎么还会出现营养断层呢？

原因就在于，还有一些未知的领域，我们都没有关注。

最为普遍的一种情况，就是垃圾食品。何为垃圾食品？就是那些能够让人产生满足感，但营养价值非常低的食物。细分下来，精制的糖和淀粉，还有许多化学添加剂以及变质油脂，都是垃圾食品。这些食物所含的营养，不能充分滋润人体的细胞。而且，它还会迫使我们的身体为了适应它而调整，长此以往，必然导致我们身体出现问题。很多时候，垃圾食品并不是我们从外面的汉堡店里买来的，而是我们自己在家制作的。所以，为了避免这种情况，请把厨房里的那些精白面粉、烘烤和油炸食物都丢进垃圾桶吧。

经过多次加工的食物，也是不健康的。因为多次加工之后，食物中原有的营养素所剩无几，吃到胃里，消化之后能产生的营养寥寥可数，但是对身体的危害却更大了。举例来说，速溶燕麦片能使血糖升高的速度超过糖块，号称的"全麦食品"所含的盐分，要比一大碗汤都多。许多所谓的美味面包，都含有各种添加剂，而且经过高温烘烤，营养素几乎被破坏殆尽。

　　导致营养断层的原因太多了，而要改善这个状况所面临的困境也非常大。所以，对于健康，我们不仅要用眼，更要用心去呵护。

第四篇　食品安全篇

一、饮食卫生知识指南

由于饮食与健康有着千丝万缕的关系，这就需要我们对许多不良的习惯和饮食方法来个观念上的转变，做到科学饮食。

在今天，老百姓已经从过去的"吃饱"到今天的"吃好"，人们越来越讲究吃出文化，吃出品味。但又有多少人懂得怎样去吃呢？

了解和掌握饮食卫生知识，可使我们懂得正确的饮食方法和正确的饮食习惯，从而走向健康，走向长寿，真正地吃出水平来！

避免多吃的食物食品中，有很多种类，由于特殊的加工方式和制作流程，可能会含有一些对人体不利的成分，在食用中应掌握一定的限度，不宜多食。

（1）松花蛋

制作松花蛋的原料中有的含有一定量的铅，经常食用会引起铅中毒。

（2）臭豆腐

臭豆腐在发酵过程中极易被微生物污染，还含有大量挥发性盐基氨及硫化氢，对人体有害。

（3）葵花子

葵花子中含有不饱和脂肪酸，消耗体内大量的胆碱，影响肝细胞的功能。

（4）烤牛羊肉

牛羊肉在熏烤过程中会产生如苯并芘这样的有害物质，是诱发癌症的物质。

（5）巧克力

巧克力大人小孩均喜欢吃，但巧克力的脂肪亦是十分高。纯巧克力、白巧克力、黑巧克力、果仁巧克力等的脂肪含量差不多没有分别。

（6）油条

油条中的明矾是含铝的无机物，常吃油条，对大脑及神经细胞产生毒害，易引发痴呆症。

（7）菠菜

菠菜含草酸，食物中宝贵的元素锌、钙会与草酸结合排出体外，从而引起人体锌、钙的缺乏。

（8）猪肝

1000 克猪肝含胆固醇高达 400 毫克，胆固醇摄入量太多会导致动脉硬化。

（9）腌菜

如腌菜腌制不好，会含致癌物质。

（10）薯条

土豆本身是碳水化合物的食物，只有很少脂肪，一旦炸成薯条便是另一回事。一小包薯条含 920 焦热量及 12 克脂肪，热量差不多相当于一个汉堡包。

（11）加糖鲜榨橙汁

别以为饮橙汁比饮汽水有益许多，单看热量，这些加了糖的橙汁比汽水的热量还要高，糖分比汽水多。就算是纯鲜橙汁，一杯用 3 只橙榨的橙汁，则有 615 焦的热量，但却吃不到橙的纤维及白色橙衣中的维生素 B，故此还是吃原水果好。

（12）烤肉肠

肉肠脂肪高，钠质高，还含亚硝酸盐（多吃会致癌）。儿童常常会对煎肉肠、烤肉肠一类的食品百吃不厌，而对健康必需的新鲜蔬菜却不肯进食，如果家长们一味顺应孩子的好恶，就可能给孩子今后的健康埋下隐患，所以，要让孩子知道常吃肉肠对他们的健康无益。

（13）方便面

方便面不但方便快捷，而且好吃。但方便面的脂肪高（因为制造时经过油炸），而且汤粉多含味精，故此还是少吃为妙。贪吃方便面的人可以选吃不经油炸的方便面，如方便米粉。如果非吃不可，只用一半分量的汤粉便可减少味精的摄入量。

（14）西点

西点含十分高的热量，而且大部分来自脂肪。此外，大家都喜欢把奶油与糖胶涂在西点上吃，这样热量又要增加了。要看看自己有没有喝下午茶的需要，刚吃过午饭就不必了，倒不如吃一个水果吧。

（15）元宵

中国食文化发展至今，品尝元宵、汤圆已不再是节令性的口福。现在元宵、汤圆品种很多，什么"桂花白糖"馅、"巧克力"馅、"葡萄干"馅、"枣泥"馅、"核桃仁"馅、"奶油"馅、"椰蓉"馅、"玫瑰"馅、"火腿"馅等，还有用糯米面滚上馅料的鸽蛋元宵，用糯米面手工包的汤圆等品种，经过3次煮开后，再用文火煮的元宵、汤圆具有软糯可口、甜香色白的美味特色。

元宵好吃，但不宜多吃。因糯米面黏性很强，几乎不含直链淀粉，只含支链淀粉，最容易热变而糊化，元宵、汤圆馅料含糖量比较高，尤其是患有糖尿病、高血压、胃酸过多、消化不良等症者，从科学膳食和自我保健角度讲，以不吃元宵为好。另外，因元宵馅料是提前制成的，制作元宵是用糯米粉加水滚制而成。因此，元宵不易保存，发现面色变黄和煮后仍然较硬就不能再食用了。

（16）味精

味精的主要成分是谷氨酸，虽然可以使食物味道鲜美，但是医学研究证明，摄入过多的味精对人体是有害的，特别是哺乳期的妇女和未成年人更不能食用过多的味精。每人每天摄入味精量应不超过6克，过多可造成头疼、心跳等症状。

如果哺乳期妇女在摄入高蛋白饮食的同时，再食用过量的味精，就会有大量的谷氨酸通过乳汁进入婴儿体内。而过量的谷氨酸对婴幼儿的生长发育会产生严重影响。

有的孩子胃口不好，不想吃东西，父母往往在菜里多放点味精，使味精鲜美来提高孩子的食欲，其实这种做法会适得其反。因为，多食味精会使儿童缺锌。味精的化学成分是谷氨酸钠，大量食入谷氨酸钠，能使血液中的锌变成氨酸锌，从尿中排出，造成急性锌缺乏。锌是人体必需的微量元素，小儿缺锌会引起生长发育不良、弱智、性晚熟。同时，还会出现味觉紊乱、食欲不振。

因此，小儿食用菜肴不宜多放味精，尤其是对偏食、厌食、胃口不佳的孩子更应注意。在平时的膳食中，应让孩子多吃富含锌的食品，如鱼、瘦肉、猪肝、猪心及豆制品等。

（17）粽子

端午节吃粽子是我国的传统习俗，但从健康的角度来说，有几种人是不适宜吃粽子的。

①心血管病患者。粽子的品种繁多，其中肉粽子和猪油豆沙粽子所含脂肪多，属油腻食品。患有高血压、高血脂、冠心病的人吃多了，可增加血液黏稠度，影响血液循环，加重心脏负担和缺血程度，诱发心绞痛和心肌梗死。

②胃肠道病患者。粽子蒸熟后会释放出一种胶性物质，吃后会增加消化酶的负荷。粽子中的糯米，性温滞气，含植物纤维既多又长，吃多了会加重胃肠的负担。

③患胃及十二指肠溃疡病人。若贪吃粽子，很有可能造成溃疡穿孔、出血，使病情加重。

④糖尿病患者。粽子中常有含糖量很高的红枣、豆沙等，吃时通常还要加糖拌和，如果不加节制，就会损害胰腺功能，引起患者血糖和尿糖迅速上升，加重病情，甚至出现昏迷、中毒，抢救不及时还有生命危险。

⑤老人和儿童。粽子多用糯米制成，黏性大，老人和儿童过量进食，极易造成消化不良，以及由此产生的胃酸过多、腹胀、腹痛、腹泻等症状。

这样吃饭有损健康

饮食习惯与健康同样密不可分。不正确、不科学的吃饭方式有害于健康，应当避免并改正过来。

（1）边吃饭边看书

人在吃饭时，胃肠道在大脑的统一指挥下，蠕动加快，消化液分泌增加。胃肠道血管扩张，循环血量比平时增加数倍。这时候如果再看书，必然会加重大脑工作量，因而需要增加血液供应量，这就势必造成脑和胃"争血"的局面。其结果使胃肠供血得不到充分保证，消化液分泌减少，消化力减弱，久而久之，就会造成消化不良。同时，大脑的供血不够充分，容易造成脑疲劳，影响正常看书的效率。

其次，边吃饭边看书，会使大脑中产生抑制食欲的兴奋剂，使人食欲减退并常会使人忘记咀嚼，而囫囵吞枣不利于正常的消化吸收。

（2）吃饭时饮汽水

在夏季，汽水常用作解暑饮料。时下不仅平时饮用，而且在饭前、饭中代酒饮用十分普遍。这对健康是有害无益的。食物的消化需通过胃酸、胃蛋白酶来完成。若饭前饮用大量汽水，就会将胃酸冲淡，减弱胃液的消化力；汽水中的二氧化碳还可刺激胃黏膜，减少胃酸分泌，影响胃蛋白酶的产生和形成，从而影响正常消化而引起食欲下降。另外，汽水中的碳酸氢钠是一种弱碱，能中和胃酸，使蛋白酶的消化能力减弱。汽水饮用越多，胃蛋白酶的活性就越弱，胃的消化功能也就越差。因此，在吃饭时不宜同时饮汽水。

（3）蹲着吃饭

蹲着吃饭，腹部受到挤压，不但胃肠不能正常蠕动，而且还会使胃肠中的气体不能上下畅通，造成腹部不舒服，影响食物的消化、吸敷。蹲的时间长了，腹部和下肢受压迫，全身血液循环不畅，下肢发麻，血液回流受阻，就会减弱胃的消化能力。显然，这是不利于身体健康的。另外，蹲着吃饭，把碗、碟放在地面上，人们走来走去或刮风，都会把尘土扬起来落到饭菜上去。尘土中的脏物和病菌会将食物污染，人吃进肚子后，极易招致疾病。

（4）晚餐的禁忌

一忌晚餐过迟。如果晚餐后不久就上床睡觉，不但会因胃肠的紧张蠕动而难以入睡，还会影响大脑休息。

二忌进食过多。晚餐暴食，会使胃机械性扩大，导致消化不良及胃疼等现象。

三忌厚味。晚餐进食大量蛋、肉、鱼等，在饭后活动量减少及血液循环放慢的情况下，胰岛素能将血脂转化为脂肪，积存在皮下和血管壁上，会使人逐渐胖起来，并且容易导致心血管系统疾病。

四忌大量饮酒。酒后能加速血液循环，使人兴奋，影响睡眠。晚上经常饮酒，还会使血糖水平下降，引发"神经性血糖症"。

（5）饭后不宜立即干活

饭后不休息而立即干活，会影响身体健康，是不可取的。因为进餐后，胃肠道的血管扩张，流向胃肠器官的血液增多，这是有利于食物的消化和吸收的。若餐后立即干活，就会迫使血液去满足运动器官的需要，造成胃肠道供血不足，消化液分泌减少。久之，还会引起消化不良和慢性胃肠炎等疾病。再者，餐后胃中充满食物，干活时容易发生震动、牵拉肠黏膜，会引起腹部不适、腹痛、胃下垂等。因此，饭后不宜立即干活，最好休息1小时后再干。

（6）饭后不可马上刷牙

爱护牙齿的人，每天早晚两次刷牙已成习惯，有些人还饭后马上刷牙。可是，饭后马上刷牙不利牙齿健康。研究认为，人们用餐时吃的大量酸性食物会附着在牙齿上与牙齿釉层中的钙、磷分子发生反应，将钙、磷分离出来，这时牙齿会变软。

如果此时刷牙，会把部分釉质划掉，有损于牙齿的健康。餐后半小时再刷牙，游离出牙齿釉质中的钙、磷等元素已经重新归队，也就是牙齿的保护层恢复后再刷牙，就不会损伤牙齿了。牙医建议，饭后喝一小杯牛奶或用牛奶像漱口一样与牙齿亲密接触，可以加快牙齿钙质的恢复过程。

（7）酒后喝浓茶并不科学

有人错误地认为，饮酒后喝浓茶可以解酒。其实酒中的乙醇随着血液循环到肝脏中转化成乙醛再变为乙酸，然后分解成水和二氧化碳，经肾脏排到体外。而浓茶中的茶碱有利尿作用，促使尚未转化成乙酸的乙醛进入肾脏，造成乙醛对肾脏的损害。

另外，茶碱能抑制小肠对铁的吸收。实验证明，酒后饮用 15 克干茶叶冲泡的茶水，会使食物中的铁吸收量降低 50%。

进餐常犯的七个错误

健康的身体从餐桌开始。然而，目前流行以"垃圾食品"为基础的快餐，既缺少基本营养，又含有大量有害脂肪和糖分。为了改变这种状况，提醒大家吃饭时应注意纠正错误的进餐方法和饮食习惯。

（1）不吃早饭

特别是儿童有时候不知道早饭的重要性。通常 4 个儿童中就有 3 个不吃早饭或吃早饭不当（如只喝一瓶汽水）。这些影响到他们在学校的表现：智商和体力下降。

早餐为开始新的一天补足营养和能量，有助于防止肥胖症。取消早餐，就有在其余进餐时间吃得过饱和选择高脂肪及高糖饮食的危险。健康早餐应包含脱脂的牛奶、酸奶或奶酪（尽管 3 岁以内儿童应吃不脱脂的乳制品）和粮食制品，也就说，应有燕麦片粥、全麦面包、水果或果汁。

（2）不注意各种颜色的食物相结合，饮食里不包括各种颜色的蔬菜和水果

应使各种颜色搭配并变换花样。这些饮食应平衡提供各种营养，如抗氧化的维生素、叶酸（特别是深绿色蔬菜含有这种成分）、矿物质、纤维和植物化学成分。每日要吃 5 份蔬菜和水果，尽量减少烹饪时间，这有助于预防癌症、糖尿病、高血压、高胆固醇、骨质疏松、便秘和结肠病变。

（3）不清楚有益脂肪和有害脂肪

一个严重的错误是不经常食用给人们带来大量好处的鱼和海产品。这

些食物提供的 Ω3 脂肪酸可以增强抵抗力，减少炎症，促进血液循环和降低胆固醇及甘油三酯的水平。

没有必要大量吃这些食物，平均每周吃两次就足够了。可以把新鲜的海产品蒸、炖、烤，或做成原汁罐头。

关于脂肪，另一个错误是人们在往面包上抹油的时候，习惯于涂抹动物油或人造黄油（应食用脱脂奶酪）或者在烹饪时不使用植物油。

如果过多摄入饱和脂肪，如动物油中的胆固醇和人造黄油中的氢化脂肪，就会增加患病的危险。

相反，生植物油中含有高比例的不饱和脂肪（有益脂肪），不含胆固醇，是维生素 E 的重要来源之一。特别是橄榄油含有预防心血管疾病的物质。另一方面，植物油经过高温就变成饱和脂肪，或者分解并失去它的优点。这就是劝人们不要过多食用油炸食品的道理之一。

（4）不认识盐的危险

谁在品尝味道之前不拿盐罐子撒点盐？遗憾的是这一习惯在我们中间已经根深蒂固。

大多数人除了知道盐可以用来烹饪和调味外，并不知道钠就存在于许多食品中，因为它被用作防腐剂。因此，最好食用不经过加工的天然食品或含盐量低的食品。

蔬菜、水果、粮食和豆类是含钠低的食品；冷盘、肉肠、罐头、干面条和一些调味品等是含盐量高的食品。食盐过量会增加患病的危险。如高血压、动脉硬化、冠心病、脑出血和骨质疏松。

（5）减肥饮食也会使人发胖

减轻和保持体重的惟一方法是善于吃和避免久坐不动。在购买减肥食品时，要仔细阅读商标以便检查这种食品有什么不同，在各种商标中进行比较并把这种食品与普通食品进行比较。此外，应尽可能注意这种食品的进食量，特别是对一些特殊食品要有控制地食用，如饭后甜食和奶酪。

只有一些提供极低热量的食品可以自由食用，如蔬菜汁和果冻。

（6）不注意强健骨骼

骨骼一直需要补钙。钙的最好来源是牛奶、酸奶和奶酪，尽管还有其他植物类食物含钙（豆类以及包括瓜子在内的干果类等），但它们所能提供的矿物质不如乳制品那样多。

带刺的鱼罐头（沙丁鱼、鲭鱼和金枪鱼）也可提供大量的矿物质。

（7）对碳水化合物缺乏认识

食物中存在着两种碳水化合物，一种是简单碳水化合物，也就是糖分；另一种是复杂的碳水化合物，也就是淀粉。我们饮食的一半应该由碳水化合物组成，在这些碳水化合物中，只有将近10%是糖分。然而，实际上却不是这样。

含复杂碳水化合物的食物有粮食、豆类、土豆、白薯、嫩玉米以及一些新鲜水果和包括瓜子在内的干果。含简单碳水化合物的食品有糖、蜂蜜、果酱、普通汽水和一些含酒精的饮料。两种碳水化合物的区别在于，后一种提供热量而没有人体所需的基本营养，而前一种含有维生素、矿物质和纤维。

另一方面，在人们选择复杂碳水化合物食品的时候，应避免犯以下错误：大多数人习惯选择米饭和白面包而不选择全麦面包，而全麦面包具有很多优点，它们含有纤维和植物化学成分，可以预防几种疾病，如癌症、心脏病和糖尿病等。

貌似卫生其实不卫生的习惯

在生活中，常有一些貌似卫生而实际不卫生的习惯和行为，对身体健康十分不利，可大多没引起人们的重视。

（1）用白纸或报纸包食物

一张白纸，以为是干干净净的，而事实上，白纸在生产过程中会加用多漂白剂及带有腐蚀作用的化工原料，纸浆虽然经过冲洗，仍含不少化学成分，会污染食物。至于用报纸来包食品，则更不可取，因为印刷报纸时会用许多油墨或其他有毒物质，对人体危害极大。

（2）用酒消毒碗筷

一些人常用白酒来擦拭碗筷，以为这样可以达到消毒的目的。殊不知，医学上用于消毒的酒精度数为75°，而一般白酒的酒精含量在56°以下。所以，用白酒擦拭碗筷根本达不到消毒的目的。

（3）用卫生纸擦拭餐具、水果或擦脸

化验证明，许多卫生纸（尤其是街头巷尾所卖的非正规厂家生产的卫生纸）消毒并不好，因消毒不彻底而含有大量细菌，即使消毒较好也在摆放过程中被污染。用这样的卫生纸来擦拭碗筷或水果，并不能将物品擦拭干净，反而在用卫生纸擦拭的过程中给食品带来更多细菌。

（4）用毛巾擦干餐具或水果

人们往往认为自来水是生水，不卫生。因此在用自来水冲洗过餐具或水果之后，常常再用毛巾擦干。这样做看似卫生细心，实则反之，干毛巾上常常会存活着许多病菌。目前，我国城市自来水大都经过严格的消毒处理，用自来水冲洗过的食品基本上是洁净的，可以放心使用，无需用干毛巾再擦。

（5）将变质食物煮沸后再吃

医学证明，细菌在进入人体之前分泌的毒素非常耐高温，不易被破坏分解。因此，这种用加热加压来处理剩余食物的方法是不值得提倡的。

（6）把水果烂的部分剜掉再吃

研究微生物学的专家认为，即使把水果已烂掉的部分削去，剩余的部分也已通过果汁传入了细菌的代谢物，甚至还有微生物开始繁殖，其中的霉菌可导致人体细胞突变而致癌。因此，水果只要是已经烂了一部分，就不宜吃了，还是扔掉为好。

（7）长期使用同一种药物牙膏

药物牙膏对某些细菌有一定的抑制作用。但是，如果长期使用同一种药物牙膏，会使口腔中的细菌慢慢地适应，产生耐药性，这就等于药物牙膏起不到作用了。因此，我们在日常生活中，应定期更换牙膏。

（8）废日光灯管晾毛巾

日光灯管内含有水银、荧光粉及少量氨气等有毒物质。有的家庭用废日光灯管晾毛巾、手帕，以为干净、卫生。殊不知在受潮的情况下，如果灯管两端被侵蚀或灯管本身有小裂缝，管内的各种有害物质就会逐渐渗出。尤其在气温较高时，汞的渗出更多，可污染毛巾、手帕，危害人体健康。若这些有害物质直接进入人的眼睛，可造成视力减退甚至失明。因此，应及时处理掉废日光灯管，不要留作他用。

科学饮食卫生知识集锦

从生活中总结出来的饮食卫生经验，含有很多重要的科学知识。按照这些知识更新理念，指导饮食，将有利于自己的身体健康。

（1）吃粗粮有益健康

河北某市公司经理张先生已经年届五十，工作起来常常很忙碌，没有很多时间来锻炼，但他定期去医院检查，却从没有查出他有什么大病。他的部下和同事都很惊奇，有人向他的爱人去打听，有人还专门研究他的生活方式。后来，这个秘密终于揭开了，其实这很简单：常吃粗粮有益健康。

随着生活水平的提高，现代人不吃糙米粗粮，只吃精米、精面，这对于人的身体健康是无益的。因为在稻麦的鼓皮中，含有多种对人体来说是重要的微量元素及植物膳食纤维，如铬和锰，若经加工精制后，就会大量减少。

如果缺乏铬和锰这两种元素，就容易发生动脉硬化。植物纤维能加速食物的排泄，使血中胆固醇降低。

食物太精细，膳食纤维必然很少，往往食后不容易产生饱腹感，很容易造成过量进食而发生肥胖。这样，血管硬化、高血压的发病率就会增高。

粗粮中含有大量的膳食纤维，膳食纤维本身对大肠产生机械性刺激，促进肠蠕动，使大便变软畅通。这些作用，对于预防肠癌和由于血脂过高而导致的心脑血管疾病都有好处。

此外，膳食纤维还会与体内的重金属和食物中有害代谢物相结合排出体外。

所以，从人体健康的角度来看，不宜长期吃精食细粮，而应经常吃点玉米面、绿豆、标准粉等，做到粗细粮搭配食用。

随着人们科学的饮食方式的建立，人们对粗食越来越寄予厚爱，以至出现粗粮的价格高于细粮的情况。

适量进食膳食纤维，值得提倡。不过，专家们也告诫人们，若过多进食膳食纤维，对人体也不利。

首先，膳食纤维不但会阻碍有害物质的吸收，也会影响人体对食物中的蛋白质、无机盐和某些微量元素的吸收。

比如，吃煮、炒的黄豆，人体对蛋白质的吸收消化率最多的有 50%；而把黄豆加工成豆腐后，吸收率马上升到 70%，其原理在于加工后破坏了豆中的纤维成分。

但长期大量进食高纤维食物，会使人体蛋白质补充受阻，脂肪摄入量不足，微量元素缺乏，因而造成骨骼、心脏、血液等脏器功能的损害，降低人体免疫抗病的能力。

那么吃多少高膳食纤维食物，即粗食才真正有利人体呢？一个健康的成年人，每天的膳食纤维摄入量以 10～30 克为宜。除了粗粮以外，蔬菜中膳食纤维较多的是韭菜、芹菜、茭白、南瓜、苦瓜、红豆、空心菜、黄豆、绿豆等，也可适量食用，以替代粗粮摄取的不足。

（2）饭前喝汤还是饭后喝汤

中国有句古话："饭前先喝汤，胜过良药方"，还有一句话，"饭后喝汤，老后不伤"，究竟该饭前喝汤还是饭后喝汤呢？其实，这无关紧要，关键是吃饭一定要有汤。因为人的口腔、咽喉、食道、胃，是相连的一道通道，吃饭前，先喝几口汤或水，等于给这段消化道加了"润滑剂"，使食物能顺利下咽，防止干硬食物刺激消化道黏膜。

吃饭中间，不时进点汤水也有益的。因为这有助于食物的稀释和搅拌，从而有益于胃肠对食物的消化和吸收。

若吃饭时不进汤水，则会因胃液的大量缺乏使体液丧失过多而产生消化不良，这时再喝水，反而会冲淡胃液，影响食物的吸收和消化。

养成吃饭时不断进点汤水的习惯，还可以减少食道炎、胃炎等的发生。有营养学家同时发现，那些常喝各种汤、牛奶和豆浆的人，消化道也最易保持健康状态。

如果吃饭时将干饭或硬馍泡汤吃却不同了。因为我们咀嚼食物，不但要嚼碎食物，便于咽下，更重要的是要由唾液把食物湿润，而唾液会由不断地咀嚼产生，唾液中有许多有助消化的酶，并有帮助消化吸收及解毒等生理功能，对健康十分有益。而汤泡饭由于饱含水分，松软易吞，人们往往懒于咀嚼，未经唾液的消化过程把食物快速吞咽下去，这等于放弃了牙齿的咀嚼功能，给胃的消化增加了负担，日子一久，就容易导致胃病的发作。所以，不宜常吃汤泡饭。

当然，吃饭时喝汤有益健康，并不是说喝得多就好，要因人而异。

一般人中晚餐以半碗汤为宜，而早餐可适当多些，因一夜睡眠后，人体水分损失较多。总之，进汤以胃部舒适为度。

（3）儿童不宜多喝碳酸饮料

碳酸饮料种类繁多，常见的有汽水、可乐、雪碧等。碳酸饮料中的主要成分为水、糖、矿物质、维生素，有的还含有一定量的氨基酸。碳酸饮料中溶有一定量的二氧化碳，喝下后，二氧化碳流入胃肠，带走胃肠中的热能，由口腔中排出，固能解渴消暑。尽管如此，儿童不宜过多地摄入碳酸饮料，因为：①有害物质，碳酸饮料中含有大量的糖精、柠檬酸、防腐剂等对人体有害的物质，大量饮用这类饮料不利于儿童身体健康；②影响食欲，儿童由于胃的容量有限，饮料一次喝得过多、过急，会引起不同程度的胃胀气、胃疼痛，影响食欲；③引起胃病，碳酸饮料喝得过多，其中所含的二氧化碳会刺激胃粘膜，减少胃酸的分泌。另外，二氧化碳在胃内存留，会增加胃内压力，使胃膨胀，影响胃的正常蠕动，延迟了食物的排空时间，引起胃部胀痛，甚至会导致急性胃炎、胃痉挛、胃穿孔；④引起肥胖，由于饮料中含有一定量的糖分，可以提供一部分的热能。但喝得太多，一方面热能超标，这是引起肥胖的原因之一；另一方面，过多地饮用会影响食欲，导致其他营养素摄入量的减少。

（4）脱脂奶和全脂奶哪种好

全脂牛奶的脂肪含量是 30%，半脱脂奶的脂肪含量大约是 15%，全脱脂奶的脂肪含量低到 0.5%。国外有一种"浓厚奶"，脂肪含量可高达40% 以上。那些害怕脂肪的消费者总觉得应当选择脱脂奶。

①维生素需要脂肪。其实，牛奶中含有多种维生素，其中的脂溶性维生素 A、维生素 D、维生素 E、维生素 K 都藏在牛奶的脂肪当中，如果把牛奶中的脂肪除去，这些维生素也就跟着失去，尤其对孩子的生长发育不利。所以，许多国家都规定必须在脱脂牛奶中额外添加维生素 A、维生素 D。

②喝得香需要脂肪。牛奶之所以有特别的香味，也全靠脂肪中的挥发性成分，如果没有了脂肪，香味就会不足，牛奶喝起来也会没有味道。如果一定要控制脂肪，那么可以选择半脱脂奶。

③防癌需要脂肪。近年来的研究证明，牛奶的脂肪中富含抗癌物质CLA，多喝全脂奶的人不容易得癌症。CLA 能抑制多种癌细胞，还能阻断致癌物在体内的作用，对预防乳腺癌特别有效。研究还发现，如果从婴幼儿时期开始一直摄入 CLA，可以终生起到保护作用；如果在已经接触了致癌剂之后再摄入 CLA，就需要终生不间断地补充才能发挥预防癌症的作用。应当培养孩子从小喝全脂奶的好习惯。

这里建议：如果给老人选牛奶，不妨选半脱脂奶；如果给孩子选牛奶，就一定要选全脂奶。

（5）哪些食物不宜空腹吃

众所周知，"病从口入"是指吃了不卫生的食品而得病。不过要提个醒，一些无毒、又干净的食品也是不能空腹吃的，吃了就会有损健康。

①香蕉。由于香蕉含有较多的镁元素，空腹吃时，可使人体中的镁元素突然增高，破坏人体血液中的钙、镁平衡，对心血管功能产生抑制作用，不利于身体健康。

②大蒜。由于大蒜含有强烈辛辣的蒜素，空腹吃蒜，会对胃黏膜、肠壁造成刺激，引起胃肠痉挛、胃绞痛，并影响胃、肠消化功能。

③西红柿。由于西红柿内含丰富的果胶、柿红酸及多种可溶性收敛成分，如果空腹下肚，以上这些成分容易与胃酸起化学反应，生成难以溶解

的硬块状物，引起胃肠胀满、疼痛等症状。

④柑橘。柑橘含有大量糖分及有机酸，空腹吃下肚，会使胃酸增加，使脾胃不适，嗝酸、败胃，使胃肠功能紊乱。

（6）预防感冒从饮食开始

流行性感冒，是一种由流行性感冒病毒引起的。它与普通感冒相比，一是容易造成大流行；二是病情重，甚至会引起死亡。近年来，科学家们通过深入研究发现，人体对流感的易感性与食盐摄入量有关。高浓度钠盐具有强烈的渗透作用，它不仅能杀死细菌或抑制细菌的生长繁殖，同样也可影响人体细胞的防御功能。

摄入食盐过多，一是可使唾液分泌减少、口腔内存在的溶菌酶也相应减少，以致病毒在上呼吸道黏膜"落脚"更安全了；二是因为钠盐的渗透，使咽喉黏膜失去屏障作用。其他病毒细菌亦会"乘虚而入"，所以往往可同时并发咽喉炎、扁桃腺炎等上呼吸道炎症。

预防感冒应防患于未然。我们的饮食中，尽量避免含盐量过高。在炒菜中，盐放得少一点，长此以往，口感慢慢地就淡了下来。所以，预防感冒，第一步就是从减少盐的摄入量开始。

在我们身边还有不少的食物可以预防感冒。

鸡汤——鸡汤富含蛋白质，可以增强机体抵抗力。建议喝又热又辣、又有大量大蒜的鸡汤。

西红柿——西红柿能帮助白血细胞抵抗自由原子的副作用，从而起到抵抗病毒感染的作用。

坚果——一颗小小坚果的含硒量高达 100 毫克，硒有助于预防呼吸道感染，而体内缺硒会导致人体免疫功能的下降，甚至患癌。

辣椒——辣椒中含有一种特殊物质，能使人体内的抗体成倍增长。

运动饮料——运动饮料一般都含有大量的钾和钙，可以补充体内大量流失的矿物质，迅速恢复体力。

酸奶——最新研究发现，每天喝一杯酸奶能有效预防感冒。

姜糖水——先用红糖加适量水，煮沸后加入生姜，10 分钟后趁热喝下可预防感冒。

（7）能使食品营养价值更高的吃法

我们平时吃的一些食物，经过巧妙的搭配后，营养价值就会成倍增高。

芝麻与海带：放在一起同煮，能起到美容、抗衰老的作用。

蜜糖与甲鱼：甲鱼汤加蜜糖，甜美可口、鲜味无比，既含丰富的蛋白质、脂肪，又含多种营养物质，实为不可多得的滋补强身剂。

羊肉与萝卜：羊肉补阳取暖，萝卜被誉为"小人参"，营养价值大，相互搭配，并可治疗寒腹痛。

鸡肉与栗子：鸡肉补脾造血，栗子健脾，脾气健则更有利于吸收鸡肉的营养成分，造血机能也会随之增强。

鸭肉与山药：老鸭既可补充人体水分又可补阴，并可消热止咳。山药的补阴之力较强，与鸭肉伴食，可消除油腻，补肺效果更佳。

鲤鱼与米醋：鲤鱼本身有涤水之功，人体水肿除肾炎外大都是湿肿，米醋有利湿的功能，若与鲤鱼伴食，利湿的功能则更强。

豆腐与青菜：豆腐属于植物蛋白肉，青菜的维生素含量丰富。若与豆腐伴食，会使其营养大量被人体所吸收。

猪肝与菠菜：猪肝、菠菜都有补血之功能，一荤一素，相辅相成，共同吸收，对治疗贫血有疗效。

枸杞与猪腰：枸杞能益肾明目，猪腰能填精补肾。两者炖服对肾虚腰痛者最佳。

（8）喝豆浆有讲究

豆浆是许多人喜欢的食物，不少人都将豆浆作为早餐，但是饮用豆浆一定要有所注意，否则很容易诱发疾病。那么，饮用豆浆要注意什么呢？

①并非人人皆宜。中医学认为：豆浆性平偏寒而滑利。平素胃寒，饮后有发闷、反胃、嗳气、吞酸的人，脾虚易腹泻、腹胀的人以及夜间尿频、遗精肾亏的人，均不宜饮用豆浆。

②不能与药物同饮。有些药物会破坏豆浆里的营养成分，如四环素、红霉素等抗生素药物。

③不能冲入鸡蛋。鸡蛋中的鸡蛋清会与豆浆里的胰蛋白酶结合，产生不易被人体吸收的物质。

④忌过量饮豆浆。豆浆一次不宜饮得过多，否则极易引起过食性蛋白质消化不良症，出现腹胀、腹泻等不适病症。

⑤不要空腹饮。空腹饮豆浆，豆浆里的蛋白质大都会在人体内转化为热量而被消耗掉，不能充分起到补益作用。饮豆浆时吃些面包、糕点、馒头等淀粉类食品可使豆浆蛋白质等在淀粉的作用下与胃液较充分地发生酶解，使营养物质被充分吸收。

⑥不要饮用未煮熟的豆浆。生豆浆里含有皂素、胰蛋白酶抑制物等有

害物质，未煮熟就饮用，会发生恶心、呕吐、腹泻等中毒症状。

⑦忌用保温瓶贮存豆浆。在温度适宜的条件下，瓶内细菌以豆浆作为养料会大量繁殖，经过3～4小时就能使豆浆酸败变质。

(9) 食品中常见的污染物有哪些

食品在生产、加工、贮存、运输及销售过程中，都有可能受到各种有害物质的污染，污染后有可能引起急性食源性疾病或慢性食源性危害。常见的食品污染大体上可分为三类。

①生物性污染。食品的生物性污染包括微生物、寄生虫和昆虫的污染，其中以微生物的污染最多，危害也较大。一些致病菌可来自病人、病畜和带菌者，经手及排泄物污染食品，受污染的食品在细菌及酶的作用下，可分解变化，恶化食品的感官性状，降低其营养价值。在食品腐败变质的同时，微生物大量繁殖并可产生毒素，危害进食者的健康。由食品传播的寄生虫，常见的有蛔虫、绦虫、肝吸虫及旋毛虫等，污染的途径主要经病人、病畜的粪便及被粪便污染的土壤及水源。粮仓中的甲虫类、蛾类及螨类，肉、鱼、面酱或咸菜中的蝇蛆，亦可使食品大量损害，使其感官性状恶化。

②化学性污染。能进入食品的化学物质种类很多，进入的途径也十分复杂。常见的污染源是：农业生产广泛使用化肥及农药，如有机磷、有机氯、含汞砷的农药及氮肥等，这些有害物质可通过喷洒、拌种、施肥而使食品受到污染。由于在食品生产、运输中使用不合卫生要求的容器、运输工具及包装材料等，也会把一些有害的化学物质混入食品，例如铁皮罐头中的铅、农药化肥污染的运输工具、包装材料中的塑料及色素。工业三废污染环境，再通过水、大气及土壤而进入食品，如汞、镉、砷、铅等。尤其是在食品中使用不符合卫生要求的添加剂，如香料、色素、防腐剂等，可使有害物质直接进入食品而造成危害。

③放射性污染。放射性物质进入食品的主要来源是放射性物质和放射性"三废"排放引起的污染，如鱼类体内能蓄积铯137和锶90，特别是锶90，因其半衰期长，且多蓄积于骨骼，影响骨髓造血功能，对人体有严重危害。

(10) 癌症与饮食结构

我们知道多食入维生素C可以防癌，少吃脂肪可防癌，给大家造成的印象是，只要平时多吃或少吃这类营养素就可以高枕无忧了。但事实是预防癌症主要是强调膳食结构，而不是个别营养素的摄入多少。

人类癌症的发生尽管与遗传因素有关，但主要还是由环境因素引起的。据有关资料显示，约 1/3 的人类癌症与膳食不当有关。

美国一些医学家对某教派进行考察，该教派成员生活非常有节制，不吸烟、不喝酒，肉类等动物性食物的消费很少，膳食以植物性食物为主。调查结果显示，这一人群的肺癌和结肠癌，直肠癌以及乳腺癌的死亡率显著低于当地同一种族的其他居民。

这一例子有力地说明，同一种族和同一居住地区的条件下，膳食、营养和其他生活方式因素对于癌症的发生有举足轻重的作用。

预防癌症应注意：在膳食的总体模式方面，保持粮食（谷类、豆类、甘薯）作为膳食的主体，并强调粗细搭配。

新鲜蔬菜和水果中有许多重要的防癌营养成分，如膳食纤维、胡萝卜素、维生素 E 和必要的矿物质。多吃新鲜蔬菜和水果能降低患多种常见癌症的危险性，特别是深色叶菜类以及胡萝卜和番茄。

尽管我们适当控制肉类等动物性食物和油脂的摄入，但是也应该指出，在动物性食物中，鱼、虾等水产的营养价值较高具有多方面公认的保健作用，值得推荐。适量饮酒。控制食盐摄入，因为吃盐过多与胃癌等有密切关系。避免吃烧焦和烤糊的食品。

①胃癌与饮食结构。1999 年，我国的医学专家们曾对胃癌的死亡率做过统计研究，他们发现：同 20 世纪 70 年代比较，因胃癌而死亡的人数有明显的上升，其中男性增长 10.98%，女性增长 6.32%。胃癌死亡率占恶性肿瘤死亡率的 23.24%，在世界各国居第一位。

胃癌的形成与人们的饮食结构有着密切的关系，城镇居民中，动物性食物消费多，新鲜蔬果摄入少的人群，患胃癌的较多。以我国新疆维吾尔自治区为例，哈萨克族人以肉、乳为主食，比同一地区以谷物为主食的维吾尔族人患胃癌的死亡率高两倍。

20 世纪 60 ~ 70 年代，我国的医务工作者曾对我国胃癌高发区如河南林县、陕西沿岸地区的居民饮食结构调查中发现：患胃癌的病人中，与食用大量腌制食物有关，而在腌制食物中，又因腌制方法不当，在腌制品中出现大量亚硝酸盐有关。并因此得出结论，为了避免胃癌的发生，一定要防止食入大量亚硝酸盐。

在现代都市中，集贸市场不法商贩用工业用盐或是其他粗盐腌制的各类蔬菜如酸白菜、雪里蕻、酸豆角中，以及很多食品厂生产的熟肉中，都含有大量亚硝酸盐。

　　长期观察证实，蔬菜、水果有预防癌症的作用，蔬菜比水果的防癌效果好，尤其是葱、蒜和洋葱的防癌效果特别明显。美国医学家主张每人每天吃 50 克左右的洋葱以预防胃癌。

　　大豆富含异黄酮，可断绝癌细胞营养供应。日本科学家特别重视大豆的作用，日本癌症专家平山雄用 13 年的时间，观察 26 万多名 40 岁以上每天喝一碗豆浆的人的健康情况，发现他们的胃癌发生率比没有这种习惯的人患胃癌的风险几乎小 2/3。

　　我国北方的老年人中，常喝豆浆、吃豆腐的人，比不喝豆浆、不吃豆腐的人患胃癌的大约要少 50% 以上。

　　大蒜也具有明显的抗癌作用。每周生吃 2 次，抗胃癌；大蒜含有微量元素硒，常吃大蒜对预防恶性肿瘤有益。

　　明代名医龚廷贤在《万病回春》中介绍治"乳岩"（即乳腺癌）的处方，蘑菇就是主要药物之一。

　　近代医学证实，蘑菇多糖（糖的三种形式之一，另两种是单糖和双糖），不仅能控制癌细胞的发展，并能使已形成的癌细胞萎缩。有报道说，在胃癌高发区，不食蘑菇的人胃癌发病率比常食蘑菇的人高 6 倍。

　　竹笋是低脂肪、低糖、多纤维的食品，竹笋可促进肠道蠕动，帮助消化。具有清热消痰，利膈爽胃的作用。

　　②乳腺癌与饮食结构。科学家表示，已有证据显示食用番茄，特别是浓缩成番茄酱、番茄汤和番茄汁的番茄，可以帮助对抗乳腺癌。在此之前，也曾有研究表明：食用番茄可以减少男人罹患前列腺癌和心脏病的风险。

　　多项研究表明的番茄酱针对乳腺癌患者有明显的效果，还证实了日渐增强的一种科学看法，认为使得番茄发红的一种天然色素 lycoPene 是一种强有力的抗氧化剂。

　　加拿大多伦多大学的营养学教授温卡劳提出了他以人口为基础的一个假设，他认为食用番茄有可能可以减少得其他癌症的风险。他们对乳腺癌患者在临床上进行了测试。温卡劳教授说，他们的研究显示乳腺癌患者显然是因为无法吸收 lycopene，而使她们血液里的 lycopene 含量远较正常数值为低，这又导致了高度的"氧化作用压力"，而癌症、心脏病恰好都是因此引起的。

　　他们断定：氧化物番茄红素对抑制乳腺癌、胃癌、食道癌、前列腺癌有益。

（11）最佳食品排行榜

想吃出美丽、吃出健康吗？让我们了解一下最适合人类食用的食品。

①最佳水果。根据水果内所含维生素、矿物质、膳食纤维以及热量等指标综合评定，十佳水果依次是番木瓜、草莓、橘子、柑子、猕猴桃、芒果、杏、柿子与西瓜。

②最佳蔬菜。红薯是一种极不起眼的蔬菜，但它既是维生素的"富矿"，又是抗癌能手，居所有蔬菜之首；其次是芦笋、卷心菜、花椰菜、芹菜、茄子、甜菜、胡萝卜、荠菜、芥蓝菜、金针菇、雪里红、大白菜。

③最佳肉食。据法国专家研究，鹅鸭肉脂肪量虽不少于畜肉类（猪、牛、羊等），但其化学结构接近橄榄油，不仅无害且有益于心脏。德国专家则称鸡肉为"蛋白质的最佳来源"，其脂肪量也比牛肉低得多。

④最佳护脑食物。这类食物有：菠菜、韭菜、南瓜、葱、花椰菜、菜椒、豌豆、番茄、胡萝卜、小青菜、蒜苗、芹菜等蔬菜，核桃、花生、开心果、腰果、松子、杏仁、大豆等坚果类食物以及糙米饭、猪肝等。

⑤最佳汤类。各种汤食中以鸡汤最优，除向人体提供大量优质养分，还有医学效应。另外，鸡汤特别是老母鸡汤中含有特殊物质，有防治感冒和预防支气管炎的作用，尤其适宜于冬春季节饮用。

⑥最佳食用油。油有动物油、植物油之分，比较起来，植物油对人类的健康更有益。在植物油中，玉米油、米糠油、芝麻油、花生油、葵花籽油等对人类的健康更有益处。植物油如能与动物油按 1：0.5～1 的比例调配食用更好。

中国饮食文化中，最讲究的是食补，认为人的健康与饮食有很大的关系。无独有偶，西方学者也有类似的认识。近期，美国《时代》杂志评选出 10 种现代人最佳营养食品，与中国饮食文化中的食品健康有异曲同工之妙。

这些认识对我们有很好的借鉴作用。如果正确食用，不但可以强身健体，还可以预防多种疾病。

《时代》杂志建议现代人应该摄取的 10 种最佳营养食品，排名第一的就是物美价廉的番茄也就是西红柿。报导指出，番茄内含的 Lycopene 素，可以大幅减少前列腺癌的罹患几率。

而热量低、含有丰富铁质、维生素 B 的菠菜，不但是减肥圣品，还可以有效预防血管疾病以及夜盲症。

至于中国人过年必备的花生、杏仁等坚果，则有提高良性即高密度脂蛋白胆固醇的比例、预防心脏病的功能，不过医生警告，一定要控制食用量，否则反而有害。

至于广受减肥人士喜爱的燕麦和大麦，因富含膳食纤维，则有助降低血压以及胆固醇。

要想身体健壮，可多吃鱼类食品，其中鲑鱼含有的 OME－GA～3S 成分，可以预防脑部老化，防止罹患老年痴呆症。同样可以防止衰老的蓝莓，因为含有相当高的抗氧化剂，还能预防心脏病及癌症。

大蒜虽然吃起来满嘴的刺鼻的味道，很难闻，但在清血、防治心脏病上，有相当大的功效。

在亚洲相当风行的绿茶、红酒，也被证实有预防疾病的功能。绿茶含有茶多酚，这种植物化学因子，一杯量的抗氧化效果是维生素 C 的 100 倍。至于红酒，报导指出，法国人享受乳酪、奶油制品，罹患心血管疾病的几率却远低于美国人，原因之一就在于红酒，制红酒的葡萄，特别是葡萄皮上含有抗氧化物，不过，医师也提醒，饮用红酒过量可能适得其反，引发乳腺癌、中风等疾病。

《时代》杂志建议的 10 大营养食品如下。

第一名：番茄。

番茄含有 Lycopene 素、维生素 C，预防前列腺癌。

二名：菠菜。

菠菜含有铁质、维生素 B，预防心血管疾病、夜盲症。

三名：花生、杏仁等坚果。

花生、杏仁等坚果防心脏病，但要适量，多吃反而有害。

四名：花椰菜。

花椰菜简单烹调，预防乳腺癌、胃癌、直肠癌。

五名：燕麦。

燕麦富膳食纤维，可减肥、降血压、胆固醇。

六名：鲑鱼。

鲑鱼防止脑部老化、防止老年痴呆症。

七名：蓝莓。

蓝莓富抗氧化剂，预防老化、心脏病及癌症。

八名：大蒜。

大蒜能清血、降低胆固醇、防治心脏病。

九名：绿茶。

绿茶降低患胃癌、肝癌、食道癌、心脏病概率。

十名：红酒。

红酒，有助抗氧化，适量饮用有助预防心脏病。

（12）美食不当也会伤身体

①啤酒忌白酒。先喝了啤酒再喝白酒，或是先喝白酒再喝啤酒，这样做实属不当。啤酒中含有大量的二氧化碳，容易挥发，如果与白酒同饮，就会带动酒精渗透。想减少酒精在体内的驻留，最好是多饮一些水，以助排尿。

②解酒忌浓茶。有些人在醉酒后，饮用大量的浓茶，试图解酒。殊不知茶叶中含有的咖啡碱与酒精结合后，会产生不良的后果，不但起不到解酒的作用，反而会加重醉酒的痛苦。

③鲜鱼忌美酒。含维生素 D 高的食物有鱼、鱼肝、鱼肝油等，吃此类食物后饮酒会减少人对维生素 D 吸收量的 6～7 成。人们常常是鲜鱼佐美酒，殊不知这种吃法却丢了上好的营养成分。

④虾蟹类忌维生素 C。虾、蟹等食物中常含有五价砷化合物，如果与含有维生素 C 的生果同食会令砷发生变化，转化成三价砷，也就是有剧毒的"砒霜"，危害甚大，长期这样食用，会导致人体慢性中毒，使免疫力下降。

⑤牛奶煮沸时忌加糖。牛奶中所含的赖氨酸在高温下与果糖结合成果糖基赖氨酸，不易被人体消化，食用后会出现肠胃不适、呕吐、腹泻等病症，影响健康。

⑥菠菜忌豆腐。菠菜中所含的草酸与豆腐中所含的钙产生草酸钙凝结物，阻碍人体对菠菜中的铁质和豆腐中的蛋白质的吸收。

⑦牛奶忌巧克力。巧克力中含有草酸，与牛奶中所含的蛋白质、钙质结合后产生草酸钙，一些人食用后会发生腹泻。

⑧酒精忌咖啡。酒中含有的酒精具有兴奋作用，而咖啡所含的咖啡因同样具有较强的兴奋作用，两者同饮，对人产生的刺激甚大。人在心情紧张或是心情烦躁时这样饮用会加重紧张和烦躁情绪；若是患有神经性头痛的人如此饮用会立即引发病痛；若是患有经常性失眠症的人如此饮用会使病情恶化；如果是心脏有问题的人将咖啡与酒同饮，其后果更为不妙，很可能诱发心脏病。

如果不慎将二者同时饮用，应饮用大量清水或是在水中加入少许葡萄糖和食盐喝下，可以缓解一下不适症状。

（13）装食物慎用"含毒"塑料袋

现在人们使用的塑料袋有三种：一种既不能粘皮肤，又不能放食物，只能用来装建筑材料；一种可用来装服装；还有一种是可勉强用来盛放食品的。这三种塑料袋大部分都含"毒素"，如聚氯乙烯塑料就是有毒的品种，其原材料是无毒性的，但制作塑料的过程中加入了有毒的增塑剂。有些塑料制品中加入了稳定剂，而这些稳定剂主要是硬脂酸铅，也有毒性。所以装食品时绝不可乱用塑料袋。

深色调的塑料袋大都是用回收的废旧塑料制品重新加工而成，对人体有巨大的危害，因此不能用来装入口食品；超薄塑料袋也是禁止装食品的；另外，不能用聚氯乙烯塑料制品存放含酒精类食品、含油食品，否则袋中的铅就会溶入食品中，同时也不能放温度超过50℃的食品。

（14）什么是无公害食品、绿色食品和有机食品

无公害农产品、绿色食品、有机食品都是指符合一定标准的安全食品，但它们的标准水平、认证体系和生产方式不同。主要区别如下。

①质量标准水平不同。无公害农产品质量标准等同于国内普通食品卫生质量标准，部分指标略高于国内普通食品卫生标准；绿色食品分为AA级和A级，其质量标准参照联合国粮农组织和世界卫生组织食品法典委员会（CAC）标准、欧盟质量安全标准，高于国内同类标准水平；有机食品等效采用欧盟和国际有机运动联盟（IFOAM）的有机农业和产品加工基本标准，其质量标准与AA级绿色食品标准基本相同。

②认证体系不同。这三类食品都必须经过专门机构认定，许可使用特定的标志，但是认证体系有所不同。无公害农产品认证体系由农业部牵头正在组建，目前部分省、市政府部门已制定了地方认证管理办法，各省、市有不同的标志；绿色食品由中国绿色食品发展中心负责认证。中国绿色食品发展中心在各省、市、自治区及部分计划单列市设立了40个委托管理机构，负责该辖区的有关管理工作，有统一的商标；有机食品在国际上一般由政府管理部门审核、批准的民间或私人认证机构认证，全球范围内无统一标志，各国标志呈现出多样化，我国有代理国外认证机构进行有机食品认证的组织。

③生产方式不同。无公害农产品必须在良好的生态环境条件下生产，遵守无公害农产品技术规程，可以科学、合理地使用化学合成物，绿色食品生产是将传统农业技术与现代常规农业技术相结合，从选择、改善农业生态环境入手，限制或禁止使用化学合成物及其他有毒有害生产资料，并

实施"从土壤到餐桌"全程质量控制；有机食品生产须采用有机生产方式，即在认证机构监督下，完全按有机生产方式生产 1～3 年（转化期），被确认为有机农场后，可在其产品上使用有机标志和"有机"字样上市。

（15）不宜放味精的菜

味精是一种厨房必备的增味剂。它的主要成分是谷氨酸钠，通常含量在 90% 左右。一方面，味精有强烈的肉类香味，另外，味精进入人体后，能很快分解出谷氨酸，谷氨酸也是人体必不可少的氨基酸，尤其对智力发育有很大帮助。不过人体内也可以自行合成谷氨酸，不完全依赖于食物供给。适量、合理地使用味精对人体无害处，但要注意以下几点。

①含碱或小苏打的食物。在含碱或小苏打的食物中不能使用味精，因为在碱性溶液中，谷氨酸钠会生成有不良气味的谷氨酸二钠，失去其调味作用。

②酸味菜、糖醋、醋熘和酸辣菜。酸味菜、糖醋、醋熘和酸辣菜等在烹制时不宜放味精。因为，味精在酸性溶液中不易溶解，而且酸性越强，溶解度越低，酸味菜放入味精，不会获得应有的效果。

③高汤煮制的菜。用高汤煮制的菜不宜加入味精。高汤本来就具有一种鲜味，而且味精的鲜味又与高汤的鲜味不同。如果用高汤烹制的菜加入了味精，反而会把高汤的鲜味掩盖，使菜的味道不伦不类。

④鸡或海鲜炖的菜。鸡或海鲜有较强的鲜味，再加味精是浪费，并不能起到什么作用。

⑤凉拌菜。凉拌菜不宜放味精。因为凉拌菜温度低，味精不易溶解，不能起到调味的作用。

⑥高温加热的菜。高温加热的菜中不宜多放味精，以免加热过程中使味精变成焦化的谷氨酸钠。

（16）食品为什么不宜多次重复冷冻保藏

在日常生活中，我们从冰箱取出的食品如果一次用不完，习惯于将食物再次放入冰箱中保存。其实这种做法是不科学的。

①细胞遭到破坏，营养价值损失。食品在冻结过程中，处于细胞间隙的水分首先形成冰晶体。然后，冰晶体附近溶液浓度增加并受到细胞内汁液所形成渗透压的推动，以及冰晶体对细胞的挤压，使细胞或肌纤维内的水分不断向细胞或肌纤维的外界扩散并聚积于冰晶体的周围，只要温度不超过 $-1～-5℃$，冰晶体将向其周围的成分中不断吸引水分，使晶体不断扩大。在这个温度带冻结的食品，其细胞与组织结构必将受到体积不断增

大的冰晶的压迫而发生机械损伤以致溃破。食物在反复冷冻过程中会导致组织细胞大量破坏，组织液流出，大大降低了食物的营养价值。因此，食物在冷冻保存过程中，最好采用分装保存，用多少拿多少，尽量避免食物的反复冻融。

②急速冷冻，缓慢化冻。食品在冷冻保存过程中，还应该遵从"急速冷冻，缓慢化冻"的原则。因为食品在冷冻过程中，加速降温，以最短的时间生成冰晶带，避免了上述现象的发生，而且迅速降温冻结的食品，其内部形成的冰晶体数量多，体积小，不会压迫细胞膜，所以食品结构不致因受损而发生溃破。食品在解冻过程中，温度缓慢上升，可避免食品内发生突然变化、溶解水来不及被食品细胞吸收回原处而降低食品质量，缓慢解冻后的食品，基本上可以恢复冻结前的新鲜状态。

（17）饮用牛奶应讲的科学

牛奶是营养成分齐全，容易消化吸收的一种较好的天然食物。如今，喜欢喝牛奶的人日益增多，牛奶几乎成了人们生活中的最佳营养食品。不过，如果饮用不当，便容易导致营养成分流失，造成不必要的损失和浪费。

①不空腹喝牛奶。专家认为，牛奶加鸡蛋是早餐的最佳组合，可是有的人只喝牛奶，不吃其他食物，这就错了。早晨空腹时喝牛奶有许多弊端，由于是空腹，喝进去的牛奶不能充分酶解，很快会将营养成分中的蛋白质转化为能量消耗，营养成分不能得到很好的消化吸收。有的人还可能因此出现腹痛、腹泻，这是因为体内生成的乳糖酶少或极少，空腹喝大量的牛奶，奶中的乳糖不能被及时消化，被肠道内的细菌分解而产生大量的气体、酸液，刺激肠道收缩，出现腹痛、腹泻。因此，喝牛奶之前最好吃点东西，或边吃食物边喝牛奶，以降低乳糖浓度，利于营养成分的吸收。

②避免牛奶与茶水同饮。有人喜欢边喝牛奶边饮茶，这一点南方人多于北方人。其实，这种饮用方法也欠科学，牛奶中含有丰富的钙离子，而茶叶中的鞣酸会阻碍钙离子在胃肠中的吸收，削弱牛奶本身固有的营养成分。

③冲奶粉不宜用开水。冲奶粉不宜用100℃的开水，更不要放在电热杯中蒸煮，水温控制在40~50℃为宜。牛奶中的蛋白质受到高温作用，会由溶胶状态变成凝胶状态，导致沉积物出现，影响乳品的质量。

④不宜采用铜器加热牛奶。铜器在食具中使用已不多，但有些中高档食具中还在使用，比如铜质加热杯等。铜能加速对维生素的破坏，尤其是

在加热过程中，铜和牛奶中的一些物质发生的化学反应具有催化作用，会加快营养素的损失。

⑤避免日光照射牛奶。鲜奶中的 B 族维生素受到阳光照射会很快被破坏，因此，存放牛奶最好选用有色或不透光的容器，并存放于阴凉处。

⑥不要吃冰冻牛奶。炎热的夏季，人们喜欢吃冷冻食品，有的人还喜欢吃自己加工的冷冻奶制食品。其实，牛奶冻吃是不科学的。因为牛奶冷冻后，牛奶中的脂肪、蛋白质分离，味道明显变淡，营养成分也不易被吸收。

⑦喝牛奶应选最佳时间。早餐的热能供应占总热能需求的 25% ~ 30%，因此，早餐喝一杯牛奶加鸡蛋或加面包比较好。除此之外，晚上睡前喝一杯牛奶有助于睡眠，喝的时候最好配上几块饼干。

⑧煮好的牛奶不应放在保温瓶里。不应将煮好的牛奶在保温瓶里存放长时间后再喝，因为这样会损失维生素，细菌也容易滋生。

⑨不宜把牛奶放在透光玻璃瓶里。不宜把牛奶放置在透光玻璃瓶里，因为在光线的作用下，维生素 A 和维生素 C 会遭到破坏，因此应避光保存。

⑩不要用牛奶服药。药品不要用牛奶送服，因为牛奶中含有钙、铁等离子，它们能和某些药物（如四环素类等）生成稳定的络合物或难溶性的盐，使药物难以被胃肠吸收；有些药品还会被这些离子所破坏，从而降低药的疗效。服药一般应在食用牛奶或奶制品后 1.5 小时以上。

牛奶不宜久煮牛奶富含蛋白质，蛋白质在加热时会变性。在 60℃ 时，蛋白质微粒由溶液变为凝胶状；达到 100℃ 时，乳糖开始分解成乳酸，使牛奶变酸，营养价值下降。因此，牛奶煮开即可，不宜久煮。

煮牛奶不宜早放糖牛奶含赖氨酸，易与糖在高温下产生有毒成分——果糖基赖氨酸，故牛奶煮开后不应立即放糖，而应等到不烫手时再放。

（18）哪些人不宜饮用牛奶

牛奶虽是一种营养佳品，但有下列情况者，一般不宜喝牛奶。

①牛奶过敏的人。牛奶过敏的人多见于过敏体质者，在婴幼儿中就有存在。他们常在饮用牛奶后出现腹痛、腹泻等胃肠症状，也可能有鼻炎、哮喘等呼吸道症状成荨麻疹等。

②不耐受牛奶的人。在东方人的饮食结构中，由于常年食牛奶及奶制品较少，因而在一部分成人体内乳糖酶不足或缺乏，他们在喝牛奶后，由于奶中的乳糖不能被消化吸收，而常常会在结肠被细菌酵解产生气体，导

致腹部胀气、腹痛和腹泻。不耐受牛奶的人不宜喝牛奶。

③反流性食管炎患者。反流性食管炎患者由于下食管括约肌能力降低，胃和十二指肠液反流入食管引起食管炎。这样的人喝了牛奶后，牛奶会起降低下食管括约肌的作用，从而增加胃液或肠液的反流，加重食管炎。因此，患此病者不宜喝牛奶。

④食管裂孔疝患者。50岁以上的肥胖经产妇女，常多发生食管裂孔疝，主要是由于部分胃囊经正常横膈上的食管裂孔而凸入胸腔。裂孔疝可以破坏贲门的正常保护机制，因而引起胃和十二指肠液反流入食管造成炎症。饮用牛奶，会增加反流，加重症状。因此不宜饮用牛奶。

⑤胃次全切除术患者。胃次全切除术患者做了这种手术后，残留下来的胃容量很小，再饮用含有乳糖的牛奶，牛奶会迅速地涌入小肠，使原来已显不足或缺乏的乳糖酶更显不足和缺乏，更易出现不耐受牛奶的一些症状（腹胀、腹痛、腹泻、多屁等）。

⑥溃病性结肠炎患者。临床实践证明，溃疡性结肠炎患者停喝牛奶，病情就出现好转，若再饮牛奶及其制品，病情又会发作或加重，再度出现腹痛、腹泻和脓血便三大症状。因此，此病患者不宜饮用牛奶。

⑦胆囊炎和胰腺炎患者。牛奶中含有脂肪，而脂肪的消化需要胆汁和胰脂酶，因此饮用牛奶不仅会加重胆囊和胰腺的负担，而且可使症状加剧，显然胆囊炎和胰腺炎患者饮用牛奶是不宜的。

⑧肠道易激综合征患者。患肠道易激综合征的人，肠道肌肉运动功能和肠道黏膜分泌功能生理反应失常，食用牛奶及其制品后，常会发生过敏，出现腹痛，便秘或腹泻以及黏液便。因此该病患者不宜食牛奶。

⑨平时有腹胀、多屁、腹痛和腹泻等症状者。这些人饮用牛奶后，会使原有的症状加重，因此也是不宜饮用牛奶的。

（19）何谓酸性食物和碱性食物

酸性食物和碱性食物，是指所吃的某些食物经过消化吸收、新陈代谢，最后变成酸性的或碱性的"残渣"而言的，主要并不是指食物本身是碱性或酸性。

食物中含量最多的元素是氯、硫、磷，它们是酸元素；而钾、钠、钙、镁是碱元素。蛋白质含有不少硫，代谢以后能产生强度很大的酸。粮食、肉类、水产、花生、蛋类代谢后都能产生酸性"残渣"。而蔬菜、粮食中的根茎类（如土豆、白薯）、水果、牛奶代谢后能产生碱性"残渣"。

产生酸性"残渣"的食物，称酸性食物；产生碱性"残渣"的食物，称碱性食物。当然，也有些食物基本上不含氯、硫、钠、镁元素，所以代谢后不产生任何"残渣"而保持中性。

每个健康的人体内都有强大的自我调节机能，能经常把新陈代谢后产生的酸或碱加以中和，使身体能处在一个相对稳定的酸碱平衡状态。

（20）为何长期饱食对健康不利

现代医学研究证明，长期饱食，容易引起记忆力下降，思维迟钝，注意力不集中。

为什么长期饱食会影响智力呢？原因是：一方面由于长期饱食，大脑内生长因子增加，导致脑血管硬化，而供给大脑的氧和营养物质就会减少，使记忆力下降，思想迟钝，注意力不集中，出现大脑早衰的智力迟钝现象，严重者还可发生中风；另一方面，由于长期进食过量，会使身体内的大量血液，包括大脑的血液大部分调集到胃肠道，以供胃肠蠕动和分泌消化液的需要，大脑供血相对不足，而人的大脑活动方式是兴奋与抑制相互诱导的，若主管胃肠消化的神经中枢——植物神经长时间兴奋，其大脑的相应区域也就会同样兴奋，这就必然引起语言、思维、记忆、想象等区域的抑制，从而出现"全身发胖、脑子不管用"的现象，智力也就越来越差。

（21）服西药时有哪些饮食禁忌

为让药物充分发挥疗效，在服用时要注意饮食禁忌。例如：服四环素类药物时，应忌牛乳、豆腐、豆浆等含钙食物与饮料，因为钙离子容易与药物结成化合物，使药物不易被胃肠吸收。服用地塞米松、强的松及保泰松时，要减少食盐的摄入量，以避免钠潴留形成水肿。服用痢特灵、异烟肼时，应忌果酒、啤酒、巧克力、酸奶及腌制食品等酪胺类成分的食物和饮料。服用抗酸剂时，应忌食过酸、过甜的食物，避免增加胃酸。如长期将抗酸剂与牛乳等同服，有可能引起碱血症。

（22）每天喝几杯水较好

人体各部分都含有水，年龄越小体内含水越多。两个月的胎儿含水量高达97%，新生儿含水量可达80%，成年人含水量为58%～67%。普通男子含水量60%，肥胖男子含水量则少，仅为43%。当体内缺水10%时，生理功能就可发生紊乱。当体内失水20%时，则可能造成死亡。故有"可以一日不吃饭，不可一日不喝水"之说。

一个健康成人一天的饮水量应为1500～2000毫升。但具体地说，一个体重60千克的成年人，每天需要2.5千克的水，相当于每千克体重40克水，婴儿则需要更多些，一般为成年人的 3~4 倍，即每千克体重每日需水为 120~160 克。

体内水分有三方面的来源。第一是液体食物，如饮水、饮料、汤汁等；第二是固体食物，如饭、菜、水果等；第三是有机物在体内氧化产生的水。每百克碳水化合物氧化时产生水量为 60 毫克，每百克蛋白质氧化时产生水量为 41 毫克，每百克脂肪氧化时产生水量为 107 毫克。成年人体内每日氧化有机物所产生的水大约 300 克。

体内水分的排出途径则有四方面，排尿量约 1400 毫升，呼气排出的水分约 500 克，出汗排出的水分约 500 克，粪便排出的水分约 100 克。

两者"出"与"入"的总量处于动态的平衡状态，方可维持体内正常的水液代谢。

如果普通的茶杯每杯容水量为 250 毫升，则一个人每天喝水为 6 杯至 8 杯。这个标准是对一般人而言的，每人每天究竟应该喝几杯水，这要视每个人的具体情况而定。每个人要仔细留意自己身体内的感觉，并逐渐掌握自己什么时候要饮水，一天要饮多少水，做到有"自知之明"。

目前有些情况应该纠正，如有的人在吃饭时喝大量饮品，结果令唾液被冲淡了，胃液也被冲淡了，造成消化不良。又如有的人惯于吃太多味精和太多的盐，致使口干舌燥，就想通过多饮饮品来解决，实际上是解决不了的。所以除了养成白天每间隔 2~3 小时就喝一次水的习惯外，饮食应尽量保持清淡，少用盐和味精。

专家认为，饭前半小时到 1 小时饮一次水或饮品（如果汁和汤水），则可起到刺激胃口，增进食欲的作用。有人提出饭后喝茶，这是不正确的，饭后用茶漱口可以，但饭后立即饮茶，会影响胃对食物的消化。

（23）安全制备食品的十条原则

世界卫生组织建议，安全制备食品要遵循以下十条原则。

①选择经过安全处理的食品。购买消过毒的牛奶而不买生奶，水果、蔬菜一定要清洗干净。

②彻底加热食品。食品所有部位的温度都必须达到 70℃以上。

③妥善储存熟食品。应在 60℃以上或 10℃以下的条件下储存熟食。

④做熟的食品放置时间不宜过长。最好在食品出锅后尽快吃掉。

⑤储存的熟食品在食用前必须再次彻底加热。加热时应使食品所有部位温度都达到 70℃以上。

⑥避免生食品与熟食品的接触。用于处理生、熟食品的刀具、案板等

要分开。

　　⑦注意洗手。加工制作食品前和每次间歇后，必须把手洗净。

　　⑧保持厨具和厨房的清洁。所有用来制备食品的用具表面必须保持绝对干净，抹布应每天更换，并在下次使用前煮沸消毒。

　　⑨避免昆虫、鼠类和其他动物接触食品。

　　⑩饮用安全卫生的水，不喝生水。

二、食物中毒与日常饮食禁忌

　　食物中毒按其病原的种类，主要分为细菌性、真菌性、化学性和有毒动、植物类中毒；其中细菌和真菌性食物中毒统称为微生物性食物中毒，居各类食物，户口之首。

　　很多人都知道毒素积聚会引起疾病，应该排毒。中医认为体内湿、热、痰、火、食，积聚成"毒"，其中宿便的毒素是万病之源；西医则认为人体内脂肪、糖、蛋白质等物质新陈代谢产生的废物和肠道内食物残渣腐败后的产物是体内毒素的主要来源。很多人都选择洗肠、吃药来排毒，其实那是一个严重的错误。在改善环境的同时，有意识地选择一些排毒食物，并且坚持运动才是清除毒素的正确方法。

　　食物中毒与解毒一些食物由于特殊的属性，在加工制作时不当处理会产生一定的毒素，食用时不加注意会引起中毒反映。而有些食物由于毒性较大，不宜食用。

　　（1）吃哪些蔬菜当心中毒

　　吃以下蔬菜需要当心中毒。

　　①四季豆和菜豆。四季豆和菜豆的有毒成分主要是皂疮和胰蛋白酶抑制物。烹调时，应先将豆煮熟后捞出，再加上调味佐料焖煮，便可解毒性。

　　②发芽的土豆。在发芽的土豆中，毒性物质为龙葵碱。食用时，只要深削芽胚和发绿部分，再用冷水浸泡，烧煮时加少量醋，充分煮熟即可除去毒性。

　　③蚕豆。体内红细胞缺乏6磷酸葡萄糖脱氧酶的人吃了蚕豆后会得溶血性黄疸，又称为蚕豆病。这种病有遗传性，因此，有家庭病史的人应到医院检查，并避免吃蚕豆。

④青色西红柿。青色西红柿它含有发芽土豆相同毒性的物质，食后会出现恶心、呕吐、头昏、流涎等中毒症状，生吃危险性更大。

⑤新鲜黄花菜。新鲜黄花菜含有秋水仙碱，进入人体后经氧化会产生有毒物质，食后会引起类似急性肠胃炎状病症，极易误诊。而于黄花菜在加工时经清水充分浸泡，大部分秋水仙碱已经溶出，所以一般不会中毒。

⑥蓝紫色的紫菜。紫菜水发后若呈蓝紫色，则说明在海中生长时已被有毒物质环状多肽污染。这些毒素蒸煮也不能解毒，不可食用。

⑦新鲜木耳。鲜木耳含有一种琳类光感物质，它对光线敏感，食用后经太阳照射，引起日旋光性皮炎，个别严重的还会因咽喉水肿发生呼吸困难，因此，不可食用。

另外，白果、杏仁、木薯都有一定毒性，不可多吃。而膈夜的小白菜、菠菜、非菜等，含有较高的硝酸盐，食用后，转化成亚硝酸盐，人体吸收后，会发生中毒，同时还有致癌作用。

（2）腐肉中毒解毒妙方

腐肉肉质腐败，误食后会引起中毒反映。其症状：恶心呕吐，胸膈饱满，腹痛腹泻，发热，震颤休克，严重时可由于脱水而引起肌肉痉挛，循环衰竭。

治疗方法如下。

①大蒜头一只（去粗皮），马齿苋250克，共捣烂，开水冲，连渣服。

②紫苏叶50克水煎浓汁，生姜适量，捣烂绞汁，将两汁搅匀服用。

③赤小豆30克，烧至焦黄，研细末，开水送服。

（3）吃毒蘑菇中毒怎么办

毒蘑菇又称毒蕈，春、秋季节因误食后中毒时有发生。

发生毒蘑菇中毒时，发病症状来势凶猛。从时间上看，少则食后0.5~6小时，多则10~15小时即可发病。病人及其家属、同食者通过回忆进食情况，大多能够进行自我诊断，如疑有毒蘑菇中毒，应立即采取以下方法。

①如意识清醒，可让病人饮浓茶或微温开水，然后用筷子刺激咽喉部，促使呕吐。如此喝水、吐出反复多次。如出现昏迷而丧失意识时，不可强饮水或强行致其呕吐，以免发生误饮而出现窒息。

②吐、泻严重者，要多饮水或淡盐水。

③在自行救治的同时以最快的速度送病人到医院抢救。在运送医院途中，如发生呼吸、心跳停止，要立即进行人工呼吸及胸外心脏按摩术。

（4）吃新腌的咸菜容易中毒

咸菜腌制、食用不当，很容易引起亚硝酸盐大量进入人体，而亚硝酸盐是一种致癌物质，它会使人体细胞中的低铁血红蛋白氧化成高铁血红蛋白，血液中红血球中毒，丧失携氧功能，造成人体组织缺氧，严重者将窒息。一般腌制咸菜的第 7~8 天，亚硝酸盐的生成达到高峰，第 9 天开始下降，时间越长，亚硝酸盐的含量越少。所以腌制咸菜必须保证在 20 天以上的时间，盐水浓度不得低于 20%。食用时，一定要等咸菜腌透，并应适量加醋。

（5）大料、桂皮、小茴香使用过量易中毒

大料、桂皮、小茴香这三种天然调味品均有一定的诱变性和毒性，其主要成分是黄樟素。黄樟素在动物体内能改变组织细胞的遗传功能，发生突变，给人体健康带来不利，虽然黄樟素在这三种香料中含量不多，并且食用很少，但仍然值得注意。在烹制鱼、肉类原料，或是煮五香蚕豆、花生米时，应尽量突出原料的本味，慎用大料、桂皮、小茴香。

（6）一些常见的解毒食物

猪血：猪血中的血浆蛋白被人体内的胃酸分解后，能产生一种解毒、清肠的分解物，这种物质能与侵入人体内的粉尘、有害金属微粒发生生化反应，然后从消化道排出体外。

海带：海带中含有一种叫做硫酸多糖的物质，能够吸收血管中的胆固醇，并把它们排出体外，使血液中的胆固醇保持正常含量。另外，海带表面有一层略带甜味的白色粉末，是极具医疗价值的甘露醇，它具有良好的利尿作用，可以治疗肾功能衰竭、药物中毒、浮肿等。

胡萝卜：胡萝卜也是有效的解毒物。不仅含有丰富的胡萝卜素，食后能增加入体维生素 A，而且含有大量的果胶，这种物质与汞结合，能有效地降低血液中汞离子的浓度，加速体内汞离子的排除，故有驱汞作用。

大蒜：经常与铅打交道的人，可以经常吃点大蒜。经试验，给铅生产工人每日口服 1 克大蒜，连服 3 个月，没有出现铅中毒现象。有的铅中毒患者，口服大蒜后，有显著好转，尿铅降到正常值以下。

黑木耳：号称"素中之荤"的黑木耳，因生长在背阴潮湿的环境中，中医认为有补气活血、凉血滋润的作用，能够消除血液中的热毒。具有帮助消化纤维类物质的特殊功能，是棉麻、毛纺织厂职工的保健食品。此外，木耳因具有很强的滑肠作用，经常食用可将肠道内的大部分毒素带出体外。

在长期受到噪声干扰的情况下，人体内的维生素 B_1、维生素 B_2、维生素 B_{12} 的消耗量明显增加。如能在日常膳食中注意补充维生素，则可提高在噪声环境下工作人员的听力，预防听觉器官的损伤。

维生素 B_1 以米糠、麦麸、蛋黄、牛肉含量较多，维生素 B_1 则多存在于动物心脏、大豆、小豆、绿豆和蔬菜中；维生素 D 的补充来源是米糠、谷类、酵母、蛋黄等食品。

和放射性物质打交道的人，可经常食用鸡蛋、大豆、牛奶、瘦肉、动物内脏等高蛋白食品，以补充因放射性损害引起的组织蛋白质的分解，使机体处于蛋白质营养良好状态。多饮绿茶，则有利于加快体内放射性物质的排泄。

绿豆：绿豆味甘性寒，有清热解毒、利尿和消暑止渴的作用。

蜂蜜：蜂蜜生食性凉能消热，熟食性温可补气，味道甜柔且具润肠、解毒、止痛等功能。

苦瓜、苦茶：苦瓜具有消暑清热、明目解毒之功效。科学家对苦瓜所含成分进行分析发现，苦瓜中存在一种具有明显抗癌生理活性的蛋白质，这种蛋白质能够激发体内免疫系统防御功能，增加免疫细胞的活性，消除体内的有害物质。

中医认为，茶叶味甘苦，性微寒，能缓解多种毒素。茶叶中含有一种丰富活性物质——茶多酚，具有解毒作用。茶多酚作为一种天然抗氧化剂，可消除活性氧自由基；其对重金属离子沉淀或还原，可作为生物碱中毒的解毒剂。另外，茶多酚能提高机体的抗氧化能力，降低血脂、缓解血液高凝状态，增强细胞弹性，防止血栓形成，缓解或延缓动脉硬化和高血压发生。

在我们常吃的蔬菜中，也不乏解毒功用者。如西红柿甘酸微寒，清热解毒、利尿消肿、化痰止渴作用明显；丝瓜甘平性寒，有清热凉血、解毒活血的作用；黄瓜、竹笋能清热利尿；芹菜可清热利尿、凉血清肝热，具有降血压之功效。另外，蘑菇可清洁血液；红薯、芋头、土豆等具有清洁肠道的作用；部分中药材，如三七、绞股蓝、灵芝、茯苓、何首乌、大黄、川芎、当归、丹参、鱼腥草、雷公根等也有类似的效果。

喝凉开水可以清除胃肠内的垃圾和污染物，可防治食道癌、胃癌、食管癌、肠癌和膀胱癌等消化系统癌症；凉开水还有除火、消炎、解毒等功效。更加重要的是，大量水分渗入人体细胞与细胞之间，具有保护细胞、延长细胞生存寿命的作用，喝凉开水应在早晨起床时缓慢喝 500 至 600 毫升，以促进大小便排出，有清洗大肠、小肠的作用。

（7）解治蘑菇中毒法

如果疑有蘑菇中毒的迹象，或明显呈现中毒症状，应立即让其饮用温开水，然后用手指或筷子等刺激其咽喉部位，诱发其呕吐，并不断重复喝水和催吐。

如患者已神志不清，不能强行灌水，以免误饮导致患者窒息。在进行第一时间简单抢救的同时，应以最快的速度将患者送往医院，在途中作人工呼吸，胸外心脏按摩等准备和护理工作。

（8）解食用肝脏中毒的方法

动物肝脏的营养价值极高，但不小心食用，也容易中毒。

动物肝脏中毒的主要症状有头晕、恶心、呕吐、腹痛腹泻、眼睛不适甚至视力模糊等，严重者两三天后还会有全身脱皮的症状。这些症状应引起患者的足够重视。家庭治疗方法很简单，可取白萝卜若干并捣烂，服用其汁液即可。

（9）食物中毒家庭急救法

食物中毒家庭急救有以下两种方法。

救法①：如果食物中毒后不超过两小时，立即取食盐 20 克，加开水200 毫升，冷却后一口喝下，如果不吐，可多喝几次，或用筷子等刺激咽喉，迅速促进呕吐，如果吃下去的是变质的荤食品，则可服用十滴水来促使迅速呕吐。

救方②：如果食物中毒时间较长，一般已超过 2～3 小时，而精神较好者，则可服用些泻药，促使中毒食物尽快排出体外。一般用大黄 30 克，一次性用开水泡服。

（10）常见食物中毒解治法

常见食物中毒的解治法有以下几种：食咸菜中毒，饮豆浆可解。

食鲜鱼和巴豆引起中毒，可用黑豆煮汁，食用即解。

误食碱性毒物，大量饮醋能够急救。

食蟹中毒时，可用生藕捣烂绞汁饮用，也可用生姜捣烂取汁，以水冲服。

酒精中毒时，用浓茶或热盐汤频饮、也可用白萝卜捣碎取汁灌服。用松花蛋蘸食醋吃也能取得同样的疗效。

食毒草中毒时，可用鲜空心菜 250 克捣碎取汁饮服；也可用鲜橄榄100 克去核捣烂，加少量水调匀饮服。

食河豚中毒时，可用大黑豆煮汁饮用，也可用生橄榄 20 枚捣汁服下。

食变质的鱼、虾、蟹中毒时，取食醋 100 毫升，加水 200 毫升，稀释后一次服下。

食变质饮料或防腐剂中毒时，用鲜牛奶或其他含蛋白质的饮料灌服可解。

(11) 绿豆解毒的妙用

绿豆有如下解毒方法。

方法①：将生绿豆洗净捣成粉，用水冲服，能解一些重金属及食物中毒。

方法②：当煤气中毒恶心呕吐时，可抓把绿豆煮汤饮服，或取绿豆粉30 克，用开水冲服，可缓解煤气中毒。

(12) 草药中毒食解法

草药能治病，亦能致病。有些草药人服用过量时，便会出现中毒现象。这时，可用食物来解毒。

天南星中毒：食醋 100 克或蛋清数个，频频饮服。

曼陀罗中毒：生菠菜熬汤饮服。

乌头中毒：绿豆 200 克熬汤饮服。

百部中毒：姜汁、食醋任选一种饮服。

猪牙皂中毒：生姜、甘草各 15 克，熬浓汁饮服。

血上一枝蒿中毒：红糖、蜂蜜任选一种熬稀饭吃。

(13) 煤气中毒食疗 3 方

①：取香醇 100 克，兑白开水 100 克，令患者徐徐饮用。适用于早期症状较轻的中毒患者。

煤气中毒食疗②：取芥菜、白菜等泡成的酸菜，从中取出菜汁半碗，一次服下有效。

煤气中毒食疗③：将鲜白萝卜捣碎取汁，约 100 克，一次灌下，1 小时后即愈。适用于煤气中毒呈昏迷状态者。

(14) 解食物中毒 3 方解

①催吐。如果吃下有毒物质的时间在 1 ~ 2 小时内，可使用催吐的方法。立即用食盐 20 克，加水 200 毫升，冷却后一次喝下；如果不吐，也可用鲜生姜 100 克，捣碎取汁，用 200 毫升温水冲服；还可用手指或羽毛等刺激咽喉催吐。

②导泻。如果病人吃下有毒物质的时间较长，一般已超过 2 ~ 3 小时，

则可服用泻药，促使有毒食物尽快排出体外。一般用大黄 30 克，一次煎服；老年人可选用元明粉 20 克，用开水冲服，即可缓泻；体质较好者，也可用番泻叶 15 克，一次煎服或用开水冲服。

③解毒。如果是因为吃了变质的鱼、虾、蟹等引起的食物中毒，可取食醋 100 毫升，加水至 120 毫升，服下；此外，还用紫苏 30 克、生甘草 10 克，一次煎服。如果是误食了变质的饮料或防腐剂，最好的急救方法是用鲜牛奶或其他含蛋白质高的饮料灌服。

（15）家制口服解毒洗胃液

误食毒物常发生在家庭里，而不少人在送往医院途中误了时间而丧命。为迅速排除胃内毒物，减少其吸收，用家制洗胃液口服洗胃，可卓见功效。

方法①：清水、淡盐水（1000 毫升水溶解 9～10 克食盐），大多数毒物中毒都可用，特别是在情况紧急、毒物性质又不明时应用。

方法②：肥皂水、苏打水（1000 毫升水中溶解 3～5 克肥皂或 15～20 克苏打粉），适用于有机磷、有机氯、氨基甲脂类农药中毒，如乐果、甲胺磷、滴滴涕、杀虫米、呋喃丹等（敌百虫中毒者禁用）。

方法③：蛋清液（1000 毫升水中打入鸡蛋靖 10～20 个，搅匀），适用于有机汞、砷类农药中毒，如西力生、赛力散、稻甲青等，也可用于其他金属盐类中毒。

方法④：浓茶水，适用于含生物碱的毒物，如发芽马铃薯、苦杏仁、毒蕈等食物中毒。

最后，应注意的是，神志昏迷者和孕妇不宜应用，一次口服洗胃液不宜超过 1000 毫升，洗胃液的温度以 25～38℃为宜。

（16）家庭如何预防食物中毒

预防食物中毒应从以下五方面入手。

①把住食品采购关。要采购清洁、新鲜的食物，注意其是否经过卫生检验，是否符合卫生要求。

②烹调加工所用的原料应保证新鲜并彻底加热。这是发生食物中毒的一个重要环节，如果控制不严，细菌性，有毒动植物、化学性食物中毒均可发生。

③生、熟分开加工。容器应生、熟分开，避免食品直接和间接交叉污染。

④热菜热存。保存热菜的温度应保持在 60℃以上，低于这个温度则可

能加速细菌的生长繁殖，增加食品的危险性。

⑤小心剩余饭菜。剩余饭菜是常见的中毒食物之一。剩余饭菜应妥善放入熟食专用冰箱保存。次日食用前必须彻底加热。

（17）食物排毒十大方法

食物排毒有如下十大方法。

①助肝排毒。肝脏是重要的解毒器官，各种毒素经过肝脏的一系列化学反应后，变成无毒或低毒物质。我们在日常饮食中可以多食用胡萝卜、大蒜、葡萄、无花果等来帮助肝脏排毒。

胡萝卜：是有效的排汞食物。含有的大量果胶可以与汞结合，有效降低血液中汞离子的浓度，加速其排出。每天进食一些胡萝卜，还可以刺激胃肠的血液循环，改善消化系统，抵抗导致疾病、老化的自由基。

大蒜：大蒜中的特殊成分可以降低体内铅的浓度。

葡萄：可以帮助肝、肠，胃清除体内垃圾，还能增强造血功能。

无花果：含有机酸和多种酶，可保肝解毒、清热润肠、助消化，特别是对有毒物质有一定抵御作用。

②助肾排毒。肾脏是排毒的重要器官，它过滤血液中的毒素和蛋白质分解后产生的废料，并通过尿液排出体外。黄瓜、樱桃等蔬果有助于肾脏排毒。

黄瓜：黄瓜有利尿作用，能清洁尿道，有助于肾脏排出泌尿系统的毒素。含有的葫芦素、黄瓜酸等还能帮助肺、胃、肝排毒。

樱桃：樱桃是很有价值的天然药食，有助于肾脏排毒。同时，它还有温和通便的作用。

③润肠排毒。肠道可以迅速排出毒素，但是如果消化不良，就会造成毒素停留在肠道，被重新吸收，给健康造成巨大危害。魔芋、黑木耳、海带、猪血、苹果、草莓，蜂蜜，糙米等众多食物都能帮助消化系统排毒。

魔芋：又名"鬼芋"。在中医上称为"蛇六谷"，是有名的"胃肠清道夫""血液净化剂"，能清除肠壁上的代谢物。

黑木耳：黑木耳含有的植物胶质有较强的吸附力，可吸附残留在人体消化系统内的杂质，清洁血液，经常食用还可以有效清除体内污染物质。

海带：海带中的褐藻酸能减慢肠道吸收放射性元素锶的速度，使锶排出体外。因而具有预防白血病的作用。此外，海带对进入体内的镉也有促排作用。

猪血：猪血中的血浆蛋白被消化液中的酶分解后，产生一种解毒和润肠的物质，能与侵入人体内的粉尘和金属微粒反应、转化为人体不易吸收的物质，直接排出体外，有除尘、清肠、通便的作用。

苹果：苹果中的半乳糖醛酸有助于排毒，果胶则能避免食物在肠道内腐化。

草莓：含有多种有机酸、果胶和矿物质，能清洁肠胃，强固肝脏。

蜂蜜：自古就是排毒养颜的佳品，含有多种人体所需的氨基酸和维生素。常吃蜂蜜在排出毒素的同时，对防治心血管疾病和神经衰弱等症也有一定效果。

糙米：是清洁大肠的"管道工"，当其通过肠道时会吸附许多淤积物，最后将其从体内排出。

④用食物排毒。

芹菜：芹菜中含有的丰富纤维可以过滤体内的代谢物。经常食用可以刺激身体排毒，对付由于身体毒素累积所造成的疾病，如风湿、关节炎等。此外，芹菜还可以调节体内水分的平衡，改善睡眠。

苦瓜：苦味食品一般都具有解毒功能，对苦瓜的研究发现，其中有一种蛋白质能增加免疫细胞活性，清除体内有毒物质。尤其女性，多吃苦瓜还有通经的作用。

绿豆：绿豆味甘性凉，自古就是极有效的解毒剂，对重金属、农药以及各种食物中毒均有一定防治作用。它主要是通过加速有毒物质在体内的代谢，促使其向体外排泄。

茶叶：茶叶中的茶多酚、多糖和维生素 C 都具有加快体内有毒物质排泄的作用。特别是普洱茶，研究发现普洱茶有助于杀死癌细胞。常坐在电脑旁的人坚持饮用还能防止电脑辐射对人体产生不良影响。

牛奶和豆制品：所含有的丰富钙质是有用的"毒素搬运工"。

⑤多饮水，可以促进新陈代谢，缩短粪便在肠道停留的时间，减少毒素的吸收，溶解水溶性的毒素。最好在每天清晨空腹喝一杯温开水。此外清晨饮水还能降低血液黏度，预防心脑血管疾病。

⑥每周吃两天素食。因为过多的油腻或刺激性食物，会在新陈代谢中产生大量毒素，造成肠胃的巨大负担。

⑦多吃新鲜和有机食品。多吃新鲜和有机食品，少吃加工食品、速冻食品和清凉饮料，因为其中含有较多防腐剂、色素。

⑧在日常饮食中控制盐分的摄入。过多的盐会导致闭尿、闭汗，引起体内水分潴留。如果你一向口味偏重，可以试试用芹菜等含有天然咸味的

蔬菜替代食盐。

⑨适当补充抗氧化剂。适当补充一些维生素 C、维生素 E 等抗氧化剂，以帮助消除体内的自由基。

⑩吃东西不要太快。多咀嚼能分泌较多唾液，中和各种毒性物质，引起良性连锁反应，排出更多毒素。

日常饮食禁忌

日常饮食中，很多种类的食物不能食用过量或错误搭配，否则会引起身体不适或中毒反应。应当特别加以注意。

（1）食用螃蟹要注意什么

螃蟹是含有丰富维生素的美味佳品，营养极为丰富，所以深受人们的青睐。

螃蟹还有药用价值，它具有活血化瘀、消肿止痛、强筋健骨的功效，民间常用于治疗跌打损伤、筋骨破碎等疾病。但是，如果不注意卫生，食用螃蟹后会发生腹痛腹泻、剧呕吐等症状。

在品尝美味的同时，专家警告，螃蟹不能和某些食物同吃。

①螃蟹不能与冷饮同食。螃蟹与冷饮，如冰水、冰激凌等同食，寒凉之物会使肠胃温度降低，而导致腹泻。

②螃蟹不能与梨、柿子同食。蟹肥正是柿熟时，应当注意忌蟹与柿子混吃。

蟹与柿《饮膳正要》："柿、梨不可与蟹同食。"

从食物药性看，柿、蟹皆为寒性，二者同食，寒凉伤脾胃，体质虚寒者尤应忌之；柿中含鞣酸，蟹肉富含蛋白，二者相遇，凝固为鞣酸蛋白，不易消化且妨碍消化功能。使食物滞留于肠内发酵，会出现呕吐、腹痛、腹泻等食物中毒现象。

陶弘景《名医别录》云："梨性冷利，多食损人，故俗谓之快果。"

据说，民间有食梨喝开水，可致腹泻之说。由于梨性寒冷，蟹亦冷利，二者同食，会伤人肠胃。

③蟹与花生仁不能同食。花生仁性味甘平，脂肪含量高达45%，油腻之物遇冷利之物易致腹泻，故蟹与花生仁不宜同时进食，肠胃虚弱之人，尤应忌之。

④蟹与泥鳅不能同食。《本草纲目》云："泥鳅甘平无毒，能暖中益气，治消渴饮水，阳事不起。"

可见泥鳅性温补，而蟹性冷利，功能与此相反，故二者不宜同吃。其生化反应亦不利于人体。

⑤蟹与香瓜不能同食。香瓜即甜瓜，性味甘寒而滑利，能除热通便。与螃蟹同食有损于肠胃，易致腹泻。

⑥不宜与茶水同食。吃蟹时和吃蟹后 1 小时内忌饮茶水。

因为开水会冲淡胃酸，茶会使蟹的某些成分凝固，均不利于消化吸收，还可能引起腹痛、腹泻。

⑦不宜食用死蟹。河蟹被捕获后常因挣扎而消耗体内的糖元，使体内乳酸增多。其死后的僵硬期和自溶期大大缩短，蟹体内的细菌会迅速繁殖并扩散到蟹肉中。

在弱酸条件下，细菌会分解蟹体内的氨基酸，产生大量组胺和类组胺物质。组胺是一种有害物质，会引起过敏性食物中毒；类组胺物质会使食者呕吐、腹痛、腹泻。因此，死蟹不能食用。

购蟹时应注意鉴别质量，新鲜活蟹的背壳里青黑色，具有光泽，脐部饱满，腹部洁白，蟹脚硬而结实，将蟹仰放腹部朝天时，蟹能迅速翻正爬行。而垂死的蟹背壳呈黄色，蟹脚较软，自行翻正困难。

⑧不宜食用生蟹。河蟹是在江河湖泽的淤泥中生长的，它以动物尸体或腐殖质为食，因而蟹的体表、鳃及胃肠道中布满了各类细菌和污泥。食用前应先将蟹的体表、鳃、脐刷干净，蒸熟煮透后再食用。

有些人因为未将蟹洗刷干净，蒸煮不透，或因生吃醉蟹或腌蟹，把蟹体内的病菌或寄生虫幼虫食入体内，导致生病。

螃蟹往往带有肺吸虫的囊拗和副溶血性弧菌，如不高温消毒，肺吸虫进入人体后可造成肺脏损伤。如果副溶血性弧菌大量侵入人体会发生感染性中毒，表现出肠道发炎、水肿及充血等症状。

因此，食蟹要蒸熟煮透，一般开锅后再加热 30 分钟以上才能起到消毒作用。

⑨不宜食用存放过久的熟蟹。存放的熟蟹极易被细菌侵入而污染，因此，螃蟹宜现烧现吃，不要存放。万一吃不完，剩下的一定要保存在干净、阴凉通风的地方，吃时必须回锅再煮熟蒸透。

⑩不宜乱嚼一气。吃蟹时应当注意四清除。

一要清除蟹胃。蟹胃俗称蟹尿包，在背壳前缘中央似三角形的骨质小包，内有污沙。

二要消除蟹肠，即由蟹胃通到蟹脐的一条黑线。

三要清除蟹心，蟹心俗称六角板。

四要清除蟹鳃，即长在蟹腹部如眉毛状的两排软绵绵的东西，俗称蟹眉毛。这些部位既脏又无食用价值，切勿乱嚼一气，以免引起食物中毒。

不宜食之太多蟹肉性寒，不宜多食。脾胃虚寒者尤应引起注意，以免腹痛腹泻。因食蟹而引起的腹痛腹泻，可用性温的中药紫苏15克，配生姜5~6片，加水煎服。

某些病人不宜食用患有伤风、发热、胃痛以及腹泻的病人吃蟹会使病情加剧。

慢性胃炎、十二指肠溃疡、胆囊炎、胆结石症、肝炎活动期的人，最好不吃蟹，以免使病情加重。

蟹黄中胆固醇含量高，患有冠心病、高血压、动脉硬化、高血脂的人应少吃或不吃蟹黄，否则会加重病情。

体质过敏的人，吃蟹后容易引起恶心、呕吐，起风疹块。

（2）对眼睛有害的食品不可多食

①大蒜。大蒜是很好的调味品，对不少的疾病有一定的预防作用。适量食用确实大有益处，因此备受人们的青睐。

但是，如果长期过量地吃大蒜，尤其是眼病患者和经常发烧、潮热盗汗等虚火较旺的人，会有不良影响。

有些长期过量吃大蒜的人，到了五六十岁，会逐渐感到眼睛视物模糊不清、视力明显下降、耳鸣、口干舌燥、头重脚轻、记忆力明显下降等，这就是长期嗜食大蒜的后果，故民间有"大蒜百益而独害目"之说。

中医学很讲究忌口，认为眼病患者在治疗期间，必须禁食蒜、葱、洋葱、生姜、辣椒这五辛和其他刺激性食物，否则将影响疗效。如有些患眼疾的病人，虽采用了中药、针灸、磁疗等治疗，没有忌大蒜等辛辣食物，结果疗效往往不佳。

②生牛排。弓浆虫是一种人畜共有的寄生虫，以猫为最终宿主。弓浆虫侵入眼睛可能的感染途径为吃到被猫排泄出来的弓浆虫卵体所污染的食物，或者吃了未煮熟的肉品其中所含的弓浆虫囊体，例如吃三分熟的牛排、猪排或羊排，而此牛、猪或羊刚好又受到弓浆虫感染，就会酿就病症。

养猫的女士要注意：在处理猫排泄物时应戴手套、生肉处理后要洗手、食用的肉品要充分煮熟。

另外，有常常食用生肉食品饮食习惯的人，发现视力模糊的现象，要到眼科检查确定是否感染弓浆虫症。

（3）脱发病人要忌的食物

脱发病人在治疗过程中，除了要积极配合医生治疗外，还要注意自己生活的规律性和饮食的科学性。因为，适当的忌口对于提高疗效、促使早长新发是很有必要的。

脱发病人在日常饮食中应当注意以下几点。

①忌过多的甜食、饮料、油炸食品和巧克力、奶油等富含脂肪的食品。

甜食、饮料等食物会导致体内的糖分过剩，引起脂肪代谢的紊乱，使皮脂分泌过多；同时造成血液偏酸性，两者都会使头发变黄、变枯。人过中年，一旦发胖，加上血糖血脂长期偏高，头发就会稀疏，就是这个原因。

②忌辛辣和刺激性食品。辛辣和刺激性食品如辣椒、芥末、生葱、生蒜、酒及酒饮料等。这些食物可以刺激头部皮下组织，引起或加重头皮的瘙痒，从而加重脱发。

③应适当注意少吃或不吃带有果壳类的食品。带有果壳类的食品如瓜子、花生、香榧子、葵花子等，因为这些零食都是多脂性的，可以影响病情及治疗的效果，不利于疾病的康复。

（4）虚寒人士不宜多吃西瓜

每当盛夏来临，很多朋友都喜欢吃有"夏季水果之王"之称的西瓜来消暑。虽然西瓜能消暑解渴、补充水分，并有降火之效，但其性寒凉，属生冷水果，故体质虚寒如肠胃欠佳、容易消化不良的人士，进食西瓜时就最好适可而止。

西瓜能降火、润肤、抗衰老。西瓜高达九成以上都是水分，所以非常解渴。西瓜可以清热凉血、除燥降温、补充身体水分、润肠通便，并能润泽肌肤、对抗衰老，所以对本身为燥热人士（运动量多、容易感到燥热易流汗者）、实热性人士（容易眼红、有口臭的人）抑或是皮肤粗糙和肌肤缺乏弹性的人，西瓜就最能发挥其效用。

西瓜的维生素 C 丰富。一个西瓜有百分之九十六都是水分，并含非常丰富的维生素 C，故能发挥护肤功效，且能抗衰老和降血压。

根据美国国家科学院建议（DRI），一般的成年女性每天需要摄取 75 毫克的维生素 C，而成年男性则为 90 毫克。而 100 克的西瓜约含 9 毫克维生素 C。

虚寒者应少吃。西瓜味道香甜，故大家可能会在不知不觉之间愈吃愈多，但必须留意的是，西瓜属于寒凉水果的一种，更有"天生白虎汤"之称，故此孕妇又或是虚寒者都不宜多吃。

虚寒者如脾胃虚寒、虚弱，有消化不良的人，由于胃部受不了寒凉的食物，故此多吃后腹部会产生不舒服的感觉，又或会出现扭肚痛、腹泻、容易疲倦、轻微头晕等不良症状。因此虚寒人士就要忌口。

还有一点需要提醒大家，由于现代商业发达和技术发展，一年四季都能吃上西瓜。但一般原则是立秋后不宜大量食用；酒足饭饱后，酌情吃一两片即可。因为西瓜太寒，多吃伤身体。

（5）少吃煎炸烘烤食品

瑞典科学家一篇题为《丙烯酰胺：食品中的致癌物》论文惊动了全世界。瑞典科学家在文章中指出，淀粉类食品经过 120℃ 以上的高温加工后，其中含有的丙烯酰胺会大大超出安全标准，长期食用者可导致癌症。

这篇论文的发表，引起了世界各国的广泛关注，因为按照瑞典科学家的理论，西方人所吃的日常食品如炸薯条、炸土豆片、蛋糕甚至是烤面包片都成了致癌食品。如果这些食品统统不能食用的话，恐怕西方人只剩下喝粥的份儿了。而影响最大的莫过于像麦当劳一样的快餐店，如果炸薯条被禁卖的话，恐怕会损失近一半的销售额。

文章发表后，美国的研究人员立即对瑞典科学家的结论进行重新论证，结果令美国人十分失望，他们重复出了瑞典科学家的结果。而与此同时，英国科学家也得出了相同的结论。

这是一个很偶然的发现。在瑞典南部有一家生产廉价密封剂的工厂，这里的工人得了一种奇怪的病，工人经常会出现手脚麻木的现象，有的工人的手上还会出现针尖大小的小孔，同时大部分工人出现头疼、晕眩、眼部和肝部疼痛的症状。

这一现象引起了科学家的注意。由瑞典科学家利夫·布斯克领导的研究小组在查找原因中发现，这些工人血液中丙烯酰胺的含量均高于对照组工人的含量。这个发现使瑞典科学家不得不追根溯源。

随后的调查令科学家大吃一惊，原来人们的日常食品中就含有大量丙烯酰胺，而科学界已经证明，丙烯酰胺是人们熟知的一种致癌物。对老鼠的实验表明，长期暴露在丙烯酰胺的环境中不仅导致各种癌变，同时还会引发神经系统的病变。

由于丙烯酰胺是一种有害物质，各国政府对丙烯酰胺的含量都有一定的标准，如饮用水规定每升中丙烯酰胺的含量不能超过 0.5 毫克。

如果比照这个标准，每一千克油炸薯条中至少含有 500 毫克的丙烯酰胺，而每一千克炸薯片中丙烯酰胺的含量高达 1480 毫克，是正常安全标准的 2960 倍。

其他一些淀粉类食品，像烤面包片、饼干等经高温处理的食品中丙烯酰胺的含量也大大超出安全标准。

上述发现令食品专家处于尴尬的境地，但全面禁止人们食用这些已经惯用的食品似乎是一件不可能的事，面对这一研究结果，我们真不知道自己不该吃什么。

（6）铁锅不宜煮海棠和山里红

煮海棠、山里红一般多采用砂锅及搪瓷器皿，而不用铁锅煮。因为海棠、山里红的果品中含有果酸，使用铁锅煮，果酸溶解以后，会产生低铁化合物，这种物质含有对人身有害的毒素，食用后在 0.5～3 小时就会产生恶心、呕吐症及唇、舌、齿龈发紫发黑的现象。

（7）盛夏不宜多饮酸味饮料

盛夏如过多地饮柠檬汁、酸梅汤等酸味饮料，大量的有机酸进入人体，会产生酸血症。尤其在盛夏，人体大量出汗，随汗液失去了许多钾、钠、氯等电解质，致使肌肉酸痛无力。这时，如果饮过多的酸性饮料，人会感到更加乏力。盛夏应多饮含盐饮料，汽水便是较好冷饮之一。

（8）饭前不宜大量喝水和饮料

胃在餐前空腹时有一定量的胃液，其中主要是盐酸、胃蛋白酶和黏液，这类物质是消化食物和保护胃黏膜不可缺少的物质。盐酸具有杀菌作用，如饭前大量喝水或喝其他饮料，盐酸就会被稀释，从而降低其杀菌能力，也会影响食欲。

胃蛋白酶的主要作用是帮助消化食物中的蛋白质，它的作用必须在酸性的环境中才能发挥，如果胃液中盐酸浓稀释，就会影响蛋白质的消化和吸收。再说胃液中的黏液可以在胃内形成保护层，使各种食物不能直接接触胃的黏膜。

如果饭前大量饮水，就会破坏这层保护膜，使能够消化蛋白质的蛋白酶直接接触胃壁，导致胃溃疡的发生。

（9）不要用滚开水冲调营养饮品

在高温的条件下，麦乳精、人参蜜、乳品、多维葡萄糖等营养饮品中所含的糖化酵素和不少营养素，很容易分解变质。因此不能用滚开水冲饮，更不要放在锅内煮，最好是用 40℃、50℃的温开水冲服。

（10）蜂蜜不宜用开水冲饮

蜂蜜除含 65%～80% 的葡萄糖及果糖外，还含有丰富的酶、维生素和矿物质，是一种营养丰富的甜味食品，食用时，如用沸水冲泡不仅不能保持天然的色、香、味，而且还会破坏营养成分，所以最好用温开水冲服。

（11）六种开水不宜喝

六种开水不宜饮用：装在保温瓶较长时间的温开水；经过多次反复煮沸的残留水；在炉灶上沸腾一夜或较长时间，饮用时是不冷不热的温开水；开水锅炉中隔夜重煮或未重煮的开水；蒸饭、蒸馒头、蒸肉食等食品的蒸锅水；超过 3 天的凉开水。

因为这些开水中含亚硝酸盐较多，对人体有一种潜在的慢性危害。所以，饮用的开水最好是煮沸 5～10 分钟的开水，当天的开水当天喝，每天要更换。

（12）饮茶 6 不宜

饮茶需要注意以下 6 个不宜。

①不宜以茶服药。茶叶中含有鞣酸和生物碱，能使药物失效。

②不宜喝隔夜茶。残茶中的蛋白质腐败，霉菌大量繁殖，隔夜茶中的鞣酸氧化成强刺激性氧化物，会刺激肠胃，引起炎症。

③不宜空腹喝浓茶。空腹喝浓茶会抑制胃液分泌，引起胃黏膜炎。

④不宜睡前喝茶。茶中的咖啡因的兴奋作用能持续两小时左右，为防止失眠，睡眠前 2～3 小时以不喝茶为好。

⑤饭前不宜饮茶。饭前饮茶会冲淡唾液。便饮食无味，还能暂时使消化器官吸收蛋白质的功能下降，进而影响正常的生理功能，日久可能造成营养不良。

⑥饭后不宜马上饮茶。茶中含有鞣酸，能与食物中的蛋白质、铁质发生凝固作用，从而影响人体对蛋白质、铁质的消化吸收，久而久之，会造成生长发育迟缓和贫血。

（13）菠萝未经处理不宜吃

菠萝香甜嫩脆，美味可口，是人们较喜爱的水果。吃菠萝前必须经过处理，如果食之不当，容易使人患菠萝过敏症，严重时还会引起中毒。

菠萝含有 3 种对人体不利的物质，即甙类、菠萝蛋白酶、5 - 羟色胺。甙类是一种有机物，可刺激人的皮肤、口腔黏膜，吃了未经处理的生菠萝后，会使人口腔发痒。菠萝蛋白酶是一种蛋白质水解酶，有很强的分解纤维蛋白的作用，有的人对这种蛋白酶有过敏反应，吃后会出现恶心、呕吐、皮肤潮红发痒、荨麻疹、头痛等症状，严重的还会发生呼吸困难及休克。5-羟色胺是一种含氨的有机物，可以使血管强烈收缩，使血压升高，所以吃菠萝过多的直接反应就是头痛。因此，菠萝虽好却不宜直接吃，一定要经过处理后方可食用。

处理的方法有两种：一是把菠萝削皮、挖净，切成片或块，放在开水里煮一下，这样可以破坏其中的菠萝蛋白酶，甙类也会被消除，5-羟色胺会溶于水中；二是把菠萝切成片或块放入盐水中浸泡30分钟，然后用凉开水浸洗去咸味，同样可以达到预防过敏的目的。

（14）果汁饮料三不宜

果汁饮料有以下三个不宜。

①果汁饮料不宜与牛奶混饮。有些人为改善牛奶的口感而用果汁调味，这种方法并不好。牛奶含酪蛋白较多，这种物质遇酸性物质后可结成凝块，进入人体后不易消化，影响胃肠的消化吸收。

②不宜用果汁饮料送服药物。果汁或果汁饮料富含果酸，可导致许多药物提前分解和溶化，不利于药物在小肠内的吸收。一些对胃有刺激性的药物，如阿司匹林、消炎痛、磺胺类药物等，本身对胃黏膜就有伤害作用，而果酸则可加剧其对胃黏膜的刺激，严重者可导致黏膜出血或胃壁穿孔。常用的抗生素类药物，如红霉素、麦迪霉素、氯霉素、黄连素等，在酸性环境中会迅速溶解，可对胃黏膜造成刺激，药物在进入小肠前就失去效力，达不到治病目的。因此，不但不可用果汁饮料送服药物，而且饮用果汁饮料必须与服药时间间隔1小时以上。

③过期果汁饮料不宜饮用。如果果汁饮料存放时间过长，营养成分会受到破坏。如橘子汁，刚生产时每100毫升含有维生素C30毫克，存放3个月后就可损失50%，存放6个月后维生素C基本消失，其含量接近零。因此，过期的果汁饮料即使未变质，营养价值也不高了。

（15）饮用咖啡六不宜

咖啡虽然是一种人们喜欢的有益饮品，但有的人或在某种情况下不宜饮用。

①喝咖啡时不宜吸烟。研究表明，喝咖啡时吸烟可导致大脑的过度兴奋，咖啡因在尼古丁等诱变物质的作用下，还会使身体某些组织发生突变，甚至导致癌细胞的产生。因此，爱喝咖啡的人最好戒烟，至少在喝咖啡时不要吸烟。

②服用某些药物时不宜喝咖啡。服用痢特灵、异烟肼等药时不宜喝咖

啡，否则可出现恶心、呕吐、腹痛、腹泻、头晕、头痛、心律失常和抽搐等症状。

③冠心病人不宜喝咖啡。咖啡中的咖啡因能使人体血液中的胆固醇增高，可导致与动脉有关的低密度脂蛋白增多。因此，冠心病人不宜喝咖啡，否则有加重病情的可能。

④有胃病的人不宜喝咖啡。咖啡因对有关神经有兴奋作用，喝后可刺激胃酸增多，对患有胃及十二指肠溃疡者不利，可使病情加重。因此，消化性溃疡患者还是不饮咖啡为好。

⑤儿童不宜喝咖啡。儿童对咖啡因的耐受力和排泄能力较弱，喝咖啡有可能引起躁动不安、恶心、呕吐等症状。婴幼儿的脏器娇嫩，发育尚不健全，尤其神经系统尚不健全，喝咖啡可造成神经系统功能紊乱。因此，婴幼儿不但不能喝咖啡，也不宜喝含咖啡因的可乐饮料。

⑥孕妇、乳母不宜喝咖啡。孕妇喝咖啡，咖啡因可迅速通过胎盘进入胎儿体内，对胎儿的正常发育产生不利影响。如孕妇长期过量饮用咖啡，会导致胎儿神经系统发育异常，出现弱智、肢体活动能力差等不良现象。乳母喝咖啡，咖啡因可通过母乳对婴儿产生不利影响。

（16）酒后不宜饮浓茶

许多人认为茶可以解酒，于是在喝酒的同时或醉酒后喝大量的浓茶。茶有利尿作用，酒后喝适量的茶水可以加速体内酒精的排泄，使人增加酒量或较快地解除醉酒状态，是有一定道理的。但是茶在利尿的同时还有其他不利的作用，所以酒后大量饮用浓茶对人体是不利的。

①酒后喝浓茶对心脏不利。酒后喝浓茶对心脏不利，这是因为酒中的酒精成分本身对心血管就有刺激作用，而浓茶同时也有兴奋心脏、兴奋神经的作用，二者相加可增大对心脏的刺激和兴奋作用，从而增加心脏的负担，这对心功能不好或高血压、心脏病患者更为不利。

②酒后饮浓茶对肾脏不利。酒后饮浓茶对肾脏不利，这是因为酒精在被消化吸收后，绝大部分在肝脏进行降解，转化为乙醛，然后被转化为乙酸，而乙酸又分解成二氧化碳和水，最后经过肾脏排出体外。这个过程需2~4小时。如果在这个过程中有浓茶喝下，茶中的茶碱就会迅速发挥利尿作用，促进尚未分解的乙醛过早地进入肾脏。由于乙醛对肾脏有较大的刺激作用，可影响肾脏功能，甚至造成肾损害。

总之，酒后喝浓茶弊多利少。所以，酒后还是不喝浓茶为好。

（17）海带不宜久泡

海带含有多种营养成分，尤其碘的含量居各种食物之首。

海带的药用价值也很高，具有软坚散结、镇咳平喘、降压降脂等功效，主治甲状腺、淋巴结肿大，对防治慢性气管炎与哮喘、水肿、高血压、冠心病均有益。医学研究发现，海带的提取物中有抗癌物质。

清洗海带的方法要适当。正确的方法是随泡、随洗，随冲，把海带中的杂质清洗掉即可。烹调前，浸泡时间不宜超过5分钟。如果清洗方法不当，可造成海带中部分营养素的损失。

菜市场上的水发海带一般都浸泡过夜，有的甚至浸泡几天，营养成分损失就更多了。

（18）吃橘子不宜去橘络

很多人在吃橘子时，往往把皮剥光后，再把每个橘瓣上附着的橘络一丝一丝地去掉，单吃橘瓣的果肉部分。实际上，吃橘子时将橘络一块吃更好。

中医学认为，橘络性味苦平，具有清热化痰、畅通人体经络、调理人体气机的作用，可治疗久咳胸闷、胸痛、咯痰带血，还能防治高血压等病症。另外，橘络还含有大量维生素。所以，既然它对人体有好处，弃之不食，实在可惜。

（19）木耳不宜用热水发

一般人习惯于用热水发木耳，其实用热水发木耳并不好，原因有以下几种。

①用热水发木耳不如凉水发木耳发得多。用热水发木耳很快就可以发开，但水分不能充分地浸透到木耳肉质中去；用凉水发木耳虽然时间较长，但水分能充分浸透到木耳肉质中去。有人做过这样的试验，用同样质量的木耳1千克，分别用开水和凉水发开，结果用热水发者只可吸进水分5千克，而用凉水发者可吸进水分7千克。

②用热水发开的木耳不如凉水发开的木耳质地好。从感观上看，用热水发的木耳较软，不支架，无光泽，木耳的表面烂得较多；而用凉水发的木耳较硬，支架。从口感上讲，用热水发的木耳吃起来多绵软发黏；而用凉水发的木耳吃起来鲜嫩脆美。

因此，木耳的水发加工是有讲究的，不能只图快而用热水发，要真正达到"素中之荤"的营养效果，还是用凉水慢慢发开为好。

（20）不宜用来佐酒的食物

不宜用来佐酒的食物有以下几种。

①喝酒不宜进食辛辣物。酒性大辛大热，辛辣物也属于热性，刺激性较强，二者同食，不啻是火上加油。特别是体质为阳盛阴虚的人，尤其要忌食辛辣物，以免体内生火过热。另外，辛辣食物能刺激神经、扩张血管，更助长酒精的麻醉作用，使人疲惫、倦怠、心烦。因此，喝酒不宜同时进食辛辣物。

②不宜用牛肉佐酒。一般饮酒时需选用一些含蛋白质丰富的食物来佐酒，但不宜选择牛肉。牛肉性味甘温，补气助火，而白酒是大辛大温之物，配以牛肉是火上加油，使人发热动火，可能会引起牙齿炎症。因此，不宜选用牛肉佐酒。

③不宜选用韭菜佐酒。白酒甘辛微苦，性大热，有刺激性，能扩张血管，使血流加快。韭菜性辛温，能壮阳活血。食用韭菜，同时饮白酒，是火上加油，久食动血，特别是有出血性疾病患者，尤其要忌食。

④不宜用凉粉下酒。凉粉含有明矾，明矾可以减慢胃肠蠕动，使喝下的酒在胃肠中停留时间延长，不但增加了酒精的吸收量，而且增大了对胃肠的刺激。同时，明矾可减缓血液流动速度，延长血液中酒精的滞留时间，积蓄后可能会使人体发生中毒。因此，不宜选用凉粉下酒。

（21）吃汤泡饭易得胃病

吃汤泡饭的主要害处就是容易引发胃病。因为汤和饭混在一起吃，食物在口腔中停留的时间过短，没有经过充分的咀嚼就被咽进肚子里了。而且，舌头上的味觉神经没有受到充分刺激，胃和胰脏产生的消化液也不多，并且还被汤冲淡，这样吃进的食物就不能很好地消化吸收，这对胃是大有害处的。

（22）糕点不宜长期存放

有些人买回糕点以后，习惯保存起来慢慢食用，有时竟达一两个月之久，这种做法不好。

糕点中含有的油脂以及含油辅料（如核桃仁、花生仁、芝麻等），在长期的贮存过程中，受阳光照射、空气以及温度等因素的影响会发生脂肪酸败，产生醛和酮类化合物等有毒物质，食用后会引起中毒。

有些糕点的水分含量比较高，在温度较高的条件下保存会因霉菌大量繁殖而发生霉变。霉菌所产生的某些毒素对人体是有害的，有的霉菌素还会引发癌症。

（23）饭后九忌

饭后要注意的九忌如下。

①忌吸烟。因为饭后人的胃肠蠕动增加，血流循环加快，吸收能力进入最佳状态，吸收烟雾的能力也进入最佳状态，这时吸烟会比平时吸烟更能损害人体的健康。

②忌喝茶。因为茶叶中含有大量的鞣酸，这种物质进入胃肠后，能使食物的蛋白质变成不易消化的凝固物质。因此，饭后不宜立即喝茶。

③忌吃水果。饭后立即吃水果，所吃的水果会被阻滞在胃里，造成胃肠消化功能紊乱，并容易形成胀气，久而久之，还会形成便秘。所以，水果一般应该在饭后两小时或饭前一小时左右吃。

④忌冷饮。肠胃对冷热变化十分敏感，饭后立即吃冷饮极有可能引起胃肠痉挛，导致腹痛、腹泻或消化不良。

⑤忌松腰。饭后如放松腰带，会造成腹腔内压下降，消化器官的活动度和韧带的负荷量就会增加，此时还容易发生肠扭转，引起肠梗阻和胃下垂，并出现上腹不适等消化系统疾病。

⑥忌工作。饭后马上伏案工作可能会影响人体对消化器官的供血量，不利于充分吸收营养。

⑦忌运动。用餐后最好坐上半小时，然后再外出从事散步等活动，否则会使饱胃受震荡而影响消化。

⑧忌洗澡。饭后立即洗澡，由于人体四肢、体表的血流量增加，会造成胃肠道的血流量相应减少，从而使肠胃的消化功能减弱。

⑨忌睡觉。饭后立即睡觉，人体会进入抑制状态，从而使刚吃进的饭菜滞留在肠胃中，不能很好地消化，久而久之就会诱发胃病。但是短时间休息是有益于健康的。

（24）四种人不宜吃茄子

茄子无论是煎、煮、炒、炸，都是很好的菜肴，但是它容易诱发过敏，下列几种人不宜吃茄子：容易食物过敏的人、神经不安定容易兴奋的人、气管不好的人、有关节炎的人。

（25）四种人不宜吃花生

花生的营养价值很高，其30%为蛋白质、50%为脂肪，同时含有大量的钙、磷、铁和多种维生素。因此，人们称它为"植物油"。花生还有健脾和胃、润肺化痰、滋养调气、清咽止嗽的作用。

尽管花生有如此多的优点，但并不是每个人都宜食用。

跌伤瘀肿的人吃花生会发生血气发散，加重瘀肿。

脾虚便泄的人吃花生，会加重腹泻，不利病人康复。

肝火旺盛、内热上火的人吃花生，会加重口舌生疮、唇部疱疹，甚至引起皮下出血。

割除胆囊的人吃花生，则会增加肝脏和胃肠的负担，损伤肝脏等。

（26）四种人不宜吃豆腐

①痛风病人和血尿酸浓度增高的患者。豆腐含嘌呤较多，嘌呤代谢失常的痛风病人和血尿酸浓度增高的患者应慎食豆腐。

②胃寒者。豆腐性偏寒，平素有胃寒者，如食用豆腐会有胸闷、反胃等现象，所以不宜食用。

③对易腹泻、腹胀脾虚者，不宜多食豆腐。

④服四环素类药物的患者。在服用四环素类药物期间，也不宜吃豆腐，因为用豆腐制作的食品中含有较多的钙，用盐卤做的石膏中含有较多的镁，四环素遇到钙、镁会发生反应，杀菌效果会有所降低。

（27）什么人不宜喝鸡汤

鸡汤的营养价值极高，它能引起中枢神经系统兴奋，还能刺激胃黏膜，增加胃酸的分泌，从而使人的食欲得到增强。对食欲不佳的人来说，鸡汤是一种开胃良药，但并不是每个人都适合食用。

鸡汤中的含氮浸出物会加重心、肝、肾的负担，因此患有心脏病、肝脏病、肾脏病的人应少喝鸡汤。鸡汤中含有的嘌呤碱等物质会增加体内过多尿酸的形成，从而会使溃疡病恶化，并诱发痛风，因此，患有溃疡病、痛风的人则不应喝鸡汤。

（28）头遍茶不宜饮用

茶叶在生产、包装、运输、存放过程中，很容易遭受霉菌的污染，头遍茶中往往有很多细菌杂质。喝进些霉菌的"浮尸"的确让人不放心。因此，尽量不要饮头遍茶。

（29）食海鲜的忌禁

关节炎患者忌多吃海鲜。海参、海鱼、海带、海菜等海产品中，含有较多的尿酸，被人体吸收后在关节中形成尿酸结晶，使关节炎症状加重。

海鲜忌与某些水果同食。鱼虾含丰富的蛋白质和钙等营养物质，如果与某些水果如柿子、葡萄、石榴、山楂、青果等同吃，就会降低蛋白质的营养价值。而且水果的某些化成分容易与海鲜中的钙质结合形成一种新的不容易消化物质，这种物质会刺激胃肠道，引起腹痛、恶心、呕吐等症。因此，海鲜与这些水果同吃，至少应间隔 2 小时。

（30）食用牛奶有哪些禁忌

食用牛奶主要有以下十种禁忌。

①牛奶不要冰冻。牛奶冰冻后，再解冻其蛋白质、脂肪等营养素会发生变化。解冻后，会出现凝固沉淀及上浮脂肪团，使牛奶营养价值下降。

②牛奶不可久放。牛奶可在 0℃ 以下保存 48 小时；在 0 ~ 10℃ 可保存 24 小时；在 30℃ 左右可保存 3 小时。温度越高，保存时间越短。

③牛奶忌阳光照射。牛奶经阳光照射后，其营养价值及香味明显下降。据研究，牛奶在阳光下照射 30 分钟，奶中的维生素 A、维生素 B 及香味成分损失近大半。

④牛奶不要放在保温瓶中。保温瓶犹如细菌培养皿，细菌在牛奶中约 20 分钟繁殖 1 次，隔 3 ~ 4 小时，整个保温瓶中的牛奶就会变质。

⑤牛奶不可久煮。牛奶富含蛋白质，蛋白质在加热情况下发生较大变化。在 60℃ 时，蛋白质微粒由溶液变为凝胶状；达到 100℃ 时，牛奶中的乳糖开始分解成乳酸，使牛奶变酸，营养价值下降。

⑥不要在牛奶沸腾时加糖。牛奶含赖氨酸物质，它易与糖在高温下产生有毒成分——果糖基赖氨酸，故要待牛奶烧开且不烫手时再放糖。

⑦不要给婴儿喂兑水牛奶。由于婴儿肾脏功能不健全，体内水分过多，会发生水中毒，一般新生儿应喂不含水的纯牛奶。

⑧牛奶不可与酸质同食。有的父母让孩子喝完牛奶后，又饮一些橘汁等，结果孩子面黄肌瘦。其原因是牛奶中蛋白与酸质形成凝胶物质，造成孩子吸收消化差。

⑨服用补血药后暂时不要喝牛奶。牛奶中含钙、磷酸盐，可与补血药中铁成分反应，使铁发生沉淀，影响补血药之效用。

⑩铅作业者忌喝牛奶。牛奶中的钙可以促进铅毒素在机体内的吸收及积蓄，从而引起铅中毒现象。

（31）喝豆浆忌什么

一忌未煮透。生豆浆含胰蛋白酶抑制物，煮沸 5 分钟才能被破坏，否则会引起恶心、呕吐、腹泻等不适。

二忌冲鸡蛋。鸡蛋中黏液性蛋白和豆浆中的胰蛋白酶结合会降低营养价值。

三忌加入红糖。红糖里的有机酸与豆浆中的蛋白结合，会产生变质沉淀。

四忌喝量过多。一次如喝得过多，会引起食性蛋白质消化不良。

五忌灌入暖瓶。灌入暖瓶后，会变质或破坏豆浆的部分营养成分。豆浆中含有皂贰，皂贰能溶解掉暖瓶中的水垢，等于喝豆浆的同时也喝了水垢。

（32）吃糖有哪些宜忌

一般人只知道糖吃多不好，但是否知道吃糖也有个时机问题？

①适宜吃糖的时候。疲劳饥饿时吃糖，糖能比其他食物更快地被人体吸收，快速提高血糖。

A. 患胃肠道疾病、吐泻时。这时病人消化功能不佳，脱水、营养不足，若能吃些糖或饮一些加了盐的糖水，等于口服补液。

B. 洗澡之前。因为洗澡要大量出汗和消耗体力，需要补充水和能量，这时吃糖可防止虚脱。

C. 运动之前。运动要消耗热能，糖比其他食物能更迅速地提供热量。

D. 头晕恶心时。这时吃些糖可升高血糖，稳定情绪，利于恢复正常。

②不宜吃糖的时候

一是饭前。饭前吃糖会使食欲下降，影响正常饮食。

二是睡前。睡前吃糖会使糖遗留在口腔里，利于细菌繁殖，损害牙齿。巧克力等糖类还会造成神经兴奋、失眠。

三是饮食后。饮食后再吃糖，容易发胖，而且还会诱发糖尿病。

四是有牙病时。牙病患者吃糖会加重病情，妨碍治疗。

三、最佳食物搭配与食物相克

中国医药学和古代养生学，是一个渊涵博大的文化体系，具有无可替代的保健价值和实际可操作性，它从辨证的角度出发，总结出了一整套科学饮食切于实用的日常要诀。食物相克与最佳搭配，是祖先们根据多年的实践与生活经验总结，从中提炼出来的有益的健康实用知识。以此指导我们日常饮食，会避免发生不应有的不良后果，从而使食物营养最充分、最合理的吸收。

食物之间的最佳搭配如下。

有些食物之间由于性味相同以及功效互补，搭配食用会有疗效大增，营养提升，对人体营养补充很有帮助，形成最佳搭配食物。

（1）苦瓜或苦菜与猪肝

猪肝性温味苦，能补肝、养血、明目。每100克猪肝含维生素A高达2.6毫克，非一般食品所能及。维生素A能阻止和抑制癌细胞的增长，并能将已向癌细胞分化的细胞恢复为正常。而苦瓜也有一定的防癌作用，因为它含有一种活性蛋白质，能有效地促使体内免疫细胞去杀灭癌细胞。两者合理搭配，功力相辅，荤素配伍适当，经常食用有利于防治癌症。

苦菜性寒味苦，具有清热解毒、凉血的功效；猪肝则具有补肝明目、补气养血的功效。苦菜与猪肝搭配同食，可为人体提供丰富的营养成分，具有清热解毒、补肝明目的功效。适合于辅助治疗面包萎黄、小儿疳积、浮肿、贫血、眼花、眼痛、痔疮等病症。

（2）猪肚与豆芽

猪肚有补虚损、健脾胃的功效，可帮助消化，增进食欲；豆芽具有清热明目、补气养血、防止牙龈出血、防止心血管硬化及降低胆固醇等功效，常吃可洁白皮肤及增强免疫功能，还可抗癌。

（3）鸡蛋与韭菜

两者混炒，可以起到补肾、行气止痛的作用。对治疗阳痿、尿频、肾虚、痔疮及胃痛亦有一定疗效。

（4）土豆与牛肉

牛肉营养价值高，并有健脾胃的作用，但牛肉纤维粗，有时会影响胃黏膜。土豆与牛肉同煮，不但味道好，且土豆含有丰富的叶酸，起着保护胃黏膜的作用。

（5）海带与豆腐

豆类中的皂角苷可降低胆固醇的吸收，却增加碘元素的排泄，而海带含碘极多，可及时补充碘。海带中过多的碘可诱发甲状腺肿大。让豆腐中的皂角苷多排泄一点，可维持体内碘元素平衡。

（6）豆腐与鱼

豆腐中蛋氨酸含量较少，而鱼体内氨基酸含量非常丰富。豆腐含钙较多，而鱼中含维生素D，两者合吃，可提高人体对钙的吸收率。豆腐煮鱼还可预防儿童佝偻病。老年人骨质疏松症等多种疾病。

（7）胡萝卜与菠菜

可以明显降低中风的危险。因为胡萝卜素转化为维生素A后可防止胆固醇在血管壁上沉积，保持脑血管畅通，从而防止中风。

(8) 萝卜与豆腐

豆腐属于植物蛋白，多吃会引起消化不良。萝卜，特别是白萝卜的消化功能很强，若与豆腐伴食，有助于人体吸收豆腐的营养。

(9) 猪肉与蘑菇

蘑菇富含易被人体吸收的蛋白质、各种氨基酸、维生素等，具有补脾益气、润燥化痰及较强的滋补功效，适用于热咳、痰多、胸闷、吐泻等症状。

(10) 卷心菜与木耳或虾米

卷心菜含有多种微量元素和维生素，其中维生素 C、维生素 E 含量丰富，有助于增强人体免疫力。配以木耳这种滋补强身性食品，其主要功效是补肾壮骨、填精健脑、脾胃通络。常食对胃溃疡病的恢复极为有利。另外，凡小儿发育迟缓或久病体虚、肢体痿软无力、耳聋健忘等症，均可食用卷心菜与木耳搭配的菜肴，将会大有裨益。

虾米具有补肾壮阳、滋阴健胃的功效。卷心菜含丰富的维生素 C、维生素 E，具有增强人体免疫功能的作用。卷心菜还因含有果胶、纤维素，能够阻碍肠内吸收胆固醇、胆汁酸，对动脉硬化、心脏局部缺血、胆石病患者及肥胖者特别有益。常将卷心菜与虾米搭配同食，能强壮身体，防病抗病。

(11) 鲜蘑与豆腐

豆腐营养丰富，消热解毒，补气生津。蘑菇为鲜美的食用真菌，有理气、化痰、滋补强壮的作用。两者互相加强，不仅可作为营养丰富的佳肴，而且是抗癌、降血脂、降血压的良药。

(12) 菠菜与猪肝

猪肝富含叶酸、B族维生素以及铁等造血原料，菠菜也含有较多的叶酸和铁，两种食物同食，是防治老年贫血的食疗良方。

(13) 黄瓜与木耳

生黄瓜有抑制体内糖转化为脂肪的作用，有减肥的功效。木耳也具有滋补强壮、和血作用，二者合用可以平衡营养。

(14) 猪肉与南瓜

南瓜有降血糖的作用，猪肉有丰富的营养和滋补作用，二者合用对保健和预防糖尿病有较好的作用。

(15) 鲫鱼与黑木耳

两者配合有温中补虚利尿的作用。巨脂肪含量低，蛋白质含量高，很适合减肥和老年体弱者食用。鲫鱼、黑木耳还含有较高的核酸，二者合用有润肤养颜和抗衰老的作用。

（16）莴笋与蒜苗

莴笋有利五脏、开胸膈、顺气通经脉、健筋骨、洁齿明目、清热解毒等功效，大蒜苗有解毒杀菌的作用，两菜配炒可防治高血压。

（17）芹菜与西红柿

芹菜有明显的降压作用和丰富的纤维素。番茄可健胃消食，二者合用对高血压、高血脂患者尤为适宜。

（18）南瓜与红枣、赤小豆或牛肉

南瓜既可做蔬菜，又可代粮食。其营养很有特点，不含脂肪，属低热量食物，含各种矿物质和维生素较全面，极有利于高血压、冠心病和糖尿病患者食用。南瓜和具有补中益气功效、有"维生素丸"称誉的红枣搭配，有补中益气、收敛肺气的功效，特别适用于预防和治疗糖尿病。也适合于动脉硬化、胃及十二指肠溃疡等多种疾病患者食用。

南瓜是公认的保健食品，其肉厚色黄，味甜而浓，含有丰富的糖类、维生素 A 原和维生素 C 等。由于其是低热量的特效食品，常食有健肤润肤、防止皮肤粗糙、减肥的作用。赤小豆也有利尿、消肿、减肥的作用。南瓜与赤小豆搭配，有一定的健美、润肤作用，还对于感冒、胃痛、咽喉痛、百日咳及癌症有一定疗效。

从食物的药性来看，南瓜性味甘温，能补中益气、消炎止痛、解毒杀虫。牛肉性味甘平，归脾、胃经，具有补脾胃、益气血、止消渴、强筋骨的功效。南瓜与牛肉搭配食用，则更具有补脾益气。解毒止痛的疗效。适合于辅助治疗中气虚弱、消渴、肺痛、筋骨酸软等病症。近年来多用于防治糖尿病、动脉硬化、胃及十二指肠溃疡等病症。

（19）蘑菇与扁豆

扁豆含有丰富的营养成分，它能提高正常人体细胞免疫力，并具有明目、润滑皮肤、防止衰老的作用。蘑菇能提高人体免疫力，有补气益胃、理气化痰的作用。两物组成菜肴能健肤、长寿。

（20）豆腐与生菜

豆腐与生菜搭配的菜为高蛋白、低脂肪、低胆固醇、多维生素的菜肴，具有滋阴补肾、增白皮肤、减肥健美的作用。

（21）鸡蛋与羊肉

鸡蛋与羊肉合用不但滋补营养，而且能够促进血液的新陈代谢，减缓衰老。

（22）玉竹与豆腐

玉竹养阴润燥，生津止渴。豆腐含有丰富的蛋白质，极易消化，能清热、益气和胃。此菜能温暖身体、消除疲劳、美肌益颜。由于能增强血液循环，久服可以亮丽肤色、滋润皮肤。

（23）核桃仁与山楂或芹菜

山楂能消食化积、活血化瘀，并有扩张血管、增强冠状动脉血流量、降低胆固醇、强心及收缩子宫的作用。核桃仁能补肾养血，润肠化滞。核桃仁与山楂合用，相辅相成，具有补肺肾、润肠燥、消食积的功效，适合于治疗肺虚咳嗽、气喘、腰痛、便干等病症，也可以作为冠心病、高血压、高血脂及老年性便秘等病患者的食疗佳品。

芹菜具有健胃、利尿、镇静、降压的作用，核桃仁能补肾固精、温肺定喘、润肠。两物搭配同食，具有降血压、补肝益肾的功效，常可作为因肾辅亏损而导致肝阴虚、肝阳上亢的高血压所致的头晕、头痛、眩晕以及脾胃阴虚、津液亏耗的便秘，或老年体虚便秘、咳嗽、小便不利等病患者的辅助治疗保健食品。

（24）藕与鳝鱼或猪肉

俗话说："精亏吃黏，气亏吃根。"黏、根食品指的是鳝鱼、泥鳅、贝类和山药、莲藕等。

补精最好是鳝鱼。鳝鱼所含的黏液主要是由黏蛋白与多糖类组合而成，能促进蛋白质的吸收和合成，而且还能增强人体新陈代谢和生殖器官功能。藕所含的黏液也主要山黏蛋白组成，还含有卵磷脂、维生素 C、维生素 B 等，能降低胆固醇含量，防止动脉硬化。两者搭配食用，具有滋养身体的显著功效。

此外，藕含有大量食物纤维，属成碱性食物，而鳝鱼属成酸性食物，两者合吃，有助于维持人体酸碱平衡，是强肾壮阳的食疗良方。

从食物的药性来看，藕性味甘寒，具有健脾、开胃、益血、生肌、止泻的功效，配以滋阴润燥、补中益气的猪肉，素荤搭配合用，可为人体提供丰富的营养成分，具有滋阴血、健脾胃的功效，适合于治疗体倦、乏力、瘦弱、干咳、口渴等症。健康人食用则可补中养神、益气益力。

（25）芦笋与百合或冬瓜

芦笋营养丰富，味道芳香，是理想的保健食品。近年来，由于发现芦笋中天门冬酰胺能有效地抑制癌细胞的生长、扩散并能使细胞生长正常化，使芦笋身价倍增，具有降压、降脂、抗癌作用的芦笋，配以性味甘微寒，能润肺止咳、清心安神、清热解毒的百合，具有清热去烦、安神的显著功效，适合于高血压、高血脂、动脉硬化、癌等病症的辅助治疗。

能清热、降脂、降压、抗癌的芦笋，配以甘淡微寒、清热利尿、解毒、生津的冬瓜，不仅清凉爽口，而且对人体有较好的保健作用。常食用对高血压、高血脂、动脉硬化、癌以及水肿、咳嗽、肾脏病、浮肿病、糖尿病、肥胖病等病症均有很好的疗效。

（26）牛肉与芹菜

牛肉补脾胃，滋补健身，营养价值高。芹菜清热利尿，有降压，降胆固醇的作用，还含有大量的粗纤维，两者相配既能保证正常的营养供给，又不会增加人的体重。

（27）豆腐与虾仁

豆腐宽中益气，生津润燥，消热解毒，消水肿。虾仁含高蛋白，低脂肪，钙、磷含量高。豆腐配虾仁，容易让人消化，对高血压、高脂血症、动脉粥样硬化的肥胖者食之尤宜，更适合老年肥胖者食用。

（28）米醋与鲤鱼

鲤鱼本身有清水之功，人体水肿除肾炎外大都是湿肿。米醋有利湿的功能，若与鲤鱼伴食，利湿的功效则更强。

（29）韭菜与豆芽

韭菜有湿阳解毒、下气散血的功效，绿豆芽有解浅的功效。韭菜配绿豆芽可解除人体内的热毒和补虚作用，有利于肥胖者对脂肪的消耗，加之韭菜含粗纤维多，通肠利便，有助于减肥。

（30）豆角与土豆

豆角的营养成分能使人头脑宁静，调理消化系统，消除胸膈胀满，可防治急性肠胃炎，呕吐腹泻。豆角与土豆搭配，适合老年人食用。

（31）金针菇与鸡肉

鸡肉有填精补髓、活血调经的功效。金针蘑富含蛋白质、胡萝卜素及人体必需的多种氨基酸，可防治肝脏肠胃疾病，开发儿童智力，增强记忆力及促进生长。金针蘑与鸡肉搭配，适合儿童食用。

（32）银耳与木耳

银耳有补肾、润肺、尘津、提神及润肌肤的功效，对治疗慢性支气管炎和肺心病有显著的效果。木耳有益气润肺、养血养颜的作用。对久病体弱、肾虚腰背痛有很好的辅助治疗作用。

（33）香菇与菜花

香菇与菜花搭配利肠胃，开胸膈，壮筋骨，并有较强的降血脂的作用。

（34）丝瓜与毛豆

丝瓜与毛豆搭配可清热祛痰，防止便秘、口臭和周身骨痛，并促进乳汁分泌。毛豆是未成熟的大豆，它所含的脂肪中胆固醇较少，具有降低胆固醇的作用，还能增加身体的抵抗力，维持血管和肌肉的正常功用。

（35）蒜与生菜

蒜具有杀菌、消炎作用，还能降血脂、降血压、降血糖，甚全还可以补脑。生菜含有多种维生素，其中维生素 C 最为丰富，二者合用具有防止牙龈出血及坏血病等功效，常吃可清理内热。

（36）甲鱼与冬瓜

甲鱼有润肤健肤、明目的作用。冬瓜富含 B 族维生素和植物纤维等，具有生津止渴、除湿利尿、散热解毒等功效。冬瓜中含有的丙醇二酸可防止人体脂肪堆积，二者搭配有助于减肥。

（37）鸡蛋与菠菜

鸡蛋与菠菜搭配含有丰富的优质蛋白质、矿物质、维生素等多种营养素，孕妇常吃可预防贫血。

（38）牛奶与木瓜

牛奶含丰富的蛋白质、维生素 A、维生素 C 及矿物质。木瓜有明目清热、清肠通便的功效。二者合用有利于肠胃保健。

（39）大米与绿豆

绿豆含淀粉、纤维素、蛋白质、多种维生素、矿物质。在中医食疗上，绿豆具清热解暑、利水消肿、润喉止渴等功效，与白米煮成粥后，清润的口感利于食欲不佳的病患或老年人食用。

（40）猪肉与芋头

芋头含有丰富的淀粉，具有生津、健肠、止泻等功效。猪肉有丰富的营养价值和滋补作用，二者合一对保健和预防糖尿病有较好的作用。

（41）姜与醋

醋可促进食欲，具有帮助消化的功能。姜具有健胃、促进食欲的作用。二者合一热热地喝，可以减缓恶心、呕吐。

（42）白菜与猪肉

白菜含多种维生素、较高的钙及丰富的纤维素。猪肉为常吃的滋补佳肴，有滋阴润燥等功能。白菜与猪肉搭配适宜于营养不良、贫血、头晕、大便干燥等人食用。

（43）牛肉与白萝卜和洋葱

白萝卜富含多种维生素，有清热解毒、康胃健脾、止咳止痢及防治夜盲症、眼病、皮肤干燥等功效。牛肉补脾胃，滋补健身，营养价值高。洋葱具有祛风发汗、消食、治伤风、杀菌及诱导睡眠的作用。二者合用，有利于保健和美容。

（44）羊肉与香菜

羊肉含有蛋白质、脂肪、碳水化合物等多种营养物质，具有益气血、固肾壮阳、开胃健力等功效。香菜具有消食下气、壮阳助兴等功效。二者合一适宜于身体虚弱、阳气不足、性冷淡、阳痿等症者食用。

（45）栗子与红枣

栗子含有多种维生素及矿物质，具有健脾益气、养胃、健脑、补肾、壮腰、强筋、活血、止血、消肿等功效。红枣补血、安中养脾、生津液。二者合用适宜于肾虚、腰酸背痛者、腿脚无力者、小便频多者。

（46）洋葱与鸡肉

洋葱具有清热化痰，和胃下气、解毒杀虫等功效，还有抗癌、抗动脉硬化、杀菌消炎、降血压、降血糖血脂、延缓衰老等作用。鸡肉具有滋养肝血、增加体液、滋润身体、暖胃、强腰健骨等作用。

（47）豆腐与韭菜

韭菜有促进血液循环、增进体力、提高性功能、健胃提神等功效。豆腐宽中益气、清热散血、消肿利尿、润燥生津。二者全一适宜于阳痿、早泄、造精、遗尿、大便干燥、癌症患者食用。

（48）大蒜与肉

瘦肉中含有维生素B的成分，如果吃肉时伴有大蒜，可延长维生素B在人体内的停留时间，这对促进血液循环以及尽快消除身体疲劳、增强体质能起到重要作用。

（49）猪肉与南瓜

南瓜有降血糖的作用，猪肉有丰富的营养和滋补作用，二者合一对保健和预防糖尿病有较好的作用。

容易相克的食品如下。

食物相克，是指食物各自的属性互相受到限制或者引起不良反应。在食品搭配食用时应当了解其中的相应知识，避免出现不良结果。

（1）猪肉与豆类相克

从现代营养学观点来看，豆类与猪肉不宜搭配，原因大致有以下几点。

原因一，豆中植酸含量很高，$60\% \sim 80\%$ 的磷是以植酸形式存在的。它常与蛋白质和矿物质元素形成复合物而影响二者的可利用性，降低其利用效率。

原因二，多酚是豆类的抗营养因素之一，它与蛋白质起作用，影响蛋白质的可溶性，降低其利用率。多酚不仅影响豆类本身的蛋白质利用，在与肉类配合时也影响肉类蛋白的消化吸收。

原因三，豆类纤维素中的醛糖酸残基可与瘦肉、鱼类等荤食中的矿物质如钙、铁、锌等成整合物而干扰或降低人体对这些元素的吸收，故猪肉与黄豆不宜相配。

原因四，豆中含有产气的化合物——寡糖化合物如，棉子糖、水苏糖和毛蕊花糖等，由于人体消化系统不分泌半乳糖苷酶，因而不能消化这些化合物。它们在大肠腔内由于细菌的作用，分解后产生大量气体（CO、H、CH 等），加上消化不良等因素形成腹胀气壅气滞。所以，猪肉、猪蹄炖黄豆是不合适的搭配。

（2）猪肉与羊肝相克

从食物药性讲，配伍不宜，又因羊肝有膻气，与猪肉共烹炒则易生怪味。

《饮食正要》说："羊肝不可与猪肉同食。"

（3）猪肝与菜花相克

炒猪肝不宜配菜花。菜花中含有大量纤维素，纤维中的醛糖酸残基可与猪肝中的铁、铜、锌等微量元素形成螯合物而降低人体对这些元素的吸收。

（4）牛肉与栗子相克

牛肉甘温，安中益气，补脾胃壮腰脚；栗子甘咸而温，益气厚肠胃，补肾气。从食物药性看二者并无矛盾；从营养成分看，栗子除蛋白质、糖、淀粉、脂肪外，富含维生素 C，每 100 克中高达 40 毫克。此外，富含胡萝卜素、B 族维生素和脂肪酶。栗子中的维生素 C 易与牛肉中的微量元素发生反应，削弱栗子营养价值。而且，二者不易消化，同炖共炒都不相宜。在我国古籍《饮膳正要》中也有"牛肉不可与栗子同食"的记载。同时，有人还发现牛肉与栗子同吃会引起呕吐。

（5）羊肉与醋相克

醋中含蛋白质、糖、维生素、醋酸及多种有机酸（如乳酸，琥珀酸、柠檬酸、葡萄酸、苹果酸等）。醋中的曲霉分泌蛋白酶，将原料中的蛋白质分解为各种氨基酸。其性酸温，可消肿活血，杀菌解毒；食物药性又与酒相近。所以，醋可去鱼腥，宜与寒性食物如蟹等配合，而羊肉大热，所以不宜配醋。

（6）不可同存和同吃的食物

在日常生活中，为了方便起见常把某些食物放在一起。然而，有些食物是不宜存放在一起的，如果存放在一起，会发生化学反应产生毒素，危害人体健康。

不可同存的食物如下。

①鲜蛋与生姜、洋葱。蛋壳上有许多小气孔，生姜、洋葱的强烈气味会钻入气孔内，加速鲜蛋的变质，时间稍长，蛋就会发臭。

②米与水果。米易发热，水果受热后则容易蒸发水分而干枯或腐烂，而米亦会吸收水分后发生霉变或生虫。

③面包与饼干。饼干、桃酥一类的点心干燥，也无水分；而面包的水分较多，两者放在一起，饼干会变软而失去香脆，面包则会变硬难吃。

④黄瓜与西红柿。黄瓜忌乙烯，而西红柿含有乙烯，这两种蔬菜一同储存，会因西红柿缓慢释放乙烯使黄瓜发生变质腐烂。

不宜同吃的食物如下。

①胡萝卜与白萝卜。许多人喜欢把胡萝卜切成块或丝做成红白相间的小菜，不仅看起来美观，吃起来也爽口。其实，这种吃法不科学，胡萝卜和白萝卜并不适合调配在一起食用。

因为白萝卜的维生素 C 含量极高，对人体健康非常有益，但是和胡萝卜混合就会使维生素 C 丧失殆尽。其原因是胡萝卜中含有一种叫抗坏血酸分解酵素，会破坏白萝卜中的维生素 C。不仅如此，胡萝卜与所有含维生素 C 的蔬菜配合烹调都充当这种破坏者。

除胡萝卜之外，还有南瓜等也含有类似胡萝卜的分解酵素。当胡萝卜和维生素 C 含量高的蔬菜配合烹调时，如果加一些食用醋，抗坏血酸的作用就会急速减弱。另外，西红柿、茄子等也含有阻止这种作用的物质。聪明的厨师和家庭主妇了解这些后，在菜单的调配上就要讲究些科学了。

另外，胡萝卜被称为"维生素 A 的宝库"，而维生素 A 是人体发育中不可缺少的营养成分之一。但无论生吃或熟吃，也只能吸收其维生素 A 的一半。

若和食用油一起烹调，便可使维生素 A 充分为人体吸收。所以，吃胡萝卜必须得法，只有单独和油或肉类一起加热烹煮，才能使脂溶性维生素被人体吸收，获得充分的营养。

②萝卜与水果。两者同食，经代谢后体内会很快产生大量硫氨酸。而硫氨酸可抑制甲状腺素的形成，并阻碍甲状腺对碘的摄取，从而诱发或导致甲状腺肿大。

③牛奶与果珍。牛奶中蛋白质丰富，80％以上为乳蛋白。乳蛋白在 pH 值为 4.6 以上的酸性环境中会发生凝集、沉淀，不利于消化吸收，引起消化不良。故冲调牛奶时不宜加入果珍及果汁等酸性饮料。

④海味与水果。鱼虾、海藻类如海带、海白菜等含有丰富的蛋白质和钙等营养物质，如果与含鞣质的水果同食，不仅会降低蛋白质的营养价值，而且易使海味中蛋白质与鞣质结合，这种物质可刺激粘膜，形成一种不易消化的物质，使人出现腹痛、恶心、呕吐等症状。

含鞣酸较多的水果有柿子、葡萄、石榴、山楂、青果等，因此，这些水果不宜与海味同时食用。

⑤柿子与白薯。柿子和白薯都含有丰富的维生素和碳水化合物，如果分别吃，对人身体是有好处的；但若同时吃，就对身体不利了。

吃了白薯，人的胃里会产生大量胃酸，如果再吃柿子，柿子在胃酸的作用下产生沉淀。沉淀物积结在一起，便形成不溶于水的结块，难于消化。排泄不掉，人就容易得胃结石病，严重者还要住院开刀。

⑥白酒与胡萝卜。胡萝卜含有丰富的胡萝卜素，与酒精一起进入人体，就会在肝脏中产生毒素，从而损害肝脏功能。因此，尽可能不要用胡萝卜做下酒菜。

（7）豆浆蜂蜜不宜一起冲饮

豆浆蛋白质含量比牛奶高，而蜂蜜除了含有 75％ 左右葡萄糖和果糖还含少量有机酸，两者冲兑时，有机酸与蛋白质结合产生变性沉淀，不能被人体吸收。

蜂蜜正确食用法是以 40～50℃温开水冲服。

（8）不宜与海味同食的水果

海味中的鱼、虾、藻类，含有丰富的蛋白质和钙等营养物质。如果与含鞣酸的果品同食，不仅会降低蛋白质的营养价值，且易使海味中的钙质与鞣酸结合成一种新的不易消化的物质，这种物质会刺激肠胃，引起肚子疼、呕吐、恶心等症状。

含鞣酸较多的水果有柿子、葡萄、石榴、山楂、青果等。因此，这些水果不宜与海味菜同时食用，且以间隔两小时为好。

（9）不宜与猪肉搭配的食物

①猪肉与牛肉不宜搭配。猪肉与牛肉不宜共食的说法由来已久，这主要是从中医角度来考虑。从中医食物药性来看，猪肉酸冷、微寒，有滋腻阴寒之性，而牛肉则气味甘温，能补脾胃、壮腰脚，有安中益气之功。两者一温一寒，一补中健脾，一冷腻虚人，性味有所抵触，故不宜同食。在我国民间传统配膳中，猪肉与牛肉两菜同桌并非罕见，但猪、牛肉不能同烹共煮之说不仅是出于饮食习惯，而且是由于牛肉微带膻气，两者气味不宜混淆。

②猪肉与虾不宜搭配。虾有淡水虾、海虾之分。淡水虾（如青虾）性味甘温，能补肾壮阳、催乳；海虾（如对虾、磷虾）性味甘咸温，亦有温肾壮阳、兴奋性机能作用。猪肉助湿热而动火，故两者相配，耗人阴精。故阴虚火旺者尤忌猪肉与虾配食。

（10）不宜与牛肉搭配的食物

牛肉与猪肉、白酒、韭菜、薤、生姜不宜搭配，牛肉不可与猪肉合食，参见上一篇。牛肉甘温，补气助火，而白酒、韭菜、薤、生姜皆大辛大温之品，配以牛肉是火上加油，使人发热动火，以致引起牙齿炎症，所以适当避忌为好。

（11）不宜与羊肉搭配的食物

①羊肉与生鱼片不宜搭配。羊肉与生鱼片共食有四不宜。羊肉大热，而生鱼片配以姜、蒜、醋皆辛热之品，益助其热，此为一不宜；羊肉含蛋白质、脂肪、多种维生素及微量元素，而鱼片肉生，其酶未失去活性，两者同食变化复杂，易发生不良反应，此为二不宜；羊肉气膻，生鱼片味腥，腥膻杂进，亦非佳味，此为三不宜；生鱼肉中易感染寄生虫，此为四不宜。

②羊肉与乳酪不宜搭配。乳酪是用原料经乳酸发酵或加酶使其凝固并除去乳清而制成的食品。乳酪营养价值高，且易消化。乳酪种类甚多，其成分因种类不同而异。一般来说，乳酪的主要成分是蛋白质、脂肪、乳糖、丰富的维生素和少量的无机盐。乳酪味甘酸性寒，羊肉大热，乳酪遇到羊肉可能有不良反应，故不宜同食。

③羊肉与豆瓣酱不宜搭配。豆瓣酱系豆类熟后发酵加盐水制成，含蛋

白质、脂肪、碳水化合物、维生素、氨基酸和钙、磷、铁等元素，性味咸寒，能清热解毒，而羊肉大热动火，两者功能相反，故不宜同食。

④羊肉与醋不宜搭配。醋中含蛋白质、糖、维生素、醋酸及多种有机酸。醋中的曲霉分泌蛋白酶可以将原料中的蛋白质分解为各种氨基酸。醋性酸温，能消肿活血，杀菌解毒，可去鱼腥，宜与寒性食物如蟹等配合。羊肉有大热，不宜配醋。

（12）不宜与狗肉搭配的食物

①狗肉与鲤鱼不宜搭配。鲤鱼气味甘平，利水下气，除含蛋白质、脂肪、钙、磷、铁外，还有十几种游离氨基酸及组织蛋白酶，与狗肉同食，两者生化反应极为复杂，不仅两者营养功能不同，而且可能产生不利于人体的物质。狗肉与鲤鱼不宜共食，更不宜同烹。

②狗肉与大蒜不宜搭配。从中医学角度看，狗肉和大蒜相克。大蒜辛温有小毒，温中、下气、杀菌。新鲜大蒜中有一种物质经大蒜酶分解产生大蒜辣素，有杀菌作用，并能刺激肠胃黏膜，引起胃液增加，蠕动增强。狗肉性热，而大蒜辛温有刺激性，狗肉温补，而大蒜熏烈，同食助火，火热阳盛素质者尤当忌之。

③狗肉与茶不宜搭配。吃狗肉后忌喝茶。狗肉富含蛋白质，而茶叶含鞣酸较多，如食狗肉立即饮茶，会使茶叶中的鞣酸与狗肉中的蛋白质结合成鞣酸蛋白，这种物质有收敛作用，能减弱肠蠕动，产生便秘，使代谢产生的有毒物质和致癌物质滞留肠内被动吸收，不利于健康。

（13）不宜与兔肉搭配的食物

①兔肉与鸡肉不宜搭配。鸡性味甘温或酸温，属于湿热之性，温中补虚，而兔肉甘寒酸冷，凉血解热，属于凉性，冷热杂进，易致泻泄，故两者不宜同食。兔肉与鸡肉各含有激素与酶类，进入人体后生化反应复杂，会产生不利于人体的化合物，刺激肠胃道，导致腹泻。偶食少食无妨，久食多食必病。

②兔肉与姜不宜搭配。兔肉酸寒，性冷，而干姜、生姜辛辣性热，性味相反，寒热同食，易致腹泻。故烹调兔肉不宜加姜。

③兔肉与橘子不宜搭配。橘子是一种营养丰富的水果，果肉和果汁中含有葡萄糖、果糖、蔗糖、苹果酸、枸橼酸、胡萝卜素，性味甘酸而温，多食生热。兔肉酸冷，食兔肉后不宜马上食橘。

（14）不宜与虾搭配的食物

虾与富含维生素C的食物不宜搭配。维生素C是烯醇式结构物质。虾肉所含的砷是五价砷，遇到维生素 C 就会还原成三价砷。五价砷无毒，三价砷（砒霜）有剧毒。所以河虾不宜与西红柿等富含维生素 C 的蔬菜配炒。

（15）鸡肉与鲤鱼相克

鸡肉甘温，鲤鱼甘平。鸡肉补中助阳，鲤鱼下气利水，性味不反但功能相乘。鱼类皆含丰富蛋白质、微量元素、酶类及各种生物活性物质；鸡肉成分亦极复杂。古籍中常可见到鸡鱼不可同食的说法，主要不可同煮、同煎炒。现今生活中的饮食习惯亦罕见鸡鱼同烹的现象。

（16）蛇肉与萝卜相克

如果蛇肉与萝卜同食会使人中毒。

（17）鲫鱼与猪肉相克

猪肉性味酸冷微寒，鲫鱼甘温，性味功能略不相同。如作为两样菜，偶食无妨，若合煮或共炒，则不相宜，因二者起生化反应，恐不利于健康。同时，鱼类皆有鱼腥，一般不与猪肉同食。在《饮膳正要》中记载，如："鲫鱼不可与猪肉同食。"

（18）螃蟹与梨相克

在《饮膳正要》中有"柿梨不可与蟹同食"的说法。梨味甘微酸性寒，《名医别录》记载"梨性冷利，多食损人，故俗谓之快果"。同时，在民间有食梨喝开水，可致腹泻之说。由于梨性寒凉，蟹亦冷利，二者同食，伤人肠胃。

（19）海鱼与南瓜相克

如果海鱼与南瓜同食会使人中毒。

（20）甲鱼、黄鳝与蟹相克

孕妇同食甲鱼与黄鳝会影响胎儿健康。

（21）不宜与田螺合用的食物

①田螺与猪肉不宜合用。猪肉酸冷寒腻，田螺大寒，二物皆属凉性，且滋腻易伤肠胃，故不宜同食。

②田螺与木耳不宜合用。木耳性味甘平，除含有蛋白质、脂肪、维生素、矿物质之外，还含有磷脂、植物胶质等营养成分。这些类脂质和胶质与田螺中的某些生物活性物质会发生不良反应。从食物药性角度来看，寒性的田螺遇上滑利的木耳不利于消化，故不宜同食。

③田螺与蛤不宜合用。蛤有多种，如海蛤、文蛤、蛤蜊等，性味大多咸寒或咸冷，不宜与田螺配食，亦不宜多食。

（22）不宜与葱合用的食物

①葱与蜂蜜不宜合用。按古籍说法，葱蜜同食有两种后果：一是"食之杀人"，意思说有剧毒；二是说"作下痢"，不过是腹泻而已。第一种说法很可能是误解，蜂群采食有毒植物的花，酿成毒蜜，如同海中毒贝采食毒藻而带毒一样的道理，此蜜与葱同食因而中毒，误认为相克。第二种说法则有一定道理。葱蜜同食后，蜂蜜中的有机酸、酶类遇上葱中的含硫氨基酸，会发生不利于人体的生化反应，或产生有毒物质刺激肠胃道，使人腹泻，故有"生葱同蜜食作下痢"之说。

②葱与狗肉、公鸡肉不宜合用。狗肉性热，助阳动火；公鸡肉性味甘温，富含多种激素。生葱辛温助火，故狗肉、公鸡肉最好不要与生葱同食，否则易生火热而伤人。

（23）不宜与韭菜合用的食物

①韭菜与蜂蜜不宜合用。《金匮要略》云："食蜜糖后，四日内食生葱韭，令人心痛。"韭菜与葱蒜同科同属（百合科葱属），性皆辛温而热，又均含蒜辣素和硫化物，性皆与蜂蜜相反，不可同食。

②韭菜与白酒不宜合用。《金匮要略》云："饮白酒，食生韭令人增病。"白酒甘辛微苦，性大热，含乙醇约 60%。乙醇在肝内代谢，嗜酒者可引起酒精中毒性肝炎、脂肪肝及肝硬变。白酒还有刺激性，能扩张血管，使血流加快，又可引起胃炎和溃疡复发。韭菜性辛温，能壮阳活血，食生韭饮白酒如火上加油，久食动血，有出血性疾病患者尤为禁忌。

（24）不宜与黄瓜合用的蔬菜

①黄瓜与辣椒不宜合用。辣椒的维生素 C 含量丰富，每 100 克中约含 185 毫克。黄瓜含维生素 C 分解酶，若生食黄瓜，此酶不会失去活性。若同食黄瓜与辣椒，则辣椒中的维生素 C 会被破坏，降低了营养价值。

②黄瓜与花菜不宜合用。花菜中维生素 C 含量较丰富，每 100 克约含 88 毫克，若与黄瓜同食，花菜中的维生素 C 将被黄瓜中的维生素 C 分解酶破坏，故不宜配炒或同吃。

③黄瓜与菠菜、小白菜不宜合用。每 100 克菠菜中维生素 C 含量为 90 毫克，每 100 克小白菜中含维生素 C60 毫克，皆不宜与黄瓜配食，否则将降低营养价值。

④黄瓜与西红柿不宜合用。每 100 克西红柿中的维生素 C 含量为 20～33 毫克，为保护其中的维生素 C，亦不宜与黄瓜配食或同炒。

⑤黄瓜与柑橘不宜合用。柑橘亦含维生素 C，每 100 克约含 25 毫克，

做西餐沙拉时，有时亦配以黄瓜，碧玉金黄，色泽绚丽，但柑橘中的维生素 C 多被黄瓜中的分解酶所破坏。

（25）不宜与南瓜合用的食物

①南瓜与菠菜、油菜、西红柿、辣椒、小白菜、花菜不宜合用。由于南瓜含维生素 C 分解酶，故不宜同富含维生素 C 的蔬菜、水果同时吃。维生素 C 分解酶不耐热，南瓜煮熟后此酶即破坏。所以南瓜宜煮食，不宜炒食，更不宜与西红柿、辣椒等同炒。

②南瓜与羊肉不宜合用。南瓜补中益气，羊肉大热补形，两补同进，令人肠胃气壅。同食久食，则导致胸闷腹胀，壅塞不舒。

（26）大蒜与大葱相克

大蒜与大葱同食会伤胃。

（27）辣椒与胡萝卜相克

胡萝卜除含大量胡萝卜素外，还含有维生素 C 分解酶，而辣椒含有丰富的维生素 C，所以胡萝卜不宜与辣椒同食，否则会降低辣椒的营养价值。

（28）菠菜与豆腐相克

随着人们生活水平的提高，鸡、鸭、鱼、肉等荤食走上家庭日常生活的桌面。然而，这样的食物含有高蛋白、高脂肪，长期食用，会引起各种疾病。所以，人们又转为吃素食。于是，菠菜和豆腐又成了家常便饭。在食用菠菜和豆腐时，有人把它们一锅煮，认为是最理想的素食。但这是一种错误做法。因为菠菜含有叶绿素、铁等，还含有大量的草酸。豆腐主要含蛋白质、脂肪和钙。二者一锅煮，会浪费宝贵的钙。因为草酸能够和钙起化学反应，生成不溶性的沉淀。这样损失了一部分钙，人体就无法吸收了。

因此，为了保持营养，一是将菠菜和豆腐分餐，这样就不会起化学反应了；二是可以先将菠菜放在水中焯一下，让部分草酸溶于水，捞出来再和豆腐一起煮就行了。

（29）西红柿与胡萝卜相克

胡萝卜与维生素 C 丰富的食品搭配合吃，就会把维生素 C 破坏。

（30）土豆与香蕉相克

土豆与香蕉同食面部会生斑。

（31）豆腐与小葱相克

豆腐含有钙，而小葱中含有一定的草酸，二者共食，则结合成草酸钙，不易吸收。

（32）不宜放碱烹调的食物

①炒蔬菜时不宜放碱。有些家庭或食堂在炒蔬菜时，喜欢放点碱，以求蔬菜颜色鲜艳。但这样做是极其不科学的，会使蔬菜所含的维生素 B_1、维生素 B_2、维生素 C 等大量损失。维生素在碱性环境下极不稳定，极易被破坏，久而久之，容易使人体产生各种维生素缺乏症。因此，炒蔬菜时不宜加碱。

②熬大米、小米及大豆粥时不宜加碱。大米、小米、大豆等所含的维生素 B_1，在酸性环境中比较稳定，遇碱则极易遭到破坏。因此，熬粥时加碱就会使粥呈碱性，使维生素 B 大大损失。人体如果长期缺乏维生素 B，就会得脚气病。据测定，熬粥时加碱比不加碱维生素 B 的损失高 1 倍以上。因此，熬大米、小米及大豆粥时不宜加碱。

③炒牛肉不宜加碱。牛肉营养价值极为丰富，含有 20% 左右的蛋白质、10% 左右的脂肪，以及维生素 B_1、维生素 B_2 和矿物质元素等。由于牛肉不易消化，肉质较致密、坚硬，于是有人在炒牛肉时习惯加入一些碱，其实这种做法是不科学的。炒牛肉加入碱后，组成牛肉蛋白质的氨基酸就会与碱发生反应，使蛋白质因变性而失去营养价值，脂肪也会发生水解，降低了利用率，人体对维生素 B_1、维生素 B_2 及钙、磷等矿物质的吸收率和利用率也会在碱性环境下有所降低。所以，炒牛肉不宜加碱。

（33）白萝卜不宜与橘子或红萝卜搭配同食

在日常饮食中，如果将白萝卜等十字花科蔬菜与橘子、梨、苹果、葡萄等同食，就会诱发甲状腺肿。

大量临床观察证明，白萝卜等十字花科蔬菜摄入到人体后，可迅速产生一种叫硫氰酸盐的物质，并很快代谢产生一种抗甲状腺物质——硫氰酸，该物质产生的多少与摄入白萝卜数量多少成正比。此时，如果摄入含大量植物色素的水果，如橘子、梨、苹果、葡萄等，其中的类黄酮在肠道内被细菌分解后，可转化成羟苯甲酸及阿魏酸，它们可加强硫氰酸抑制甲状腺的作用，从而导致甲状腺肿。

红、白萝卜同属十字花科草本植物，两者功用基本相似，但不宜放在一起煮食。红萝卜含有一种被称为抗坏血酸的酵素，它能破坏白萝卜中的维生素 C，会使白萝卜的营养价值大大降低。所以，不能将红、白萝卜混在一起煮食。

（34）水果与萝卜相克

水果与萝卜同食容易患甲状腺肿。

（35）柿子与白薯相克

柿子味甘性寒，能清热生津、润肺，内含蛋白质、糖类、脂肪、果胶、鞣酸、维生素及无机盐等营养物质。白薯味甘性平，补虚气，益气力，强肾阴，内含大量糖类等营养物质。这两种食物分别食用对身体有益无害，若同时吃，却对身体不利。因为吃了白薯，人的胃里会产生大量盐酸，如果再吃上些柿子，柿子在胃酸的作用下产生沉淀。沉淀物积结在一起，会形成不溶于水的结块，既难于消化，又不易排出，人就容易得胃柿石，严重者需要去医院开刀治疗。所以，白薯与柿子是不宜同时食用的。

（36）山楂与海味相克

一般海味（包括鱼、虾、藻类）除含钙、铁、碳、碘等矿物质外，都含有丰富蛋白质，而山楂，石榴等水果都含有鞣酸，若混合食用会化合成鞣酸蛋白，这种物质有收敛作用，会形成便秘，增加肠内毒物的吸收，引起腹痛、恶心、呕吐等症状，不宜同食。

（37）杏仁与栗子相克

杏仁与栗子同食会使胃痛。

（38）醋与青菜相克

烹调青菜时，如果加入酸性佐料，可使其营养价值大减。因为青菜中的味绿素在酸性条件下加热极不稳定。其分子中的镁离子可被酸中氢离子取代而生成一种暗淡无光的橄榄脱镁叶绿素，营养价值大大降低。因此，烹调绿色蔬菜时宜在中性条件下，大火快炒，这样既可保持蔬菜的亮绿色，又能减少营养成分的损失。

（39）醋与胡萝卜相克

炒胡萝卜不宜加醋。因为胡萝卜含有大量胡萝卜素，人体摄入后变成维生素 A。维生素 A 可以维持眼睛和皮肤的健康，有皮肤粗糙和夜盲症的人，就是缺乏维生素 A 的缘故，所以不要用醋来炒。因为放了醋，胡萝卜素就完全被破坏了。

（40）茶与鸡蛋相克

有人爱吃茶叶蛋，其实这是不科学的。因为，茶水煮鸡蛋，茶的浓度很高，浓茶中含有较多的单宁酸，单宁酸能使食物中的蛋白质变成不易消化的凝固物质，影响人体对蛋白质的吸收和利用。鸡蛋为高蛋白食物，所以不宜用茶水煮鸡蛋食用。

（41）白酒与啤酒相克

啤酒中含有人体需要的 17 种氨基酸和 10 种维生素，尤其是 B 族维生素含量较多，并含有较多的矿物质。所以，常饮啤酒会有健胃、消食、清热、利尿、强心、镇静的功效，因此，啤酒很受人们的青睐。

但有些人认为啤酒酒度低，喝起来不过瘾。所以就在啤酒中对上白酒喝，这样对人体是有害的。

啤酒是低酒精饮料，但是含有二氧化碳和大量水分，如果与白酒混饮，可加重酒精在全身的渗透。这样，对肝、肾、肠和胃等内脏器官产生强烈的刺激和危害，并影响消化酶的产生，使胃酸分泌少，导致胃痉挛、急性胃肠炎，十二指肠炎等症，同时对心血管的危害也相当严重。